U0259854

普通高等教育"十一五"国家级规划教材

食品工厂设计与环境保护
（第二版）

主　编　张国农

副主编　于秋生

中国轻工业出版社

图书在版编目（CIP）数据

食品工厂设计与环境保护/张国农主编. —2 版.
—北京：中国轻工业出版社，2021.8
普通高等教育"十一五"国家级规划教材
ISBN 978-7-5184-0214-4

Ⅰ.①食… Ⅱ.①张… Ⅲ.①食品厂-设计-高等学
校-教材②食品厂-环境保护-高等学校-教材 Ⅳ.
①TS208②X322

中国版本图书馆 CIP 数据核字（2015）第 029775 号

责任编辑：马　妍　　责任终审：劳国强　　封面设计：锋尚设计
版式设计：宋振全　　责任校对：吴大鹏　　责任监印：张　可

出版发行：中国轻工业出版社（北京东长安街 6 号，邮编：100740）
印　　刷：三河市万龙印装有限公司
经　　销：各地新华书店
版　　次：2021 年 8 月第 2 版第 11 次印刷
开　　本：787×1092　1/16　印张：20　插页：1
字　　数：459 千字
书　　号：ISBN 978-7-5184-0214-4　　定价：45.00 元
邮购电话：010 - 65241695
发行电话：010 - 85119835　传真：85113293
网　　址：http://www.chlip.com.cn
Email：club@chlip.com.cn
如发现图书残缺请与我社邮购联系调换
210963J1C211ZBW

第二版前言

《食品工厂设计与环境保护》一书自 2005 年出版后的十年间，食品工厂的设计和建设有了更新、更高的要求，不仅要符合我国食品行业对大宗食品、绿色食品、有机食品、保健食品的 GMP、HACCP、QS 等的法规、规范要求，还要努力把食品工厂建设成资源节约型、环境友好型的新型食品企业，为此修订本书，以满足实际教学需要。

本书修订的主要章节和内容如下：

第一章从国家一直在倡导简政放权、简化审批手续的角度出发，加之投资主体的多元化，投资体制的不断变革和发展，删除了项目审批权限的内容。细化了一些概念性的内容。各地在建设项目审批的操作中需结合具体项目操作的实际情况和特点来进行，不能一概而论，需与时俱进。

第二章提出了在食品工厂设计时就要考虑好食品工厂与环境的友好关系等新的理念，适当调整和补充了一些内容，可进一步拓展学生对食品工厂设计的视野、思路。

第七章以循环经济、清洁生产的理念为指导，从考虑食品工厂的设计和建设与环境的友好关系出发，做了较大的调整和修改，能够更好地使学生抓住环境保护中的要点，在考虑对废水、废物处理的设计时要有具体的思路和方法。

另外，删除了原书附录中的全部内容（《附录一 保健食品注册管理办法》、《附录二 CAC〈食品卫生通则〉》、《附录三 污水综合排放标准（摘录）》、《附录四 环境空气质量标准（摘录）》），因为这些文件都可随时随地查到，不必在本书中重复。但是，其中《第一类污染物允许排放浓度》和《第二类污染物允许排放浓度》放在了第七章中。

参加本书编写的人员都是江南大学各方面的专家，他们教学经验丰富，科研能力较强，能将自己的研究成果转化为生产力，他们设计过大、中、小各种类型的食品工厂，具有丰富的设计经验和工程应用能力。本书编写分工：张国农绪论、第一章、第六章、第八章；于秋生第三章、第四章、第五章；范大明第二章；冯伟第七章；吕兵第九章。全书由张国农统稿。

本书不仅可作为各高等院校"食品科学与工程专业"和"食品质量与安全专业"的教材，也可供从事食品科学研究和工程设计的科技工作者参考。书中所附的相关资料可供有关的技术人员在需要时进行查阅。

限于编者水平，难免有疏漏不妥之处，敬请广大读者不吝指正、赐教。

编　者

2015 年 5 月

第一版前言

根据教育部高等教育教材编写要求，本书编写大纲经"教育部高等学校轻工与食品学科教学指导委员会"审定，已批准为教育部高等学校轻工与食品学科教学指导委员会推荐教材。

本书是在中国轻工业出版社 1990 年出版的由原无锡轻工业学院（现更名为江南大学）、原轻工业部上海轻工业设计院（现更名为中国海诚工程科技股份有限公司）编写的《食品工厂设计基础》一书的基础上组织编写。

为适应新时期素质教育的需要，符合我国高校自身专业特点与区域特色的食品科学与工程专业教材的要求，本书在编写内容上贯穿了有机食品、绿色食品、QS、GMP、HACCP 等概念。考虑到学科交叉，扩大学生知识面，在着重强调食品工厂设计的基础知识、规范、方法等内容的同时，强调食品生产中安全、清洁、卫生的生产工艺和理念。环境保护一章中的内容主要是建立环境工程和影响环境因素的概念，而不仅仅是局限于食品工厂"三废"处理的范围。

参加本书编写的人员有张国农、于秋生和吕兵，其中绪论、第一章、第二章、第六章、第七章、第八章、附录由张国农编写，第三章、第四章、第五章由于秋生编写，第九章由吕兵编写。最后由张国农负责统稿。

本书由俞国铣副教授和黄裕燊教授级高级工程师主审。

本书不仅是高等学校"食品科学与工程专业"的教材，也可供从事食品科学研究和工程设计的科技工作者参考。书中所附的相关资料可供有关的技术人员在需要时进行查阅。

由于编者水平有限，加之编写时间仓促，难免有疏漏不妥之处，诚望广大读者不吝指正、赐教。

编　者

目　录

绪　　论

一、学习"食品工厂设计与环境保护"课程的意义和作用

食品工业是国民经济中的一个重要组成部分，也是必不可少的一个部分。一个人一日三餐要吃饭，除了主食还要有副食、零食。食品除了满足人的饱腹感外，还要使人食用某一食品后有满足感。老吃一种食品会使人感到乏味，每天都要更换新的、不同的食品，这就要求食品工业要不断地开发新的产品投放市场，以满足人民的生活需要，提高人民的生活质量。随着人们生活水平的提高，对食品的要求也由温饱型向营养型、膳食平衡型转化，这就对食品加工提出了新的要求，加工出的食品不仅要具有色、香、味、形，而且要保持食品原有的营养成分，要针对不同的人群生产出不同需求的营养丰富、平衡的安全的食品，从而提高人们的健康水平。食品工业的发展对带动"三农"的发展、市场的繁荣起到了推动的作用。改革开放以后食品新产品不断出现在市场上，品种繁多、门类齐全，人民购买力增强，食品工业已成为国民生产总值第二的支柱工业。

在食品工业发展过程中，工厂设计发挥着重要作用。无论是新建一个食品工厂，还是对老的食品工厂进行技术改造，或是扩建一个车间，在此过程中对新工艺、新技术以及新设备的研究都要进行工程设计，它依赖于设计工作的支持。科研成果的工业化更需要设计工作的密切配合。食品工厂设计一定要符合国民经济发展的需要，与科学技术的新发展紧密结合，为人民提供更多、更好、更优质的既安全卫生，又营养丰富，且色、香、味、形兼备的各种新型食品。

在基本建设程序中，工厂设计是在建设施工前完成的。一个优秀的工厂设计应该做到：经济上合理、技术上先进、设计上规范。施工投产后，产品的质量和产量均应达到设计的要求，多项技术经济指标应达到或超过同类工厂的先进水平或国际先进水平。同时在环境保护及"三废"治理方面都能符合国家的有关法律、法规和标准。由此看来，工厂设计是食品工业发展过程中的一个重要环节。在当前我国食品工业发展的新形势下，新产品层出不穷，质量不断提高，技术装备更新迅速，学习食品工厂设计和环境保护这门课程更加具有重要的意义。

二、食品工厂设计的特点

工厂设计就其实践上的意义而论，是指将一个待建项目（如一个工厂、一个车间或一套设备）全部用图纸、表格和必要的文字来说明、表达出来，然后由施工人员建设完成。因此，工厂设计是一门与政治、经济、工程、技术等诸多学科密切相关的综合性很强的科学技术。

食品工厂的特点是产品种类复杂、生产季节性强、卫生要求高，这就使得食品工厂设计与一般工厂设计有其相同的一面，又有其特殊的一面，食品工厂的原料来自农、林、牧、副、渔业，原料不同，产品不同，设计时要求一个生产设备、一条生产线的设计尽可能达到优化、多用的目的，即"一线多用、一机多用"的目的，力求以最少的投资，取得最佳的经济效益。

工厂设计时，除了在确定工艺流程、设备选型、车间布置、管线安排时必须按国家有关的规范、标准执行外，还要考虑保障工人有良好的工作环境，减轻工人劳动强度，以保证生产出优质、安全的产品。考虑从原料的种植、采收到贮存、加工、运输、销售过程中的安全同样也是设计中应涉及的内容。

总之，食品工厂设计时要重视经济效益，少花钱，多办事，办好事，努力做到技术上先进，经济上合理，结合国情，尽量采用国内外的先进技术，以提高技术水平。

三、"食品工厂设计与环境保护"课程的内容和学习要求

"食品工厂设计与环境保护"是食品科学与工程专业的专业课程，它的内容包括：基本建设程序和工厂总平面设计、工艺设计、公共系统设计（动力、给排水、采暖通风、自动控制）、建筑、安全防火、环保技术、经济分析与概算等，即食品工厂设计是以工艺设计为主要内容的多学科的综合性课程，同时又是一门实用性很强的课程。

通过本课程的学习，学生要学习食品工厂设计中有关工艺设计的基本理论，掌握食品工厂设计的基本内容和方法，培养学生查阅资料，使用手册和标准规范以及整理数据的能力，提高运算和绘图（尤其是计算机绘图）的能力；通过本课程的学习，学生要把在高校 4 年中所学习的知识通过毕业设计的形式进行综合运用。由于食品原料种类复杂，产品品种繁多，课堂教学中不可能面面俱到，只能根据食品工厂设计的特点，叙述其基本原理及设计方法。希望在学习过程中多看有关各专业设计的参考书，以便把本课程学好。

第一章　基本建设程序和工厂设计的组成

学习指导

熟悉和掌握食品工厂基本建设程序，重点包括项目建议书，可行性研究的依据、作用、特点，如何进行可行性研究，如何编写可行性研究报告；如何编制设计计划任务书；工厂设计的职责，工厂设计的组成；两阶段设计和三阶段设计的含义，在什么情况下使用；熟悉和掌握工艺设计和非工艺设计所包括的内容，理解它们之间的关系；怎样才能设计好一个食品工厂。

第一节　基本建设程序

基本建设工作涉及的面宽，受到自然条件、物质条件和技术条件的制约因素多，各专业相互之间需要良好的协作配合，所以基本建设工作必须按计划有步骤、有程序地遵循一定的先后顺序进行，才能达到预期的效果。

基本建设工作的技术经济特点决定了任何项目的建设过程，一般都要经过计划决策、勘察设计、组织施工、验收投产等阶段，每个阶段又包含着许多环节。这些阶段和环节有其不同的工作步骤和内容，它们按照自身固有的规律，有机地联系在一起，并按客观要求的先后顺序进行。前一个阶段的工作是进行后一个阶段工作的依据，没有完成前一个阶段的工作，就不能进行后一个阶段的工作。项目建设客观过程的规律性，构成基本建设的科学程序的客观内容。因此，基本建设程序是指建设项目从筹划建设到建成投产必须遵循的工作环节及其先后顺序。而建设项目的完成和组织施工的实现，又必须以设计文件为依据，从事工厂设计，首先必须了解工厂基本建设的程序和有关工厂设计的组成及设计文件编制的规定。

我国有关设计部门根据几十年基本建设的实践经验，已总结出一套比较科学、完善、更加符合我国国情的基本建设工作程序。随着市场经济往纵深发展、投资主体的多元化，投资体制正在不断改革、发展之中，现已由过去的单一批准制改为按不同投资主体、资金来源和项目性质分别实行批准制、核准制和备案制。这里仅以大、中型工厂（或工程）的项目从计划建设到建成投产，全部建设过程必须要经过的几个阶段为例，来说明基本建设工作程序。

（1）根据市场经济的具体情况及可持续发展的长远规划和布局的要求，进行初步调查研究，提出项目建议书；

（2）根据有关单位批准的项目建议书，进行预可行性研究或可行性研究，同时选择厂址；

（3）可行性研究报告经过评估、获得批准后，编制设计计划任务书；

（4）根据批准的设计计划任务书，进行勘察、设计、施工、安装、试车、验收，最后交付生产使用。

项目建议书、可行性研究和编制设计计划任务书，统称建设前期；勘察、设计、施工、安装和试产验收，统称建设时期；交付生产后，称作生产时期。现将各阶段内容叙述如下。

一、项目建议书

项目建议书（又称立项申请书）是项目实施单位就新建、扩建项目向上级管理部门申报的书面申请文件，是项目投资建设者决策前对建设项目的轮廓设想，主要是从项目建设的必要性方面考虑，同时，也初步分析项目的可行性。

项目建议书是项目筹建单位或项目法人根据市场经济的发展、国家和地方中长期规划、产业政策、生产力布局、国内外市场、所在地的内外部条件，提出的某一拟建项目的建议文件，是对项目提出的框架性的总体设想。

项目建议书往往是在项目早期，由于项目条件还不够成熟，仅有规划意见书，对项目的具体建设方案还不明晰，市政、环保、交通等专业咨询意见尚未办理时的轮廓性文件。主要论证项目建设的必要性，建设方案中投资估算的误差在±30%左右。

项目建议书的主要内容包括：产品品种、生产规模、投资大小、产供销的可能性、经济效果和发展方向等方面。项目建议书是进行各项准备工作的依据，是项目发展周期的初始阶段基本情况的汇总，是选择和审批项目的依据，也是制作可行性研究报告的依据。企业投资建设应向投资主管部门提交项目申请报告，经有关项目核准机关批准后，即可开展可行性研究。

二、可行性研究

可行性研究（Feasibility Study）是在项目建议书被批准后，对项目在技术上和经济上是否可行所进行的科学分析和论证。

可行性研究是对一个项目的经济效果和价值的研究，是指在调查的基础上，通过市场分析、技术分析、财务分析和技术经济分析，对各种投资项目的技术可行性与经济合理性进行的综合评价。可行性研究的基本任务，是对新建或改建项目的主要问题，从技术经济角度进行全面的分析研究，并对其投产后的经济效果进行预测，在既定的范围内进行方案论证的选择，以便最合理地利用资源，达到预定的社会效益和经济效益。

可行性研究的成果是根据各项调查研究材料进行分析、比较而得出的。它的论证是以大量数据为基础来进行的，因此，在进行可行性研究时，必须搜集各种资料、数据作为开展工作的前提和条件。现分别从可行性研究的特点、依据、作用、步骤、可行性研究报告书的内容和有关注意事项进行叙述。

（一）可行性研究的特点

（1）先行性　可行性研究既不是分析在建项目的技术经济效果，也不是当项目方案确定后为寻找论证依据而进行的调查，而是在项目决策之前进行的研究。可行性研究是项目建设前期的工作重点，只有在可行性研究报告被审批后，正式投资才能开始。

（2）不定性　可行性研究顾名思义就是要研究项目的可行与不可行，若可行，确定其可行性的大小，其结果有可行与不可行两种可能。通过研究为拟建项目的实施提供充分的科学依据，当然是一种成功之举；通过研究否定了不可行的方案，制止了不合理项目的继续，避免了更大的浪费，同样也是成功的可行性研究，这对于重大项目的决策尤为重要。

（3）科学性　可行性研究对拟建项目进行技术经济论证，已形成一套比较科学的、规范的方法。可行性研究以经济效益为核心，以经济数据为基础，广泛采用数量分析的方法，对项目涉及的多方位关系进行论证，已形成了一套系统的理论、科学的方法和完整的指标体系。

（4）法定性　在工业发达的国家，对投资项目进行可行性研究早已成为技术前期的必要程序。我国在改革开放初期，国家就明确规定了可行性研究"是建设前期的重要内容，是基本建设程序中的重要组成部分"。同时规定"所有建设项目必须严格按照基本程序办事，事前没有进行可行性研究和技术经济论证，没有做好勘察设计等建设前期工作的，一律不能列入年度建设计划，更不准仓促开工。违反这个规定的必须追究责任"（1978 年，五届人大《关于第六个五年计划的报告》）。很明确，可行性研究在我国具有鲜明的法定性。这个法定性的另一方面含义是，负责可行性研究的单位，要经过资格审查，要对工作成果的可靠性承担责任，包括法律责任。

（二）可行性研究的主要依据

（1）经济项目的实施必须符合国家经济建设的方针、政策和长远规划。可行性研究如果离开这些宏观的经济指导，就不可能很好地评价建设项目的实际价值。所以，在可行性研究中，对产品的要求、协作配套、综合平衡等问题，都需要从长远规划的设想来考虑。

（2）根据经有关部门批准后的项目建议书，方可开展可行性研究。

（3）以国家有关部门正式批准的资源报告和有关各种规划为依据。

（4）要有可靠的自然、地理、气象、地质、经济、社会资源等基础资料。这些资料是可行性研究中进行厂址选择、项目设计和经济技术评价必不可少的资料。

（5）国家以及行业的安全制约规范，有关工程技术方面的标准、规范、指标等，在做可行性研究中考虑技术方案时，都要以它们作为基本依据。

（6）根据国家公布的用于进行项目评价的有关参数、指标等进行可行性研究。可行性研究在进行财务、经济分析时，需要有一套参数、数据和指标，如基准收益率、折现率、折旧率、社会折现率、外汇汇率的调整等。所采用的这些参数应是国家公布实行的。

（三）可行性研究的作用

可行性研究是基本建设的首要环节，它的主要作用有以下几个方面。

（1）作为建设项目投资决策和编制设计计划任务书的依据。决定一个建设项目是否应该进行实施，主要是根据这个项目的可行性研究结果。因为它对建设项目的目的、建设规模、产品方案、生产方法、原材料来源、建设地点、工期和经济效益等重大问题都进行了具体研究，有了明确的评价意见。因此，可以作为编制设计计划任务书的依据。

（2）作为向银行申请贷款的依据。世界银行等国际金融组织，在20世纪70年代后，都把可行性研究作为建设项目申请贷款的先决条件。只有在他们审查可行性研究报告后，认为这个建设项目经济效益好，具有偿还能力，不会承担很大风险时，才能同意贷款。中国各投资银行也明确规定，根据企业提供的可行性研究报告，对贷款项目进行全面、细致地分析评价后，才能确定是否给予贷款。

（3）作为与建设项目有关部门商谈合同和协议的依据。一个建设项目的原料、辅助材料、协作条件、燃料及供电、供水、运输、通信等很多方面都需与有关部门协作，供应协议和合同都是根据可行性研究报告签订的。对于技术引进和设备进口项目，国家规定必须在可行性研究报告经过审查和批准后，才能同国外厂商正式签约。

（4）作为建设项目开展初步设计的基础。在可行性研究中，对产品方案、建设规模、厂址选择、工艺流程、主要设备选型、总平面布置等都进行了方案比较和论证，确定了原则，推荐了建设方案。可行性研究和设计计划任务书经批准下达后，初步设计工作必须以此为基础，一般不另作方案比较和重新论证。

（5）作为拟采用新技术、新设备研制计划的依据。建设项目采用新技术、新设备必须慎重。只有在经过可行性研究后，证明这些新技术、新设备是可行的，方能拟订研制计划，进行研制。

（6）作为安排基本建设计划和开展各项建设前期工作的参考。

（7）作为环保部门审查建设项目对环境影响的依据。根据我国基本建设项目环境保护管理办法的规定，在编制可行性研究时，必须对环境影响做出评价，在审批可行性研究报告时，要同时审查环境保护方案。

（四）可行性研究的步骤

可行性研究的内容涉及面很广，既有工程技术问题，又有经济财务问题，在进行这项工作时，一般应有工业经济、市场分析、工业管理、工艺、设备、土建和财务等方面的人员参加。此外，还可以根据需要，请一些其他专业人员，如地质、土壤、实验室等人员短期协助工作。可行性研究可分为以下六个步骤。

（1）开始筹划　这个时期要了解项目提出的背景，了解可行性研究的主要依据，理解委托者的目标和意图，讨论研究项目的范围、界限，明确研究内容，制定工作计划。

（2）调查研究　主要是实地调查和技术经济研究工作。包括市场研究、经济规模研究、原材料、能源、工艺技术、设备选型、运输条件、外围工程、环境保护和管理人员培训等及各种技术经济的调查研究。每项调查研究都要分别做出评价。

（3）优化和选择方案　这是可行性研究的一个主要步骤，要把前阶段每一项调查研究的各个不同方面的内容进行组合，设计出几种可供选择的方案，决定选择方案的重大原则问题和选择标准，并经过多方案的分析和比较，推荐最佳方案。对推荐方案进行评价，对放弃的方案说明理由。对一些方案选择的重大原则问题，要与委托者进行深入的讨论。

（4）详细研究　是对上阶段研究工作的验证和继续。要对选出的最佳方案进行更详细的分析研究，复查和核定各项分析资料，明确建设项目的范围、投资、经营的范围和收入等数据，并对建设项目的经济和财务特性做出评价。经过分析研究，要说明所选方案在设计和施工方面是可以顺利实现的，在财务、经济上是有利的，是令人满意的一个方案。为检验建设项目的效果和风险，还要进行敏感性分析，表明成本、价格、销售量、建设工期等不确定因素变化时，对企业收益率所产生的影响。

（5）编写报告书（可行性研究报告书内容见后）。

（6）资金筹措　筹措资金的可能性，在可行性研究之前就应有一个初步的估计，这也是财务经济分析的基本条件。如果资金来源得不到保证，可行性研究也就没有多大意义。在这一步骤中，应对建设项目资金来源的不同方案进行分析比较，最后对拟建项目的实施计划做出决定。

（五）可行性研究报告书的内容

可行性研究的内容，随行业不同有所差异，侧重点各有不同，但其基本内容是相同的，原国家计委（现国家发展与改革委员会）在《关于建设项目进行可行性研究的试行管理办法》中规定，工业项目的可行性研究一般要求具备以下主要内容。

（1）总论

① 项目提出的背景（改、扩建项目要说明企业现有概况），投资的必要性和经济意义；

② 研究工作的依据和范围；

③ 研究工作概况及结论。

（2）需求预测和拟建规模

① 国内外需求情况的预测；

② 国内现有同类食品工厂生产能力的估计；

③ 销售预测、价格分析、产品竞争能力，进入国际市场的前景；

④ 拟建项目的规模、产品方案和发展方向的技术经济比较和分析。

（3）资源、原材料、燃料及公用设施情况

① 原料、辅助材料，燃料的种类、数量、来源和供应可能；

② 所需公用设施的数量、供应方式和供应条件。

（4）建厂条件和厂址方案

① 建厂的地理位置、气象、水文、地质、地形条件和社会经济现状；

② 交通运输及水、电、汽的现状和发展趋势；

③ 厂址比较与选择意见。

（5）设计方案

① 项目的构成范围（指包括的单项工程）、技术来源和生产方法。主要技术工艺和设备选型方案的比较，引进技术、设备的来源（国别）、设备的国内外分交或与外商合作制造的设想。改扩建项目要说明对原有固定资产的利用情况；

② 全厂布置方案的初步选择和土建工程量估算；

③ 公用辅助设施和厂内外交通运输方式的比较和初步选择。

（6）环境保护　调查环境现状，预测项目对环境的影响，提出工艺过程中的环境保护措施和"三废"治理的初步方案。

（7）企业组织、劳动定员和人员培训（估算数）。

（8）实施进度的建议。

（9）投资估算和资金筹措

① 主体工程和协作配套工程所需的投资估算；

② 生产流动资金的估算；

③ 资金来源、筹措方式及贷款的偿还方式。

（10）社会及经济效果评价。

（六）可行性研究应注意的事项

1. 可行性研究应具有科学性和独立性

在编制可行性研究报告时，必须坚持实事求是的原则，在调查研究的基础上，作多方案的比较，按客观实际情况进行论证和评价。不能把可行性研究当成一种目的，为了"可行"而"研究"，以它作为投资、争项目、列计划的"通行证"。可行性研究是一种科学的方法，必须保持编写单位的客观立场和公正性。只有这样，才能保证可行性研究的科学性和严肃性，才能为正确的投资决策提供科学的依据。

2. 可行性研究的深度要符合要求

可行性研究的内容和深度，虽然不同行业和不同项目各有侧重，但基本的要求是：内容必须完整，文件必须齐全，其深度应能满足确定项目投资决策和以上所述的各项要求。内容和深度是否达到国家的规定标准，直接关系到可行性研究的质量。那种内容简单、材料不充分、缺乏分析和论证的"报告"，不能称之为可行性研究。食品工业项目的可行性研究内容应按上述编制，才能保证可行性研究的质量，发挥其应有的作用。

3. 承担可行性研究工作的单位应具备的条件

可行性研究工作，目前可以委托经国家有关部门正式批准颁发证书的设计单位或工程咨询公司承担。委托单位向承担单位提交项目建议书，说明对拟建项目的基本设想，资金来源的初步打算，并提供基础资料。为保证可行性研究成果的质量，应保证必要的工作周期，不能采取突击方式，草率拿出成果。进行可行性研究一般是由主管部门下达计划；也可采取有关部门或建设单位向承担单位进行委托的方式，由双方签订合同，明确研究工作的范围、前提条件、进度安排、费用支付办法以及协作方式等内容，如果发生问题，可按合同追究责任。

4. 可行性研究报告的审批办法

最近几年，随着市场经济的深入发展，民营企业、合资企业、独资企业等各类食品企业如雨后春笋般地发展起来。国家一直在简政放权，简化审批手续，建设项目的审批程序也有所变化，各地在建设项目审批的操作中需结合具体项目操作的实际情况和特点来进行。下面以大、中型项目的审批办法为例作一说明。可行性研究报告编制完成以后，由委托单位上报有关部门进行审批。国家规定，大中型项目建设的可行性报告，由各主管部、各省、市、自治区或全国性专业公司负责预审，报国家发展与改革委员会（以下简称"发改委"）审批或由国家发改委委托有关单位审批。重大项目和特殊项目的可行性研究报告，由国家发改委会同有关部门预审，报国务院审批。小型项目的可行性研究报告，按隶属关系由各主管部、各省、市、自治区或全国性专业公司审批。有的建设项目经过可行性研究，已经证明没有建设的必要时，经审定后即将项目取消。为了严格执行基本建设程序，我国还规定，大中型建设项目未附可行性研究报告及其审批意见的，不得审批设计计划任务书。

值得一提的是，国内已有一些项目建设单位，他们在审视自己的建设项目时，在可行性研究的基础上，再做一次不可行性研究，通过组织专家来否定项目，若否定不了，说明项目是成立的，这更证明项目是可行的，从而进一步增加了项目建设单位投资项目的信心和决心。最近几年，不少建设项目的教训使我们深深体会到，要保证项目建设单位决策准确，投资正确，达到项目预期的建设效果，减少盲目投资，不可行性研究这一做法应大力提倡。

三、设计计划任务书

编制设计计划任务书（简称计划任务书或设计任务书）是在调查研究认为建立该食品厂项目是可行的基础上进行的。由有关部门组织人员编写，亦可请设计部门参加，或者委托设计部门编写。

（一）编制设计计划任务书的内容

编制设计计划任务书的主要目的是根据可行性研究的结论，提出建设一个食品工厂的计划，它的内容大致如下。

（1）建厂理由　叙述原料供应、产品生产及市场销售三方面的平衡。同时，说明建厂后技术经济的影响（调查研究的主要结论）。

（2）建厂规模　年产量、生产范围及发展远景。若分期建设，则应说明每期投产能力及最终能力。

（3）产品　产品品种、规格标准和各种产品的产量。

（4）生产方式　提出主要产品的生产方式，应说明这种方式在技术上是先进的、成熟的、有根据的，并对主要设备提出订货计划。

（5）工厂组成　新建厂包括哪些部门，有哪几个生产车间及辅助车间，有多少仓库，用哪些交通运输工具等。还有哪些半成品、辅助材料或包装材料是与其他单位协同解决的，以及工厂中人员的配备和来源如何。

（6）工厂的总占地面积和地形图。

（7）工厂总的建筑面积和要求。

（8）公用设施　给排水、电、汽、通风、采暖及"三废"治理等要求。

（9）交通运输　说明交通运输条件（是否有公路、码头、专用铁路），全年吞吐量，需要多少厂内外运输设备（如请物流公司协助的运输量）。

（10）投资估算　包括各方面的总投资。

（11）建厂进度　设计、施工由什么单位负责，何时完工、试产，何时正式投产。

（12）估算建成后的经济效果。

设计计划任务书上经济效益应着重说明工厂建成后应达到的各项技术经济指标和投资效果系数。投资效果系数表示工厂建成投产后每年所获得的利润与投资总额的比值。投资效果系数越大，说明投资效果越好。

技术经济指标包括：产量、原材料消耗、产品质量指标、生产每吨成品的水电汽耗量、生产成本和利润等。

（二）编写设计计划任务时应注意的问题

（1）矿山资源、工程地质、水文地质的勘探、勘察报告，要按照规定，有主管部门的正式批准文件。

（2）主要原料、材料和燃料、动力需要外部供应的，要有供应单位或主管部门签署的协议草案文件或意见书。

（3）交通运输、给排水、市政公用设施等的配合，要有协作单位或主管部门草签的协作意见书或协议文件。

（4）建设用地要有当地政府同意接受的意向性协议文件。

（5）产品销路、经济效果和社会效益应有技术、经济负责人签署的调查分析和论证计算资料。

（6）环境保护情况要有环保部门的鉴定意见。

（7）采用新技术、新工艺时，要有技术部门签署的技术工艺成熟、可用于工程建设的鉴定书。

（8）建设资金来源，如中央预算、地方预算内统筹、自筹、银行贷款、合资联营、利用外资，均需注明。凡银行贷款的，应附上有关银行签署的意见。

目前一般对设计计划任务书已没有审批要求。

四、设 计 工 作

设计单位（乙方）接受设计任务后，必须严格按照基建程序办事。设计工作必须以已批准的可行性报告、设计计划任务书以及其他有关资料为依据。它是在市场预测（包括建设规模）和厂址选择之后的一个工作环节。在市场、规模和厂址这几个因素中，市场（即需要）和原料（可能）是项目存在的前提，也是建设规模的根据。而规模和厂址又是工厂设计的前提。只有当规模和厂址方案都确定了，才能进行工厂设计；工厂设计完成后，才能进行投资、成本的概算。

（一）设计的准备工作

设计单位接受设计任务后，首先对"甲方"提供的资料和文件进行分析研究，然后对其不足的部分，再进一步进行收集。资料大体从两方面收集。

（1）到建厂现场收集资料 设计者到现场对"甲方"提供的资料进行核实，对不清楚的问题要弄清楚。如厂址的地形、地貌、地物情况，四周有否特殊的污染源，以及水源、水质问题等。要与当地水、电、热、交通运输部门研究和了解对新建食品工厂的供应和对设计的要求。要了解当地的气候、水文、地质资料，同时向有关单位了解工厂和地区的发展方向，新厂与有关单位协作分工的情况和建筑工程的预算价格等。

（2）到同类工厂工程项目收集资料 到同类工程项目的食品工厂了解一些技术性、关键性问题，使设计水平不断提高。

（二）设计工作

食品工厂的设计工作一般是在收集资料以后进行的。首先拟定设计方案，而后根据项目的大小和重要性，一般分为两阶段设计和三阶段设计两种。对于一般性的大、中型基建项目，采用两阶段设计，即扩大初步设计和施工图设计。对于重大的复杂项目或援外项目，采用三阶段设计，即初步设计、技术设计和施工图设计。小型项目有的也可指定只做施工图设计。目前，国内食品工厂设计项目，一般只做两阶段设计。现将有关两阶段设计中的扩大初步设计和施工图设计的深度、内容及审批权限叙述如下。

1. 扩大初步设计

扩大初步设计（简称扩初设计），就是在设计范围内做详细全面地计算和安排，使之足以说明本食品厂的全貌，但图纸深度不够，还不能作为施工指导，可供有关部门审批，这种深度的设计称作扩初设计。根据1989年原轻工业部颁发的《轻工业企业初步设计内容暂行规定（试行）》共分：总论；技术经济；总平面布置及运输；工艺；自动控制测量仪表；建筑结构；给排水；供电；电信；供热；采暖通风；空压站；氮氧站；冷冻站；环境保护及综合利用；维修；中心化验室（站）；仓库（堆场）；劳动保护；生活福利设施和总概算21个部分，分别进行扩初设计。

（1）扩初设计的深度要求

① 满足对专业设备和通用设备的订货要求，并对需要试验的设备，提出委托设计或试制的技术要求；

② 主要建筑材料、安装材料（钢材、木材、水泥、大型管材、高中压阀门及贵重材料等）的估算数量和预安排；

③ 控制基本建设投资；

④ 征用土地；

⑤ 确定劳动指标；

⑥ 核定经济效益；

⑦ 设计审查；

⑧ 建设准备；

⑨ 满足编制施工图设计要求。

（2）扩初设计文件（或称作初步设计文件）的编制内容　根据扩初设计的深度要求，设计人员通过设计说明书、附件和总概算书三部分形式，对食品工厂整个工程的全貌（如厂址、全厂面积、建筑形式、生产方法与方式、产品规格、设备选型、公用配套设施和投资总数等）做出轮廓性的定局，供有关上级部门审批。我们把扩初设计说明书、附件和总概算书总称为"扩初设计文件"。

初步设计说明书中有按总平面、工艺、建筑等各种部分分别进行叙述的内容；附件中包括图纸、设备表、材料表等内容；总概算书是将整个项目的所有工程费和其他费用汇总编写而成。下面以初步设计文件中工艺部分的内容为例加以说明。

① 初步设计说明书：说明书的内容应根据食品工业的特点，工程的繁简条件和车间的多少，分别进行编写，其内容如下。

××车间

a. 概述：说明车间设计的生产规模、产品方案、生产方法、工艺流程的特点；论证其技术先进、经济合理和安全可靠；说明论证的根据和多方案比较的要求；车间组成、工作制度、年工作日、日工作小时、生产班数、连续或间歇生产情况等。

b. 成品或半成品主要技术规格或质量标准。

c. 生产流程简述：叙述物料按工艺流程经过设备的顺序及生成物的去向，原料及产品运输和贮存方式；说明主要操作技术条件，如温度、压力、流量、配比等参数（如果是间歇操作，需说明一次操作的加料量、生产周期及时间）；说明易爆工序或设备的防护设施和操作要点。

d. 说明采用新技术的内容、效益及其试验鉴定经过。

e. 原料、辅助材料、中间产品的费用及主要技术规格或质量标准。单位产品的原材料、动力消耗指标（如水、电、汽等）与同行业已达到的先进指标的比较说明（见表1-1）。

表 1-1　　　　　　　　　　　原材料、动力消耗指标及需用量

序号	名　称	规格或质量标准	单　位	单位产品原料消耗指标	需用量			同行业已达到的先进水平
					水	电	汽	

f. 主要设备选择：主要设备的选型、数量和生产能力的计算，论证其技术先进性和合理性。需引进设备的名称、数量及说明。

g. 物料平衡、热能平衡图（表）及说明。

h. 节能措施及效果。

i. 室外工艺管道有特殊要求的应加以说明。

j. 存在问题及解决办法、意见。

② 附件：

a. 设备表见表1-2，重要项目还要求提供设备数据表。

表 1-2　　　　　　　　　　　设备一览表

序号	布置图设备编号	设备名称	型号与规格	主要材料	数量	重量/kg		每台设备所附电动机或电器的功率/kW	设备来源及图号	设备单价	备注
						设备单重	负荷总重				

b. 材料估算表见表 1-3。

表 1-3 材料估算表

序号	名 称 规 格	材料	单位	数量	单位重量/kg	总重量/kg	备注

c. 图纸：工艺流程图（标明原料、辅助材料、各种介质的流向和工艺参数等）；工艺性强的要提供 P&ID（带管道及仪表控制点的流程图）；设备布置图（标明平面、剖面布置）；新技术或技术复杂的第二、三……比选方案；项目内自行设计的关键设备草图。

③ 总概算书：参见第八章。

（3）扩初设计的审批权限 扩初设计完成后，将设计文件交有关部门审批。

主管单位在审批设计文件时，往往要召集会议，组织有关单位，并邀请同类工厂中有经验的人参加，对设计提出意见和问题。设计单位应阐述设计意图，回答所有提出的问题，最后由上级主管部门加以归纳，并以文件的形式批发给各单位。若银行、城市规划、质量技术监督、卫生监督、国家食品药品监督管理局、消防、环境保护等单位，认为设计不符合相关的规范和规定，可对设计提出否定意见，也可对设计的不合理部分提出修改意见。

设计文件经批准后，全厂总平面布置、主要工艺过程、主要设备、建筑面积、建筑结构、安全卫生措施、三废处理、总概算等需要做修改时，必须经过原设计文件批准部门同意。未经批准，不可更改。

2. 施工图设计

扩初设计文件经批准或确认后，就要进行施工图设计，在施工图设计中只是对已批准的初步设计在深度上进一步深化，使设计更具体、更详细以达到施工指导的要求。所谓施工图，是一个技术语言。它用图纸的形式使施工者了解设计意图、使用什么材料和如何施工等。在施工图设计时，对已批准的初步设计，在图纸上应将所有尺寸都注写清楚，便于施工。而在扩初设计中只注写主要尺寸，仅供上级主管部门审批。在施工图设计时，允许对已批准的初步设计中发现的问题做修正和补充，使设计更合理化。但对主要设备等不做更改。若要更改时，必须经批准部门同意方可；在施工图设计时，应有设备和管道安装图、各种大样图和标准图等。例如，食品工厂工艺设计的扩初设计图纸中没有管道安装图（管路透视图、管路平面图和管路支架等），而在施工图中就必不可少。在食品工厂工艺设计中的车间管道平面图、车间管道透视图及管道支架详图等都属工艺设计施工图。对于车间平面布置图，若无更改，则将图中所有尺寸注写清楚即可。

在施工图纸中，不需另写施工设计说明书，而一般将施工说明注写在有关的施工图上，所有文字必须简单明了。

工艺设计人员不仅要完成工艺设计图，而且还要向有关设计工种提出各种数据和要求，使整个设计协调、和谐。施工图完成后，交付建设单位（业主），由其通过（或不通过）招投标方式确定施工单位，同时，对安全有关的土建、消防等图纸还须经过有资质的机构审查，方可交付施工单位施工。设计人员需要向施工单位进行技术交底，对相互不了解的问题加以说明或磋商。施工图上所表示的，若施工有困难时，设计人员应与施工单位共同研究解决办法，必要时在施工图上做合理的修改。

三阶段设计中的初步设计近似于扩初设计，深度可稍浅一些。可通过审批后再做技术设计。技术设计的深度往往较扩初设计深，特别是一些技术复杂的工程，不仅要有详细的设计内容，还应包括计算公式和参数选择。

五、施工、安装、试产、验收、交付生产

食品工厂筹建单位（甲方）根据经过批准的基建计划和设计文件，落实物资、设备、建筑材料的供应来源，办理征地、拆迁手续、落实水电及道路等外部施工条件和施工力量。所有建设项目，必须列入年度计划，做好建设准备，具备施工条件后，才能施工。

施工单位（合同上称"丙方"）应根据设计单位（乙方）提供的施工图，编制施工预算和施工组织计划。施工预算如果突破设计概算，要讲明理由，上报原批准单位批准。

施工前要认真做好施工图的会审工作，明确质量要求，施工中要严格按照设计要求和施工验收规范进行，确保工程质量。

筹建单位在建设项目完成后，应及时组织专门班子或机构，抓好生产调试和生产准备工作，保证项目在工程建成后能及时投产；要经过负荷运转和生产调试，以期在正常情况下能够生产出合格产品；还要及时组织验收。

竣工项目验收前，建设单位要组织设计、施工等单位先行验收，向主管部门提出竣工验收报告，并系统整理技术资料，绘制竣工图，在竣工验收后作为技术档案，移交生产单位保存。建设单位要认真清理所有财产和物资，编好工程竣工决算，报上级主管部门审查。

竣工项目验收交接后，应迅速办理固定资产交付使用的转账手续，加强固定资产的管理。

第二节　工厂设计的职责与组成

一、工厂设计的职责

工厂设计的主要依据是设计计划任务书和有关上级批准文件，而它的任务是通过图纸的形式，更好地、更合理地来体现设计计划任务书上提出的计划要求。任务书是个总

的计划，我们在设计中应很好地体现这个计划，要使国家的方针政策贯彻在整个设计中，并且要做到技术上先进成熟、经济上合理可靠，不可千篇一律，要从具体条件和实际情况出发。例如，工业发达地区与内地少数民族地区的设计，不能一律采用先进设备，要考虑到当地技术力量和施工条件。又如，在劳动力过剩的地区，应适当考虑到就业问题，不一定采用自动化程度高的先进设备。

在完成施工图纸后，设计单位还没有完全完成设计任务，设计单位要对图纸负责，必须向施工单位进行技术交底，介绍设计意图，与施工单位共同研究施工中的问题，需修改时，可做必要的修改，使施工顺利进行，直到安装完成。当安装完成后，对工程承包合同项目（视业主要求而定）设计单位还必须与甲方一起进行试车运行，验证所选用的设备是否达到预期的效果。而后再由甲、乙、丙三方在有关主管部门的主持下共同验收签字。在整个项目结束后可根据需要，做好竣工图的存档工作。

工厂设计是技术、工程、经济的结合体，设计采用的技术是否先进，工程施工是否可行，施工后的工程质量是否完好，经济是否合理，一句话，基建项目必须达到预定的效果。只允许成功，不允许失败。更不允许作为试验的手段。因此，在工厂设计中所采用的先进技术必须是成熟的。科研是先进技术的先导，科研成果必须经过中试、放大后才能应用到设计中来，这样才能发挥先进技术的优越性。现在国内外有很多设计单位，为了采用先进技术，承担"技术开发"工作，将科研成果根据需要进行放大试验，经改进提高，成为生产性的技术，这是设计单位非常重要的工作内容。科研成果的中试、放大虽不是设计本身的工作，但为设计提供了新技术和新设备，从而提高了设计水平和经济效果。

在设计工程中涉及一些有关部门，如城市规划、质量技术监督、卫生监督环境保护、消防和防空等方面，设计单位有责任按各部门的规范和指标进行设计，从而保证正常生产。

二、工厂设计的组成

工厂设计包括工艺设计和非工艺设计两大部分。所谓工艺设计，就是按工艺要求进行工厂设计，其中又以车间工艺设计为主，并对其他设计部门提出各种数据和要求，作为非工艺的设计依据。食品工厂工艺设计中的内容大致包括：全厂总体工艺布局；产品方案及班产量的确定；主要产品和综合利用产品生产工艺流程的确定；物料计算；设备生产能力的计算、选型及设备清单；车间平面布置；劳动力计算及平衡；水、电、汽、冷、风、暖等用量的估算；管道布置、安装及材料清单；施工说明等。工艺设计除上述内容外，还必须提出：工艺对总平面布置中相对位置的要求；对车间建筑、采光、通风、卫生设施的要求；对生产车间的水、电、汽、冷等耗量及负荷进行计算；对给水水质的要求；对排水和废水水质处理的要求；对各类仓库面积的计算及仓库温度的特殊要求等。

非工艺设计包括：总平面、土建、采暖、通风、给排水、供电及自控、制冷、动力、环保等设计，有时还包括设备的设计。非工艺设计都是根据工艺设计的要求和所提出的数据进行设计的。它们之间的相互关系是：工艺向土建提出工艺要求，而土建给工艺提供符合工艺要求的建筑；工艺向给排水、电、汽、冷、暖、风等提出工艺要求和有关数据，而水、电、汽等又反过来为工艺提供有关车间安装图；土建对给排水、电、汽、冷、暖、风等提供有关建筑，而给排水、电、汽等又给建筑提供有关涉及建筑布置资料；用电各工程工种如工艺、冷、风、汽、暖等向供电提出用电资料，用水各工程工种如工艺、冷、风、汽、消防等向给排水提出用水资料。整个设计涉及工种多，而且纵横交叉，所以，各工种间的相互配合是搞好工厂设计的关键。

思考题

1. 基本建设程序分几个时期的工作，一般包括哪几个程序？
2. 项目建议书的定义，项目建议书的主要内容有哪些？
3. 可行性研究的定义，可行性研究的作用有哪些？
4. 可行性研究的特点有哪些？
5. 如何进行可行性研究？
6. 可行性研究应注意哪些问题？
7. 可行性研究报告包括哪些主要内容？
8. 简述设计计划任务书编写的内容。
9. 两阶段设计的含义是什么？
10. 什么是扩大初步设计？
11. 扩初设计文件包括哪几方面的内容？
12. 扩初设计附件包括哪些内容？
13. 什么是施工图设计？在设计深度上与扩大初步设计要求的区别主要有哪些？
14. 工厂设计的职责是什么？
15. 工厂设计的组成有哪些？
16. 工艺设计的定义。
17. 非工艺设计的定义。
18. 食品工厂工艺设计的内容包括哪几个方面？
19. 食品工厂非工艺设计的内容包括哪几个方面？

第二章　厂址选择及总平面设计

学习指导

　　根据食品工厂的特点，重点掌握食品工厂厂址选择的原则，如何编写厂址选择报告。在总平面设计部分，重点掌握总平面设计的内容、基本原则及不同功能的建筑物、构筑物在总平面中的相互关系；风玫瑰图在食品工厂总平面设计中的重要性，如何读风玫瑰图；并掌握几个与总平面设计有密切关系的基本概念，如主导风向、风向频率、污染系数、建筑系数、土地利用系数、容积率等，以及如何进行平面布置和竖向布置。本章内容必须牢固掌握，融会贯通全部内容。

第一节　厂　址　选　择

　　厂址选择是企业基本建设中的关键问题之一，涉及这个地区的工业布局和长远规划。食品工厂的厂址选择是否得当，与当地资源的利用、交通运输的合理建设、农业发展的多样性以及生态环境的保护等都有着密切的关系。也直接影响到工厂的投资费用、基建进度、基地建设。对建成投产后的生产条件、卫生环境、产品质量、运行成本和经济效果起着决定性的影响。同时，与职工的居住条件、生活环境、子女教育等也都有着十分密切的关系。

　　厂址选择工作，应当由筹建单位负责，会同主管部门、设计部门、建筑部门、城市规划部门等有关单位，经过充分讨论和比较，选择优点最多的地方作为建厂地址。在选择厂址时，设计单位应充分发表意见，一个食品工厂的合理布局对地区经济文化的发展具有深远意义。

一、厂址选择的原则

　　厂址选择是一项包括社会关系、经济因素且技术性很强的综合性工作。选择厂址时，按国家方针政策、法律、法规以及 GMP 规范要求，从生产条件和经济效果等方面出发，满足区域性有特色的产品品种以及绿色食品、有机食品对厂址的一些特殊要求。充分考虑环境保护和生态平衡，具体要求分述如下。

（一）厂址选择首先应符合国家的方针政策

必须遵守国家的法律、法规，符合国家和地方的长远规划和行政布局、国土开发整体规划、城镇发展规划，应尽量设在当地的规划区或开发区内，以适应当地远近期规划的统一布局，正确处理工业与农业、城市与乡村、远期与近期以及协作配套等各种关系，并因地制宜、节约用地、不占或少占耕地及林地，注意资源合理开发和综合利用；节约能源，节约劳动力；注意环境友好和生态平衡；保护风景和名胜古迹；并提供有多个可供选择的方案进行比较和评价。

（二）厂址选择应从生产条件方面考虑

1. 从原料供应和市场销售方面考虑

我国具体情况是，食品加工多数是以农产品为主要原料的生产企业，一般倾向于设在原料产地附近的大中城市的郊区，因为选择原料产地附近的地域可以保证获得足够数量和高品质的新鲜原材料。同时食品生产过程中还需要工业性的辅助材料和包装材料，这又要求厂址选择要具有一定的工业性原料供应方便的优势。另外，从食品工厂产品的销售市场看，食品生产的目的是提供高品质、方便的食品给消费者，消费市场是以人口集中的城市为主。因此厂址选择在城乡结合地带是生产、销售的需求。但由于食品工厂种类的复杂性，在选择厂址的时候可以根据具体情况判断是以选择原料的便利性为主，还是以销售的方便性为主，不能一概而论。个别产品工厂为有利于销售也可设在市区。这不仅可获得足够数量和质量高、新鲜的原料，也有利于加强工厂对原料基地生产的指导和联系，便于组织辅助材料和包装材料，有利于产品的销售，同时还可以减少运输费用。

2. 从地理和环境条件考虑

地理环境要能保证食品工厂的长久安全性，而环境条件主要保证食品生产的安全卫生性。

（1）所选厂址必须要有可靠的地理条件，特别是应避免将工厂设在流沙、淤泥、土崩断裂层上。尽量避免特殊地质如溶洞、湿陷性黄土、孔性土等。在山坡上建厂则要注意避免滑坡、塌方等。同时厂址不应选在受污染河流的下游。还应尽量避免选在古墓、文物区域、风景区和机场附近建厂，并避免高压线、国防专用线穿越厂区。同时厂址要具有一定的地耐力，一般要求不低于 $2 \times 10^5 \, \text{N/m}^2$。

（2）厂址所在地区的地形要尽量平坦，以减少土地平整所需工程量和费用；也方便厂区内各车间之间的运输。厂区的标高应高于当地历史最高洪水位 0.5～1m，特别是主厂房和仓库的标高更应高于历史洪水位。厂区自然排水坡度最好在 0.004～0.008 之间。建筑冷库的地方，地下水位更不能过高。

（3）所选厂址附近应有良好的卫生条件，避免有害气体、放射性源、粉尘和其他扩散性的污染源，特别是对于上风向地区的工矿企业、附近医院的处理物等，要注意它们是否会对食品工厂的生产产生危害。

（4）所选厂址面积的大小，应在满足生产要求的基础上，留有适当的空余场地，以考虑工厂进一步发展之用。

（5）绿色食品对其加工过程的周围环境有较高的要求。绿色食品加工企业的场地周围不得有废气、污水等污染源，一般要求厂址与公路、铁路有 300m 以上的距离，并要远离重工业区，如在重工业区内选址，要根据污染情况，设 500～1000m 的防护林带；如在居民区选址，25m 内不得有排放烟（灰）尘和有害气体的企业，50m 内不得有垃圾堆或露天厕所，500m 内不得有传染病医院；厂址还应根据常年主导风向，选在有污染源的上风向，或选在居民区，饮用水水源的下风向。特别是会排放大量污水、污物的屠宰厂、肉食品加工厂等，要注意远离居民区和风向位置的选择。

（6）对绿色食品加工企业本身，其"三废"应得到完全的净化处理，厂内产生的废弃物，应就近处理。废水经处理后排放，并尽可能对废水、废渣等进行综合利用，做到清洁化生产。附近最好有承受废水流放的地面水体，不得成为周围环境的污染源，破坏生态平衡。

（三）厂址选择应从投资和经济效果考虑

1. 运输条件

所选厂址应有较方便、快捷的运输条件（公路、铁路及水路）。若需要新建公路或专用铁路时，应选最短距离为好，这样可减少投资。

2. 供电、供水条件

要有一定的供电、供水条件，以满足生产需要为前提，在供电距离和容量上应得到供电部门的保证。同时必须要有充足的水源，而且水质应较好（水质起码必须符合卫生部所颁发的饮用水质标准）。在城市一般采用自来水，均能符合饮用水标准。若采用江、河、湖水，则需加以处理，若要采用地下水，则需向当地了解，是否允许开凿深井，必须注意水质是否符合饮用水要求。水源水质是食品工厂选择厂址的重要条件，特别是饮料厂和酿造厂，对水质要求更高。厂内排除废渣，应就近处理；废水经处理后，达到排放要求才能排放。若能利用废渣作饲料或肥料更好。

3. 生活条件

厂址附近最好有居民区，这样可以减少宿舍、商店、学校等职工的生活福利设施的投资，使其社会化。

二、厂址选择工作

厂址选择一般分为三个阶段：准备阶段、现场调查阶段和厂址选择方案比较阶段。

1. 准备阶段

厂址选择工作由项目建设的主管部门会同建设、工程咨询、设计及其他部门的人员共同完成，收集同类型食品工厂的有关资料，根据批准的项目建议书拟出选厂条件，按建厂条件收集设计基础资料，建厂条件主要有以下几点。

（1）根据项目建议书提出的产品方案和生产规模拟出工厂的主要生产车间、辅助车间、公共工程等各个组成部分，估算出生产区的占地面积。

（2）根据生产规模、生产工艺要求估算出全厂职工人数，由此估算出工厂生活区的组成和占地面积。

（3）根据生产规模估算主要原辅料的年需要量、产品产量及其所需的相应设施，如仓库、交通车辆、道路设施布局等。

（4）根据工厂排污（包括废水、废气、废渣）预测的排放量及其主要有害成分，预计可能需要的污水处理方案及占地面积。

（5）根据上述各方面的估计与设想，包括工厂今后的发展设想，收集有关设计基础资料，包括地理位置地形图、区域位置地形图、区域地质、气象、资源、水源、交通运输、排水、供热、供汽、供电、弱电及电信、施工条件、市政建设及厂址四邻情况等，勾画出所选厂址的总平面简图并注出图中各部分的特点和要求，作为选择厂址的初步指标。

2．现场调查阶段

通过广泛深入的调查研究，取得现场建厂的客观条件，建厂的可能性和现实性，其次是通过调查核实准备阶段提出的建厂条件是否具备和收集资料齐全与否，最后通过调查取得真实的直观形象，并确定是否需要进行勘测工作等。这阶段的工作主要有以下几点。

（1）根据现场的地形和地质情况，研究厂区自然地形利用和改造的可能性，以及确定原有设施的利用、保留和拆除的可能性。

（2）研究工厂组成部分在现场有几种设置方案及其优缺点。

（3）拟定交通运输干线的走向和厂区主要道路及其出入口的位置，选择并确定供水、供电、供汽、给排水管理的布局。

（4）调查厂区历史上洪水发生情况，地质情况及周围环境状况，工厂和居民的分布情况。

（5）了解该地区工厂的经济状况和发展规划情况。

现场调查是厂址选择工作中的重要环节，对厂址选择起着十分重要的作用，一定要做到细致深入。

3．厂址选择方案比较

此阶段的主要工作内容是对前面两阶段的工作进行总结，并编制几个可供比较的厂址选择方案，通过各方面比较论证，提出推荐厂址选择方案，写出厂址选择报告，报请相关主管部门批准。

三、厂址选择报告

在选择厂址时，应尽量多选几个点，根据以上所描述的几个方面进行分析比较，从中选出最适宜者作为厂址，而后向相关部门呈报厂址选择报告。厂址选择报告的内容大致如下。

（一）概述

（1）说明选址的目的与依据；

（2）说明选址的工作过程。

（二）主要技术经济指标

（1）全厂占地面积（m^2），包括生产区、生活区面积等；

（2）全厂建筑面积（m^2），包括生产区、生活区、行政管理区面积；

（3）全厂职工计划总人数；

（4）用水量（t/h、t/年）、水质要求；

（5）原材料、燃料用量（t/年）；

（6）用电量（包括全厂生产设备及动力设备的定额总需求量）（kW）；

（7）运输量（包括运入及运出）（t/年）；

（8）三废处理措施及其技术经济指标等。

（三）厂址条件

（1）厂址的坐落地点，四周环境情况（厂址在地理图上的坐标、海拔高度、行政归属等）；

（2）地质与气象及其他有关自然条件资料（土壤类型、地质结构、地下水位、全年气象、风速风向等）；

（3）厂区范围、征地面积、发展计划、施工时有关的土方工程及拆迁民房情况，并绘制 1∶1000 的地形图；

（4）原料、辅料的供应情况；

（5）水、电、燃料、交通运输及职工福利设施的供应和处理方式；

（6）给排水方案，水文资料，废水排放情况；

（7）供热、供电条件，建筑材料供应条件等。

（四）厂址方案比较

依据选择厂址的自然、技术经济条件，分析对比不同方案，尤其是对厂区一次性投资估算及生产中经济成本等综合分析，通过选择比较，确认某一个厂址是符合条件的。

（五）有关附件资料

（1）各试选厂址总平面布置方案草图（比例 1∶2000）；

（2）各试选厂址技术经济比较表及说明材料；

（3）各试选厂址地质勘探报告；

（4）水源地水文地质勘探报告；

（5）厂址环境资料及建厂对环境的影响报告；

（6）地震部门关于厂址地区震烈度的鉴定书；

（7）各试选厂址地形图及厂址地理位置图（比例 1∶50000）；

（8）各试选厂址气象资料；

（9）各试选厂址的各类协议书，包括原辅料、材料、燃料、交通运输、公共设施等。

第二节　食品工业区和企业群

随着改革开放的深入，现代科学技术的进步，对有关工厂进行组群配置，实现工厂专业化协作，可大大节约用地和建设投资，有效地实现原料和"三废"的综合利用，并便于采用先进的生产工艺和科学管理方式，使劳动生产率大幅度提高，也为采用现代的建筑规划处理方法创造条件。

一、食品工业区的类型

工厂之间是可以采用多种形式实现协作和联合的。不同方式形成的工业区可按其组合的工业企业性质分类，食品加工工业区若以协作关系分类则可分为以下主要类型。

1. 产品生产过程具有连续阶段性的工厂进行联合

即以一种工业部门为主，把原料粗加工、半成品生产以及成品生产的各阶段加以联

21

合，并组成工业区。如稻米加工、果蔬产品、麦面制品、肉制品及鱼制品加工等都可以采用这种形式的联合。

把生产上有密切联系的工厂配置在一起的组合方式可减少物料运输距离及半成品的预加工设施，利于能源综合利用，提高劳动生产率，降低成本，还可使工业用地面积缩小 10%～20%，各工厂的工业场地面积缩小 20%～30%，交通线缩短 20%～40%，工程管道减少 10%～20%。

2. 以原料的综合利用或利用生产中的废料为基础进行联合

如为了对资源进行综合利用，可将互相利用副产品和废料来进行生产的工厂布置在一个工业区内。如面粉厂、淀粉糖厂、谷朊粉厂，稻米加工厂、米糠油厂、大米淀粉厂、大米蛋白厂，它们之间有密切的副产品综合利用深加工的协作关系，就可将其配置在工业区内或联合建厂。

3. 以各个专业化工厂生产的半产品、个件产品组装成最终产品进行协作

如罐头食品加工可在制罐、若干个不同的罐藏内容物制造专业化的基础上进行协作。在某个牛蒡原料的制造工业区，可把速冻原料牛蒡厂、包装材料厂、牛蒡罐头厂、牛蒡脱水制品厂、牛蒡酱菜厂与原料基地和技术中心配置在一起。这种协作形式的发展，有赖于按专业化协作原则的统一指导。

4. 经济特色的新兴工业区

这是一种新的以协作生产和销售为主的类型。区内分别建有不同或相同的通用工业厂房及某些配套工程。有不少对原料不很依赖、生产过程对环境基本无污染的食品加工行业进入，它不需要重大的机器设备，不占用过多的用地，又能分层在室内生产，各成一家。对原料进行预处理时有大量废弃物的加工可放在原料基地附近进行，而产品为了贴近市场可放在市郊的工业区内进行，各得其所，是一种对原料、市场因素较合理的分配形式，可达到节约投资，提高设备利用率、降低成本、提高产品质量的效果。

5. 共用公共设施

在工业区内，共同组织和修建厂外工程（工业编组站、铁路专用线、道路网线、给排水工程、变电所及高压线、污水处理站等），动力设施（热电站、煤气发生站、锅炉房、机具维修加工等），厂前区建筑（办公楼、食堂、商务会所、卫生所、消防站、工人宿舍等），以及与城镇配合共同建设生活区和配备较齐全的商业服务和文化生活设施，不但能使工业区的规划布置合理，而且还能节约用地和投资。

6. 综合性协作和联合

前五种是以某一种协作内容和形式所组成的工业区。在工业区布局实践中，工业协作的内容却往往难以严格区分。如以第一种联合形式所组成的工业区，常常也辅之以综合利用项目和共同组织、建设的项目，故一般工业区的协作和联合都具有综合性。但由于各种工厂的性质、规划和协作要求，以及工业的组织方式不同，其综合性的程度也有所差异。如围绕一个大型企业配套发展了一些有关的工厂和设施，由此而建立的工业区，其综合性较一般的工业区强。若由几个大型企业分别配套协作而形成的大工业区，实际上包括几个工业区，它是把有一定联系的工业区，配置在同一地段或相邻地段（中间有所间隔）内。如山东寿光工业区就是这样，它由十几个行业和几百个企业组成，主要包

括蔬菜种植、加工、调运批发和物流四大部分，这类工业区的综合性是很强的。

二、食品工业区的规模及其配置

城市工业区是以地域联合为基础来配置企业及有关协作项目的，它是城市的有机组成部分。一般根据生产特点和生产中的协作关系，组成各种不同的工业区。目前国内以食品为特色组成工业区的情况还较少，主要原因是某个地区以食品加工为特色的行业相对比较少，而且多以小型工厂居多，实践证明，采取工业区的形式组织食品工业企业生产，不仅有利于现代化工业的生产和发展，有利于食品加工的规范性、协调性，也是城市建设中经济合理的组织城市用地的重要方式，有利于改善当地人民群众的食品供应质量、价格、品种，这是任何一个城市都不能忽视的基本问题。

（一）工业区的组成

工业区主要由生产厂房、各类仓库、运输设施、动力设施、管理设施、绿地及发展备用地等组成。

（1）生产厂房　生产厂房一般包括生产车间和辅助车间，它是工业区的主要组成部分。我国一般工业区内，生产厂房用地面积占总用地面积的 $26\%\sim50\%$。

（2）仓库　包括原料、燃料、备用设施、半成品、成品等仓库。除了工厂单独设置的仓库外，还有为了共同使用码头或站场而联合设置的仓库和货场。

（3）动力设施及公用设施　包括热电站、煤气发生站、变电所、压缩空气站、水厂、污水处理厂及各种工程管线等。它们在工业区内设置的项目和数量取决于工业区的性质、规模以及所处的地区条件。大型联合企业一般单独设置，中小型工厂则联合设置或合用大企业的设施。

（4）运输设施　主要供各工厂运送原料、辅料、包装材料、燃料、成品、废弃物等，并可密切各工厂之间的各种联系。它包括铁路专用线、道路以及各种垂直、水平的机械运输设施。

（5）厂区公共服务设施　包括行政办公、食堂、医院、商务会所、俱乐部、幼托机构、停车场等。一般要求统一规划，联合修建。

（6）科学实验中心　包括设计院、研究所、实验室、大专院校、技校等。随着近代工业的发展，在工业区内设置科研教育机构已成为不可缺少的内容，在这里除进行科研外，还为培训技术骨干创造了条件。

（7）绿化地带　由工业区绿地和卫生防护带组成。

（8）发展备用地　有的工业区根据本区的地域条件，工业的发展情况，适当地留有一定数量的发展备用地。

（二）食品工业区的规模

工业区的规模一般是指工业区的职工人数和用地面积。它随城市的性质，工业的内容，性质，工业区在城市中的分布、组成以及建设条件和自然条件而有所不同。工业区规模过小，不利于工业区内工业生产及工厂之间的协作；工业区规模过大，则会造成交通阻塞，有害物大量浓集，城市的市政工程负担过大。食品工业区在确定规模时，与原料资源品种、原料供应量及半径、产品销售范围等有密切的关联，要视具体情况因地制宜。

（三）食品工业区的配置

食品工业区在城市的配置，按组成工业区的主体工业的性质、三废污染情况、货运量和用地规模的大小以及它们对城市的影响程度，大体上可分为三种配置情况。

（1）在城市内配置　对于污染小或没有污染、占地小、运输量不大的食品工业，如饮料、焙烤、休闲食品以及某些方便快餐食品等，可配置在市内街坊地段，并以街坊绿化或城市道路绿化与住宅群分隔。

对于有噪声、有燃物和微量烟尘的中小型工业，如粮食加工厂、中央厨房、乳品厂、糖果厂、罐头厂、焙烤食品厂等则不宜配置在居住区内，而应将其配置在市内单独地段，并采取有效的环境保护措施和配置一定的防护绿带。

（2）在城市边缘配置　对城市有一定污染、用地较大、运输量中等或需要采用铁路运输的工厂，宜配置在城市边缘地带。这类工厂的原料或产品多直接与城市发生关系，如大型罐头食品厂、淀粉厂、酿造厂等。它们与居住区的卫生防护地带，视工厂对城市环境的污染程度而定。

（3）远离城市配置　对原料依赖性很强，有大量有机废弃物，运输量大或有特殊要求的工厂，如水果、蔬菜加工厂，肉类联合加工厂、特大型乳制品加工厂、大型白酒厂、黄酒厂、啤酒厂等，远离城市配置是适宜的。有的工业区还形成独立的工业卫星城镇，居住区之间应保证足够的卫生防护地带。

第三节　总平面设计

食品工厂总平面设计的任务是在厂址选定后，根据生产工艺流程、GMP以及相关的规范要求，经济合理地对厂区场地范围内的建筑物、构筑物、露天堆场、运输线路、管线、绿化及美化设施等作优化的相互配置，并综合利用环境条件，创造符合食品工厂生产特性的完善的工业建筑群与厂区环境。

工厂总平面设计是一项复杂的、综合性技术工作，它是城市总体布局的有机构成部分，需要各方面的技术人员参加，共同研究讨论，从全局出发，互相配合，分别解决本专业的有关问题，设计是整个工程的灵魂，总体设计是首要部分，因此在工作中，各专业人员必须密切协作，共同完成总平面设计任务。

一、总平面设计的内容

总平面设计是食品工厂设计的重要组成部分，它是将全厂不同使用功能的建筑物、构筑物按整个生产工艺流程，结合用地条件进行合理的布置，使建筑群组成一个有机整体，这样既便于组织生产，又便于企业加强管理。如果总平面设计得不完善，就会使一个建设项目的总体布置变得很分散、紊乱、不合理，既影响生产和生活的合理组织，又影响建设的经济效果和建设速度，也破坏了建筑群体的统一与完整。所以，厂址选定之后，就必须在已确定的用地范围内，合理地、经济地进行食品工厂总平面设计。

在进行食品工厂总平面设计时，根据全厂各建筑物、构筑物的组成内容和使用功能的要求，结合用地条件和有关技术要求，综合研究它们之间的相互关系，正确处理建筑物布置、交通运输、管线综合和绿化方面等的问题，要充分利用地形、节约用地，使该建筑群的组成内容和各项设施，成为统一的有机体，并与周围的环境及其建筑群体相协调。

食品工厂总平面设计的内容包括：平面布置和竖向布置两大部分。平面布置就是合理地分布用地范围内的建筑物、构筑物及其他工程设施在水平方向相互间的位置关系，平面布置中的工程设施包括：① 运输设计：合理组织用地范围内的交通运输线路的布置，即使人流和货流分开，避免往返交叉，流道通畅；② 管线综合设计：工程管线网（即厂内外的给排水管道、电线、通信线及蒸汽管道等）的设计必须布置得合理整齐、便捷；③ 绿化布置和环保设计：绿化布置对食品厂来说，可以美化厂区、净化空气、调节气温、阻挡风沙、降低噪声、保护环境等，从而改善工人工作的劳动卫生条件。但绿化面积过大就会增加建厂投资，所以绿化面积应该适当。另外，食品工厂的四周，特别是在靠马路的一侧，应有一定宽度的树木组成防护林带，起阻挡风沙、净化空气、降低噪声的作用。种植的绿化树木花草，要经过严格选择，厂内不栽易落叶、产生花絮、散发种子和特殊异味的树木花草，以免影响产品质量。一般来说选用常绿树较为适宜。另外，环境保护是关系到可持续发展的大事。工业"三废"和噪声，会使环境受到污染，直接危害到人体健康，所以，在食品工厂总平面设计时，在布局上要充分考虑环境友好的问题。

竖向布置就是与平面设计相垂直方向的设计，也就是厂区各部分地形标高的设计。其任务是把地形组成一定形态，既平坦又便于排水。竖向设计虽然是总平面设计组成的一部分，但在地形比较平坦的情况下，一般都不作竖向设计。如果要做竖向设计，就要结合具体地形合理地进行综合考虑，在不影响各车间之间联系的原则下，应尽量保持自然地形，使土石方工程量达到最少限度，从而节省投资。

由上可知，所谓总平面设计，是一切从生产工艺出发，研究建筑物、构筑物、道路、堆场、各种管线和绿化等方面的相互关系，在一张或几张图纸上表示出来。工厂总平面设计是一项综合性很强的工作，需要工艺设计、交通运输设计、公共工程（即水电气等）设计等的密切配合，才能正确完成这一项设计任务。

二、总平面设计的基本原则

各种类型食品工厂的总平面设计，无论原料种类、产品性质、规模大小以及建设条件的不同，都要按照设计的基本原则结合具体实际情况进行设计。食品工厂总平面设计的基本原则有以下几点。

1. 食品工厂总平面设计应按任务书要求进行

布置必须紧凑合理，节约用地。分期建设的工程，应一次布置，分期建设，还必须为远期发展留有余地。

2. 总平面设计必须符合工厂生产工艺的要求

（1）主车间、仓库等应按生产流程布置，并尽量缩短距离，避免物料往返运输；

（2）全厂的货流、人流、原料、管道等的输送应有各自线路，力求避免交叉，合理加以组织安排；

（3）动力设施应接近负荷中心。如变电所应靠近高压线网输入本厂的一侧，同时，变电所又应靠近耗电量大的车间，又如制冷机房应接近变电所，并紧靠冷库。罐头食品工厂肉类车间的解冻间也应接近冷库，而杀菌工段、蒸发浓缩工段、热风干燥工段、喷雾干燥工段等用汽量大的工段应靠近锅炉房或供汽点。

3. 食品工厂总平面设计必须满足食品工厂卫生要求

（1）生产区（各种车间和仓库等）和生活区（宿舍、托儿所、食堂、浴室、商店和学校等）、厂前区（传达室、医务室、化验室、办公室、俱乐部、汽车房等）要分开，为了使食品工厂的主车间有较好的卫生条件，在厂区内不得设饲养场和屠宰场。如一定需要，应远离主车间。

（2）生产车间应注意朝向，在华东地区一般采用南北向，保证阳光充足，通风良好。

（3）生产车间与城市公路有一定的防护区，一般为 30～50m，中间最好有绿化地带，以阻挡尘埃，降低噪声，保持厂区环境卫生，防止食品受到污染。

（4）根据生产性质不同，动力供应、货运场所周围和卫生防火等应分区布置。同时，主车间应与对食品卫生有影响的综合车间、废品仓库、煤堆及有大量烟尘或有害气体排出的车间相隔一定距离。现在已不强调主车间应设在锅炉房的上风向，而是要从环境友好的角度，要求锅炉房、煤堆自身不能产生烟尘、污染物等。

（5）厂区内应有良好的卫生环境，多布置绿化。但不应种植对生产有影响的植物，不应妨碍消防作业。由于全国各地开发区的政策不一样，对建筑系数、建筑密度、绿化率等的具体指标也有差异，很难统一，正在起草中的《乳制品工厂设计规范》，只是在条文上说明要满足当地规划部门的要求即可。

（6）公共厕所要与主车间、食品原料仓库或堆场及成品库保持一定距离。厕所地面、墙壁、便槽等应采用不透水、易清洗、不积垢且其表面可进行清洗消毒的材料构造。厕所应采用冲水式，以保持厕所的清洁卫生，其数量应足以供员工使用。

4. 厂区道路

厂区道路应按运输及运输工具的情况决定其宽度，一般厂区道路应采用水泥或沥青路面而不用柏油路面，以保持清洁。运输货物道路应与车间间隔，特别是运煤和煤渣，容易产生污染。一般道路应设为环形，以免在倒车时造成堵塞现象或意外事故。

5. 专用线和码头

厂区道路之外，应从实际出发考虑是否需有铁路专用线和码头等设施。

6. 建筑物间距

厂区建筑物间距（指两幢建筑物外墙面之间的距离）应按有关规范设计。从防火、卫生、防震、防尘、噪声、日照、通风等方面来考虑，在符合有关规范的前提下，使建筑物间的距离最小。例如，建筑物间距与日照关系（图 2-1），冬季需要日照的地区，可根据冬至日太阳方位角和建筑物高度求得前幢建筑的投影长度，作为建筑物日照间距的依据。不同朝向的日照间距 D 为 $1.1～1.5H$（D 为两建筑物外墙面的距离，H 为布置在前面的建筑遮挡阳光的高度）。

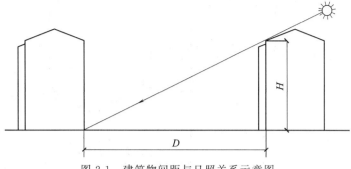

图 2-1　建筑物间距与日照关系示意图

建筑物间距与通风关系，当风向正对建筑物时（即入射角为 0°时），希望前面的建筑物不遮挡后面建筑物的自然通风，那就要求建筑物间距 D 在 4~5H 以上，当风向的入射角为 30°时，间距可采用 1.3H。当入射角为 60°时，间距 D 采用 1.0H。一般建筑选用较大风向入射角时，用 1.3H 或 1.5H 就可达到通风要求；在地震区 D 采用 1.6~2.0H。

7. 厂区各建筑物布置也应符合规划要求，同时合理利用地质、地形和水文等自然条件

（1）合理确定建筑物、道路的标高，既保证不受洪水的影响，使排水畅通，同时又节约土石方工程。

（2）在坡地、山地建设工厂，可采用不同标高安排道路及建筑物，即进行合理的竖向布置，但必须注意设置护坡及防洪渠，以防山洪影响。

8. 厂区建筑物的工艺规避

相互影响的车间，尽量不要放在同一建筑物内，如加工鱼制品的生产线不能与加工肉制品或其他果蔬制品的生产线放在同一幢车间内，加工肉制品的生产线不能与加工果蔬制品的生产线放在同一幢车间内；但相似车间应尽量放在一起，以提高场地利用率。

三、不同使用功能的建筑物、构筑物在总平面中的关系

食品工厂的主要建筑物、构筑物根据其使用功能可分为以下几种。

生产车间——如实罐车间、空罐车间、糖果车间、饼干车间、焙烤车间、奶粉车间、液态奶车间、饮料车间、综合利用车间等各类食品加工车间；

辅助车间——机修车间、中心试验室、化验室等；

仓库——原料库、冷库、包装材料库、保温库、成品库、危险品库、五金库、各种堆场、废品库、车库等；

动力设施——发电间、变电所、锅炉房、制冷机房、空压机房和真空泵房等；

供水设施——水泵房、水处理设施、水井、水塔、水池等；

排水系统——废水处理设施；

全厂性设施——办公室、食堂、医务室、哺乳室、托儿所、浴室、厕所、传达室、停车场、自行车棚、围墙、厂大门、员工俱乐部、图书馆、员工宿舍等。

食品工厂是由上述这些不同功能的建筑物、构筑物所组成的，而它们在总平面布置中又必须根据食品工厂的生产工艺和上述原则来进行构思和设计。食品工厂的生产区各主要使用功能的建筑物、构筑物在总平面布置中的关系如图 2-2 所示。

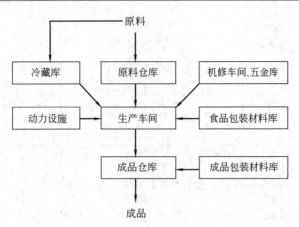

图 2-2　主要使用功能的建筑物、构筑物在总平面布置中的关系示意图

由图 2-2 可知，食品工厂总平面设计应围绕生产车间进行排布，即生产车间（即主车间）应在厂区的中心位置，其他车间、部门及公共设施均需围绕主车间进行排布。不过，以上仅是一个理想的典型，实际上随着地形地貌、周围环境、车间组成及数量等的不同，总平面布置也随这些情况的变化而有所变化。这一排布原则对初学者建立总平面布置中不同使用功能建筑物、构筑物的位置关系的基本概念很重要，下面介绍的 4 种总平面布置方式都是在上述原则的基础上的延伸和拓展。

四、总平面的布置方式

食品工厂总平面的布置方式，按照工厂生产工艺流程的组织和特点，建筑物的体量大小和幢数的多少、场地的地形特征等条件，一般的布置方式有：街区式、台阶区带式、成片式、自由式等（见图 2-3）。

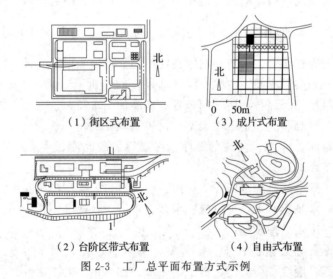

（1）街区式布置　　　　　（3）成片式布置

（2）台阶区带式布置　　　　（4）自由式布置

图 2-3　工厂总平面布置方式示例

（一）街区式布置

街区式布置是根据工厂生产工艺流程的组织和特点，结合场地条件合理进行区划。在此基础上，合理地进行建、构筑物的组合和道路网规划，并在由四周道路环绕的街区

内，成组地布置相应建筑物、构筑物及装置，如图 2-3（1）所示。这种布置方式适合综合性食品厂，生产品类较多，如肉类、果蔬、饮料、糖果等，各种品类需要采用各自的生产车间的情况，厂区建筑物、构筑物数量较多，且地形平坦又呈矩形的场地。它具有利于组织生产、布置交通运输线路、铺设管线和有效组织厂区建筑群体的特点。如果街区组织得当，它可使总平面布置紧凑、用地节约、运输及管网短捷、建筑布置井然有序、开朗明快。如果不顾地形条件和场地形状，强求矩形分区，那就会增加大量土石方工程和浪费用地，从而影响建设造价及经营费用。

（二）台阶区带式布置

在具有一定坡度的场地上，为了保证生产和有效利用地形，常按厂区纵轴平行等高线来进行布置，并在厂区内顺应等高线划分若干条区带，区带间形成台阶，在每条区带上按生产使用功能要求布置相应的建筑物、构筑物及设施，生产过程中有机地利用地形落差进行物料的输送，如图 2-3（2）中所示。这就是台阶区带式布置示例。

厂区的区带划分，即每条区带的宽窄、长度、台阶高度以及厂区的区带条数，随工厂性质、规模、生产工艺特点及流程、运输和管线布置要求、建构筑物的体量和组合场地地形特征以及厂外条件的不同而异。这要根据具体条件，因地制宜地进行区划和布置。

（三）成片式布置

成片式布置是以成片厂房（联合厂房）为主体建筑，在主体建筑附近的适当位置根据生产使用要求和建筑群的空间规划格局，布置相应的体量较小的辅助性建筑，如图 2-3（3）所示。这种布置方式是适应现代工业生产的连续化、内部化、自动控制要求，大量采用联合厂房而逐渐兴起的。我国以往在罐头厂采用较多。现在，国内外的现代化工厂多采用这种方式布置。它在适应现代化生产，提高建筑的经济性，有效节约用地，便于生产管理等方面都具有良好效果，并使整个建筑群体主从分明，富有表现力。但采用成片式布置，要求场地地形平坦；在地形变化较大的场地，场地开拓费用却十分昂贵，一般不宜采用这种布置方式。如果成片厂房内部容许有高差时，它对地形变化的适应范围就会更大些。

（四）自由式布置

对于某些规模较小、将原料就地进行预加工的工厂，它的卫生要求以及生产连续性要求不高，水、电、气的用量也不大，生产运输线路可以灵活组织，如水果、蔬菜等在基地的原料预处理厂，这类原料在田间处理时废弃物可以还田作为肥料，及时地进行整理包装和护色处理，可以充分利用原料和保持原料的新鲜度，减少运输量，这类加工大多为手工操作。若在地形复杂地区进行建造，为了充分利用地形，可依山就势开拓工业场地采取灵活布置的方式，如图 2-3（4）中所示。这种布置方式无一定格局，可因地制宜加以处理，最适宜山地的小型企业。在布置中还是应该坚持合理紧凑，否则在生产上、技术上、使用上都会造成不良影响。

五、总平面设计阶段

（一）初步设计

对于管线不复杂的食品工厂总平面设计，其初步设计内容常包括一张总平面布置图和一份设计说明书，有时仅有一张总平面布置图，图内既包括建筑物、构筑物、道路和管线等，又包括说明书，必要时还附有区域位置图。其图和说明书内容要求如下。

总平面布置图：图纸比例按1：500、1：1000来绘制，图内应有地形等高线、原有的建筑物、构筑物和将来拟建的建筑物、构筑物的排布位置和层数、地坪标高、绿化位置、道路梯级、管线、排水沟及排水方向等。在图的一角或适当位置绘制风向玫瑰图和区域位置图。

一个地方的主导风向，就是风吹来最多的方向，如无锡的主导风向是东南风，就是说从东南方向吹来的风最多。为了考虑主导风向对建筑总平面布置的影响，常将当地气象台（站）观测的风气象资料，绘制成风玫瑰图供设计使用。风玫瑰图有风向玫瑰图和风速玫瑰图两种，一般多用风向玫瑰图。图2-4为风向玫瑰图一例。

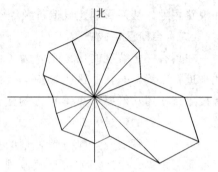

图 2-4　无锡风向玫瑰图

风向玫瑰图表示风向和风向频率。风向频率是在一定时间内各种风向出现的次数占所观测总次数的百分比。根据各方向风的出现频率，以相应的比例长度，以风向中心为中心描在8个或16个方位所表示的图线上，然后将各相邻方向的端点用直线连接起来，绘成为一个形似玫瑰花样的闭合折线，这就是风向玫瑰图。图中最长者即为当地的主导风向。在读玫瑰图时，它的风向是由外缘向中心，绝不是中心吹向外围。

《建筑设计资料集》中列有我国主要城市的风向玫瑰图。在每一城市的风向玫瑰图中，以粗实线表示全年风频情况，虚线表示6～8月夏季风频情况，它们都是根据当地多年的全年或夏季的风向频率的平均统计资料制成的，需要时可查阅参考。在南方炎热地区，建筑物的朝向和布置与夏季主导风向有密切关系。也就是说在总平面布置时，应将食品工厂的原辅材料仓库、食品生产车间等卫生要求高的建筑物布置在夏季主导风向的上风向，把锅炉房、煤堆等污染食品的建筑物布置在下风向，以免影响食品卫生。但是，从环境友好的角度出发，这些概念已逐步淡化，因为锅炉房、煤堆本身就不应产生污染食品的灰尘、杂物等，这一点在设计时应考虑周全。

风速玫瑰图也是用类似于制作风向玫瑰图的方法绘制而成的，其不同点是在各方位的方向线上不是按风向频率比例取点，而是按平均风速（m/s）取点。

工厂或车间所散发的有害气体及微粒对厂区和邻近地区空气的污染，不但与风向频率有关，同时也受到风速的影响，如果一个地方在各个方位的风向频率差别不大，而风向平均速度相差很大时，就要综合考虑某一方向的风向、风速对其下风向地区污染的影响，其污染程度可用污染系数来表示。

$$污染系数 = \frac{风向频率}{平均风速}$$

上式表明：污染程度与风向频率成正比，与平均风速成反比。也就是说，某一方向的风向频率越大，其下风向受到污染的机会越多，而该方向的平均风速越大，其来自上风向的有害物质越快被风带走或扩散，下风向受到污染的程度就越小。因此，从污染系数来考虑食品工厂总平面布置，就应该将污染性大的车间或部门布置在污染系数最小的方位上。当然，从环境友好的角度考虑，要尽可能应用清洁生产的工艺，确保车间不产生有害气体及微粒。

应该指出，风玫瑰图是一个地区，特别是平原地区风的一般情况，但由于地形、地貌不同，它对风气候（大气环流所形成的风）起着直接的影响，由地形引起局部地区性的气候和由错综复杂地形、地面状况对风的阻滞或加速而形成的地区性的风（又称局部地方风，如水陆风、山谷风、顺坡风、越山风、林源风、街巷风等）往往对一个局部地区的风向、风速起着主要作用。所以，在进行食品工厂总平面设计时，应充分注意地方小气候的变化，并在设计中善于利用地形、地势及其产生的局部地方风。

区域位置图常用的比例为 1:5000、1:10000，该图附在总平面图的一角上，以反映总平面周围环境的情况，如图 2-5 所示。

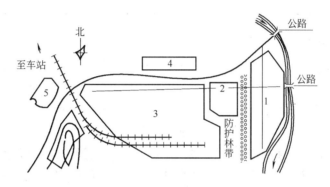

图 2-5　某厂区、生活区域位置图

1—居住区　2—行政福利区　3—厂区　4—厂区发展　5—居住区发展

总平面扩初设计说明书主要包括下列内容：设计依据，布置特点，主要技术经济指标和概算等。文字应简明扼要。主要技术经济指标包括：厂区总占地面积；生产区占地面积；建筑物、构筑物面积（包括楼隔层、楼廊、电梯间的电梯井，并按楼层计。建筑物的外走廊、檐廊、挑廊，有围护结构或有支承的楼梯及雨篷，若走廊或楼梯如最高一层无顶者，不计面积）；生产区建筑物、构筑物面积；露天堆场面积；道路长度（指车行道）；道路面积；广场面积、围墙长度；建筑密度、容积率、建筑系数和土地利用系数等。

$$建筑密度 = \frac{厂区内建筑物、构筑物基底面积}{厂区占地面积} \times 100\%$$

$$容积率（\%）= \frac{厂区内建筑物、构筑物占地面积 + 露天生产场地或设备用地面积}{厂区占地面积} \times 100\%$$

$$建筑系数（\%）= \frac{建筑物、构筑物占地面积 + 堆场、露天场地、作业场地占地面积}{厂区占地面积} \times 100\%$$

$$土地利用系数（\%）= \frac{\begin{array}{c}建筑物、构筑物占地面积 + 堆场、露天场地、\\作业场地占地面积 + 辅助工程占地面积\end{array}}{厂区占地面积} \times 100\%$$

辅助工程占地面积包括：铁路、道路（包括引道、人行道）、管线、散水坡、绿化占地面积。

建筑系数尚不能完全反映厂区土地利用情况，而土地利用系数则能全面反映厂区的场地利用是否经济合理。

表 2-1 摘录了部分不同类型食品工厂的建筑系数和土地利用系数（仅供参考）。

表 2-1　　　　　　　　　部分类型食品工厂的建筑系数和土地利用系数

工厂类型	建筑系数/%	土地利用系数/%
罐头食品厂	25～35	45～65
乳品厂	25～40	40～65
面包厂	17～23	50～70
糖果食品厂	22～27	65～80
啤酒厂	34～37	—
植物油厂	24～33	60

（二）施工图设计

扩初设计经批准后，就开始进行施工图设计，其目的在于深化扩初设计，落实设计意图和技术细节，便于设计和绘制施工的全部施工图纸。

小型食品工厂总平面设计施工图，通常仅绘一张总平面布置图，必要时加绘排水管线综合平面布置图、竖向布置、道路、台阶梯级等详图。各图纸具体内容要求如下。

（1）建筑总平面布置施工图　图纸比例 1：500、1：1000，图内有等高线、细实线表示原有建筑物、构筑物，粗实线表示新设计建筑物、构筑物。按《建筑制图标准》绘制，而且要明确标出各建筑物、构筑物的定位尺寸，并留有扩建余地，以满足生产发展的需要。

（2）竖向布置　竖向布置是否单独出图，视工程项目的多少和地形的复杂情况确定。一般来说对于工程项目不多、地形变化不大的场地，竖向布置可放在总平面布置施工图内，并注明建筑物、构筑物的面积、层数、室内地坪标高、道路转折点标高、坡向、距离和纵坡等。

（3）管线布置图　一般简单的工厂总平面设计，管线种类较少，布置简单，常常只有给水、排水和照明管线，有时就附在总平面施工图内。但管线较复杂时，常由各设计专业工种出各类管线布置图。总平面设计人员往往出一张管线综合平面布置图，图内应表明管线间距、纵坡、转折点、标高、各种阀门、检查井位置以及各类管线、窨井等的图例符号说明。图纸的比例尺寸与总平面布置施工图相一致。

（4）总平面布置施工图说明书　一般不单独出说明书，通常用文字说明的内容附在总平面布置施工图的一角上。主要说明设计意图、施工时应注意的问题、各种技术经济指标（同扩初设计）和工程量等。有时，还将总平面图内建筑物、构筑物的编号也列表说明，放在图内适宜的地方。

为确保设计质量，施工图纸必须经过设计、校对、审核、审定会签后，才能发至施工单位，作为施工依据。

有关厂区道路主要技术指标列于表 2-2 中，供设计时参考。

表 2-2　　　　　　　　　　有关厂区道路主要技术指标

指标名称	汽车道	电瓶车道	指标名称	汽车道	电瓶车道
路面宽/m			交叉口转弯半径/m		
城市型：单车道	3.5	2.0	单车	9.0	5.0
双车道	6.0～6.5	3.5	带一辆拖车	12.0	7.0
公路道：单车道	3.0～3.5	2.0	最大纵坡/%	8	3～4
双车道	5.5～6.0	3.5	最小纵坡/%	0.4	
车间引道宽度/m	3.0～4.0	2.0～3.5	车间引道最小半径/m	8.0	4.0
路肩宽度/m	1.0～1.5		纵向坡度最小长度/m	50	50
平曲线最小半径/m	15.0	6.0			

六、国内外工厂总平面布置的特点

现代食品工厂的厂前区有较宽的道路、草坪、停车场和树木,给人以宽舒的印象。道路均采用沥青路面,人流与物流运输基本分开,货物运输除汽车外,有些工厂还设有原料运输铁路线,如位于江苏省张家港市的中粮东海粮油工业有限公司等。国外一些食品工厂的厂区普遍采用钢丝网围墙,大门也很简单,没有单独的传达室。有些国家的食品工厂甚至连围墙也没有,江苏苏南地区的某些外资、独资的工厂与国外的工厂已没有任何区别。

管理部门的办公室大多集中在一起,在建筑物入口处,往往设有联系柜(包括电话总机)。有些工厂的办公室与车间毗邻,管理人员随时可通过观察窗看到车间内的情况。

生产区都以车间为中心,其他车间、化验室和仓库等均围绕主车间布置,并尽量缩短运输距离,使生产连续化和集中控制,有些工厂的生产车间包括了锅炉房等动力设备在内。

在职人员较多的工厂设有职工食堂,食堂大多设在建筑物中间分隔层上,以利用空间,节省投资。随着我国工业的发展,可耕地的逐年减少以及食品工业对卫生的要求越来越高,食品工厂 GMP、HACCP、ISO22000、QS 认证的强化,目前,我国不少食品工厂已把生产区集中在一个建筑物内。

现代化食品工厂是适应工业生产技术飞跃发展而建立的,它的生产具有连续性、联动性、高效能、自动控制的特点,这是应用各种专业最新科学技术成就的综合反映。随着工业生产技术的发展,生产工艺的革新,生产组织和管理体制的变革,生产规模的扩大,工业建筑的平面空间组合和总平面布置也随之发生深刻的影响和变化。无论在功能上和技术上,或是在改善环境和建筑艺术的质量上,与传统的工厂建筑群体规划布置原则和方法相比,都发生了明显的变化。根据资料报道,主要有以下特点。

(一)构建专门化的工业加工区

从人类环境结构要求出发,考虑城市、工业和建筑的综合发展和一体化,以提高环境质量。

不少城市设有"食品工业企业园"(如扬州市食品工业园),是与自然环境密切结合,有计划发展食品工业用地的产物。园区内配置有"洁净"的工业厂房和其他附属设施，交通运输方便、通畅，还配置一些多功能的建筑物。它有单纯工业性的，也有包括住宅、商店、大学等综合性的。这样，整个工业企业就综合了城市规划、经济、园林绿化发展的优点，是城市、工业建筑、园林绿化的统一在工业区的具体体现。

（二）重视工厂的发展规划

在编制长远规划时，综合远、近期规划要求，统筹考虑场地的利用和总体布置，以适应工厂生产规模不断扩大的需要。

对一个食品工厂的长远规划来说，首先应该考虑当前和将来的生产规模和生产过程，以确定厂区面积利用的总体概念，并对原料供应与加工、服务设施做出调查研究。经过对这些问题的综合考虑，才能确定一段时间内的发展规划。据国外实践经验，规划时间不宜过长，如果超过 20 年就难以合理预测。工厂的长远规划还要考虑最初投资额与工厂积累的合理平衡。关于预留发展用地问题，据国内外经验，当预计扩充规模为 100% 时，厂区用地应为现有厂房设施占地的 3 倍。当厂房建筑面积增加 1 倍时，还可以有 1/3 的场地供停车、道路等使用。这一预留比例据认为是符合扩充潜力、合乎逻辑的解决方案。

（三）发展联合厂房

伴随工业现代化而产生的"联合厂房"，在实践中不断发展和完善，并得到广泛应用，逐步打破了过去工业厂房传统的设计原则和特征。

现代工业生产广泛应用生产过程自动化，自动控制水平日益提高，工艺设备更新的周期缩短。在这种新情况下，按传统设计方法所建造的厂房，显然已不能适应这种生产工艺发展可变性的要求，而联合厂房在这方面却显示出它的优越性，美国建筑师阿尔伯特·卡恩说："因为随着生产工艺的革新、生产组织的改进和生产规模的扩大，对厂房会不断提出调整和扩充要求，只有连成一片的独立厂房才能适应这种对内部调整和向外部扩充灵活性的要求，而一个个彼此分散而又相互牵制的车间建筑群是难以适应这种灵活性的要求的。"

联合厂房具有的这种优越性和生命力，在欧美、日本等国家和地区都不同程度地得到了发展，尤以美国为甚。美国发展趋势是设计具有人工气候的灵活的大面积（常在 10 多万平方米以上）的联合厂房，并已成为当今美国工业建筑的主要形式。由于各类行业的生产特点不同，其生产工艺变化快慢，生产相互干扰的程度，物料特性和能源条件等都有所不同，因而厂房合并的程度和采用的方式也有所区别。至于联合厂房平面形状，经分析后认为：最优为方形，其次矩形，其长宽比以 1：（2～3）居多。

室内环境是借助人控或人控与自然相结合的方式取得的，此外，噪声防治、色彩和装饰的处理，也增添了室内效果；考虑到某些封闭式的食品厂房对人的心理效应，还要以新的设计手法，使室内外空间相互联系与引申。建筑结构也采用灵活组合的方式加以应用，特别是新结构的发展与应用，也为联合厂房的发展创造了有利条件，也有一些国家在联合厂房的设计中，强调建筑统一模数制和构件标准化的应用，并非常注意联合厂房的建筑美学效果和表现力。

（四）有效开拓空间、建多层厂房和仓库

多层厂房也随工业、建筑技术的进步，在食品工业得到了有效的应用和发展。这是

它能充分发挥垂直空间效能和灵活的布局所致，可以其不同的体型和空间，适应多种生产功能和场地变化的需要。

现在很多单层厂房已开始带有地下层或半地下层，或者局部带有地下层，用来布置辅助生产、管网设备和办公生活用房等。再如，有的工厂根据生产特点，按"能上楼"和"不能上楼"的技术经济要求，组成单、多层相结合的厂房。有的工厂还采用了大面积成片的1～2层联合厂房，这种厂房在具有人工气候条件下，生产使用及管理效率都能得到提高；厂区内部管网、运输的建设经营费用可以降低；生产工艺布置也较为灵活；改装也很方便，并有效地节约了用地。

（五）重视物料储运现代化的研究与应用

食品工厂生产车间内的物料流动是保证生产过程及环境的卫生、提高产品质量极为重要的问题，重视工厂物料储运的研究，采取多种生产运输方式，以实现物料搬运及仓库作业的机械化、自动化。

国外由于认识到物料搬运是生产过程中的重要环节，是科学组织生产、调节生产的手段，因此对储运极为重视，成为降低成本、控制质量的一个重要对象。

由于物料搬运对于提高生产能力，保证产品质量，减少工人数量，降低生产成本，减少工伤事故具有相当重要的影响，因而20世纪60年代以来，国外工业发达国家，日趋重视搬运工作，调整生产组织，合理安排搬运路线，实现物料储运作业机械化、自动化。

近几年来，国外多层自动立体仓库有相当的发展，国内不少食品工厂已使用大型的立体物流仓库，包括20m以上的保温库（0～10℃）、低温库（−18℃）等。它为提高仓库作业的机械化、自动化水平和减少厂内仓库占地面积创造了良好条件。

第四节　总平面布置与环境友好

遵循生态系统的客观规律，协调人工环境与自然环境之间的关系，合理地利用自然环境，防治环境污染和生态破坏，为人民创造清洁适宜的生活和劳动环境，保护人民健康，促进生产发展，这就要在工厂选址、总体布局、总平面布置中，考虑人的因素，考虑生态平衡和环境友好，结合当地自然条件，做到全面规划，合理布局，综合利用，化害为利，保护环境。

根据环境友好对总图的要求，在设计中应该做好以下工作。

（1）工厂的选址、设计、建设和生产，都必须充分注意防止对环境的污染和破坏。在进行新建、改建和扩建工程时，必须提出对环境影响的评价报告书，经环境保护部门和其他有关部门审查批准后才能进行设计。各项有害物质的排放必须遵守国家规定的标准。

（2）改革工艺和设备，积极试验和采用无污染或少污染的新工艺、新技术、新产品，把危害消灭在生产过程之中。同时要加强企业管理，实行文明生产，对于污染环境的"三废"，要实行综合利用，化害为利。这是消除污染危害，保护环境的积极措施。总图设计应主动配合，为工厂的工艺改革、清洁生产、综合利用、净化处理等创造条件。

（3）对危害环境的工厂，除工厂对有害物质严加保护和管理之外，还应根据当地城镇规划或工业和农业规划，调查研究工厂有害物排入大气、水体和土壤后的扩散规律和污染程度，充分考虑大气、水体的稀释能力和防护距离，利用风向、流向、地形、地质等自然特点进行厂址的选择和总图布置，制定对环境无害的设计方案。

（4）居住区的生活饮用水水源、废水处理站、废水排放点、废渣堆放场、综合利用场地和绿化用地等，应与生产场地同时选择，合理进行布局。

（5）绿化是保护和改善环境的有效措施之一，工厂区和居住区本身及其卫生防护地带，水源地、废渣场等地段和工厂周围地带，都应有计划地充分绿化、保护环境，实现工厂园林化。

近年来，在我国，城市、工业、建筑的综合发展和一体化，提高环境质量等问题已日益引起人们的重视和研究。这就要求我们重视城市、工业区、工厂（建筑）的环境绿化并为人们创造一个接近自然环境的园林规划布局。这不但为人们提供良好的活动休息场所和接近自然的风景景况，还在维护自然界的生态平衡中发挥更大的作用。因此，工厂、工业区及其周围环境的绿化是保护环境、防止污染和维持自然生态平衡的一项重要措施。

此外，在总平面设计中还要综合考虑交通运输设计、生产管理及生活福利设施、噪声和振动防治、场地排水、综合管线布置等问题。只有综合考虑这一系列与总平面布置相关的问题，才能设计并建设好食品工厂。

思考题

1. 简述食品工厂厂址选择的原则。
2. 简述食品工厂厂址选择报告的内容。
3. 食品工厂总平面设计的定义是什么？
4. 食品工厂总平面设计的内容包括哪几个方面？
5. 食品工厂总平面设计要遵循哪些基本原则？
6. 简述食品工厂的组成。
7. 什么是风向玫瑰图？什么是风速玫瑰图？它们各有何用？
8. 什么是风向频率？
9. 什么是主导风向？
10. 风玫瑰图有什么作用？
11. 污染系数是如何定义的？
12. 总平面扩初设计说明书包括几个内容，具体是什么？
13. 什么是建筑系数？
14. 什么是土地利用系数？
15. 什么是容积率？
16. 什么是建筑密度？
17. 厂区内主要建筑物、构筑物按功能不同可分为几类？并分别说明各类建筑物、构筑的排布原则。

第三章　食品工厂工艺设计

学习指导

　　掌握和理解产品方案及班产量的确定、主要产品及综合利用产品生产工艺流程的确定、物料计算、设备生产能力计算及设备选型、劳动力计算、生产车间工艺布置、生产车间用水和用汽量的估算、管路设计及布置8个方面的内容。建议在学习车间平面布置内容时，补充学习一些建筑基本知识（包括建筑材料、建筑制图、建筑构件）。本章内容应能全面牢固掌握，深刻理解全部内容并能融会贯通。

　　食品工厂工艺设计是以生产产品的生产车间的设计为主。例如，罐头食品工厂的生产车间一般有实罐车间、空罐车间和综合利用车间等，其中又以实罐车间为设计重点。又如，乳品工厂的生产车间一般有奶粉车间、鲜奶车间、冰淇淋车间和酸奶车间等，其中以奶粉车间和鲜奶车间为设计重点。再如，饮料工厂的生产车间一般有果汁车间、纯水车间和灌装车间等，其中又以果汁车间和灌装车间为设计重点。其余车间和辅助部门等均围绕生产主车间进行设计。不论食品工厂的总体设计还是车间设计，都是由工艺设计和非工艺设计（包括土建、采暖通风、给排水、供电、供汽等）组成。工艺设计的好坏直接影响到全厂生产和技术的合理性，并且对建厂的费用和生产后的产品质量、产品成本、劳动强度等都有着密切的关系。工艺设计又是其他非工艺设计所需基础资料的依据。食品工厂的工艺设计必须根据设计计划任务书上规定的生产规模、产品要求和原料状况，结合建厂条件进行。食品工厂工艺设计主要包括下列项目：

　　① 产品方案、产品规格及班产量的确定；
　　② 主要产品生产工艺流程的确定及其安全设计；
　　③ 物料计算和食品包装；
　　④ 生产车间设备的生产能力计算、选型及配套；
　　⑤ 生产车间平面布置；
　　⑥ 劳动力平衡及劳动组织；
　　⑦ 生产车间水、电、汽、冷用量的估算；
　　⑧ 生产车间管路计算及设计。
　　工艺设计除上述内容外，还必须向非工艺设计和有关方面提出下列要求：
　　① 工艺流程、车间布置对总平面布置相对位置的要求；

② 工艺对土建、采光、通风、采暖、卫生设施等方面的要求；

③ 生产车间水、电、汽、冷耗用量的计算及负荷要求；

④ 对给水水质的要求；

⑤ 对排水水质、流量及废水处理的要求；

⑥ 各类仓库面积的计算及其温湿度等特殊要求。

下面将食品工厂设计所涉及的八个方面的内容分别加以阐述。

第一节　产品方案及班产量的确定

产品方案又称生产纲领。它实际上就是食品工厂准备全年生产哪些品种和各产品的数量、产期、生产班次等的计划安排。乳品工厂的主要原料是牛奶或羊奶，城市居民一般喜欢饮用鲜奶，而在夏季鲜奶的销售量下降。所以应把一部分的鲜奶制成冰淇淋或奶粉等。在城市，以鲜奶、冰淇淋为主；在牧区，以奶粉为主。尽管乳品工厂全年的主要原料都是"奶"，但因市场的需求变化而引起乳品工厂生产产品品种的变化，这样，就需要有一个产品方案。又如，饮料工厂，在热天生产各类碳酸饮料，而在冬天则生产含酒精饮品。上述这些食品工厂全年生产所用的原料基本变化不大，而罐头加工和速冻果蔬、冻干果蔬、保鲜果蔬等这种以季节性原料为加工品种的食品工厂，产品种类繁多，季节性又强，生产过程有淡季和旺季之分，即使同一种原料也往往因为品种不同、地区不同，收获季节有很大的差异。所以在制定产品方案时，首先应根据设计计划任务书和调查研究的资料制定主要产品的品种、规格、产量、生产季节和生产班次，对受季节性影响的产品优先安排。其次是用调节性的产品（即不受季节限制的产品，如肉类、蚕豆、黄豆、香菜心、豆芽菜等）来调节生产上忙闲不均的现象。另外，还应尽可能对原材料进行综合利用及加工成半成品贮存，待到淡季时再进行加工（如茄汁制品及什锦水果等），由于罐头食品工厂和果蔬食品加工厂在所有的食品工厂中产品最多，季节性又强，产品方案编排最为复杂，所以下面的工艺设计中以罐头工厂、果蔬加工厂和乳品工厂的举例为主。

在安排产品方案时，应尽量做到"四个满足""五个平衡"。

"四个满足"是：

① 满足主要产品产量的要求；

② 满足原料综合利用的要求；

③ 满足淡旺季平衡生产的要求；

④ 满足经济效益的要求。

"五个平衡"是：

① 产品产量与原料供应量要平衡；

② 生产季节性与劳动力要平衡；

③ 生产班次要平衡；

④ 设备生产能力要平衡；

⑤ 水、电、汽负荷要平衡。

在编排生产方案时，应根据设计计划任务书的要求及原料供应的可能，考虑本设计需用几个生产车间才能满足要求？各车间的利用率又如何？另外，在编排产品方案时，每月一般按 25d 计，全年的生产日为 300d，如果考虑原料等其他原因，全年的实际生产日数也不宜少于 250d，每天的生产班次一般为 1～2 班，季节性产品高峰期则按 3 班考虑。

在编制产品方案时，还必须确定主要产品的产品规格和班产量。班产量是工艺设计中最主要的计算基础。班产量的大小直接影响到设备的配套、车间的布置和面积、公用设施和辅助设施的大小，以及劳动力的定员等。决定班产量的因素主要有：原料供应量的多少，配套设备的生产能力、延长生产期的条件（如冷库及半成品加工设施等），每天生产班次及产品品种的搭配等。

一般来说，一种原料生产多种规格的产品时，应力求精简，以利于实现机械化。但是，为了提高原料的利用率和使用价值，或者为了满足消费者的需要，往往有必要将一种原料生产成多种规格的产品（即进行产品品种搭配）。下面列举若干种产品品种搭配的大体情况，供参考。

（1）冻猪片加工肉类罐头的搭配 3～4 级的冻片猪出肉率在 75% 左右，其中可用于午餐肉罐头的为 55%～60%，元蹄罐头 1%～2%，排骨罐头 5% 左右或扣肉罐头 8%～10%，其余可生产其他猪肉罐头。

（2）番茄酱罐头罐型的搭配 尽可能生产 70g 装的小型罐，但限于设备的加工条件，通常是 70g 装的占 13%～30%，198g 装占 10%～20%，3000g 或 5000g 装的大型罐占 40%～60%。现在番茄酱的生产已西迁至新疆、宁夏等地，他们生产的番茄酱有的运送到苏、沪一带再分装成小罐。

（3）蘑菇罐头中整菇和片菇、碎菇比例的搭配 一般整菇占 70%，片菇和碎菇占 30% 左右。

（4）水果类罐头品种的搭配 在生产糖水水果罐头的同时，需要考虑果汁、果酱罐头的生产，其产量视原料情况和碎果肉的多少而定。

（5）速冻芦笋生产中条笋和段笋比例的搭配 对原料的综合利用和生产成本有着决定性的影响，一般条笋占 70%，段笋占 30%。

现将部分罐头工厂和乳品工厂的产品方案举例如下：

（1）华东地区年产 5000～6000t 罐头工厂产品方案，参阅表 3-1；

（2）北方地区年产 4000t 罐头工厂产品方案，参阅表 3-2；

（3）年产 1.8 万～2.0 万 t 罐头工厂产品方案（一），参阅表 3-3；

（4）年产 1.8 万～2.0 万 t 罐头工厂产品方案（二），参阅表 3-4；

（5）南方地区（大中城市）日处理 30～80t 原料乳乳品工厂产品方案，参阅表 3-5；

（6）华东地区日处理 10～40t 乳品工厂产品方案，参阅表 3-6；

（7）华东地区年产 5000t 速冻蔬菜工厂产品方案，参阅表 3-7；

在设计时，应按照下达任务书中的年产量和品种，制定出多种产品方案，如前面所列举的两种"年产量 1.8 万～2.0 万 t 罐头工厂产品方案"就是一例。作为设计人员，应制定出两种以上的产品方案进行分析比较，做出决定，比较项目大致如下：

（1）主要产品年产值的比较；

表 3-1　华东地区年产 5000~6000t 罐头工厂产品方案

产品名称	年产量/t	班产量/t	1月	2月	3月	4月	5月	6月	7月	8月	9月	10月	11月	12月
青豆	400	16				──	──							
蘑菇	600	20										──	──	
整番茄	300	10						──	──	──				
番茄酱	300	4	──					──	──	──				
糖水橘子	1200	12	──										──	──
橘子酱	100	2											──	──
竹芛	180	8			──	──								
糖水桃子	400	8						──	──					
糖水杨梅	400	20						──	──					
茄汁黄豆	250	5				──	──							
午餐肉	1500	10							──	──	──	──		
红烧肉	250	5							──	──	──			
全年总产量	5880													

注：以青豆、蘑菇、番茄、橘子、桃子、午餐肉为主要产品，肉类另设车间。

表 3-2　北方地区年产 4000t 罐头工厂产品方案

产品名称	年产量/t	班产量/t	1月	2月	3月	4月	5月	6月	7月	8月	9月	10月	11月	12月
草莓酱	200	4					──	──						
糖水杏子	100	5						──	──					
糖水桃子	400	8							──	──				
糖水梨	250	5								──	──			
糖水苹果	1500	8	──	──	──									
苹果酱	150	2								──	──			
番茄酱	300	4							──	──	──			
山楂酱	300	4	──	──									──	──
水产类罐头	600	2~4	──	──									──	──

表 3-3

年产1.8万~2.0万t罐头工厂产品方案（一）

产品名称	年产量/t	班产量/t	劳动生产率/（人/t）	1月	2月	3月	4月	5月	6月	7月	8月	9月	10月	11月	12月	每班人数/（人/班）
午餐肉	5500	11	14													154
原汁猪肉	3333	12.5	12													150
红烧扣肉	2500	10	15													150
红烧排骨	700	7	22													154
青豆	333	20	15													300
什锦蔬菜	1333	16	12													192
元蘑	217	5月份6.4 11月份4.4	30													5月份192 11月份132
蘑菇	1625	15	13													195
蚕豆	3733	16	6													96
每天产量/t				63 t/天		62 t/天		48.4	74	66 t/天		77	57	56.4	3 6 62	
每天需劳动力/人				800人/天		803人/天		800		800人/天		80 3	80 3	83 0	80 3 8 00	
全年总产量				19274t，其中肉类罐头占63.56%												

表 3-4　　年产 1.8 万～2.0 万 t 罐头工厂产品方案（二）

产品名称	年产量/t	班产量/t	劳动生产率/(人/t)	1月	2月	3月	4月	5月	6月	7月	8月	9月	10月	11月	12月	每班人数/(人/班)
午餐肉	6199	24	14													336
清蒸猪肉	3500	20	15													300
红烧扣肉	1332	20	15													300
红烧元蹄	175	3	30													90
蘑菇	1949	18	13													234
什锦蔬菜	1250	15	12													180
咖喱鸡	200	6	22													132
番茄酱	1511	16.5	12													198
蚕豆	2874	15	6													90
每天产量/t				59	59		62	62	60.5	70.5	76.5	74	62	63	59	
每天需劳动力/人				816	816		870	816	816	816	846	816	870	89.4	87 0	
														62	62	
全年总产量	18990t，其中肉类罐头占 60%															

表 3-5　　　南方地区（大中城市）日处理 30～80t
原料乳乳品工厂产品方案

产品名称 \ 年产量	生产时间 1月	2月	3月	4月	5月	6月	7月	8月	9月	10月	11月	12月
消毒奶												
酸奶												
冰淇淋												
速溶麦片												
奶油												
全脂奶粉												
淡炼乳												
甜炼乳												

表 3-6　　　华东地区日处理 10～40t 乳品工厂产品方案

产品名称 \ 年产量	生产时间 1月	2月	3月	4月	5月	6月	7月	8月	9月	10月	11月	12月
全脂甜奶粉												
甜炼乳												
淡炼乳												
奶油												
婴儿奶粉												
乳糖												
干酪素												
冰淇淋												

表 3-7　华东地区年产 5000t 速冻蔬菜工厂产品方案

产品名称	年产量/t	班产量/t	劳动生产率/(人/t)	生产月份	每班人数/(人/班)
花菜	400	20	15	11月—12月	300
西蓝花	400	20	15	1月—2月	300
油菜花	300	15	18	3月	270
绿芦笋	300	10	22	4月—7月；9月—10月	220
荷兰豆	500	20	18	5月	360
青刀豆	600	20	18	6月—7月	360
甜玉米	250	25	11	8月	275
糯玉米	350	35	10	7月—8月	550
甜椒	300	10	12	9月	120
辣椒	150	15	12	4月—5月	180
莲藕片	400	10	12	10月—11月	120
青豆	250	25	12	1月—2月	280
马蹄	400	20	16	3月—5月	320
胡萝卜（丁、片）	250	25	6	7月—9月	150
韭菜	100	10	22	1月—2月	220
蒜苗	300	30	8	6月	240
全年总产量				5250t	

（2）每天所需生产工人数的比较；

（3）劳动生产率的比较（年产量工人总数，其中年产量以 t 计）；

（4）每天工人最多最少之差的比较；

（5）平均每人每年产值的比较［元/（人·年）］；

（6）季节性的比较；

（7）设备平衡情况的比较；

（8）水、电、汽消耗量的比较；

（9）组织生产难易情况的比较；

（10）基建投资的比较；

（11）经济效益（利税，元/年）的比较；

（12）社会效益的比较；

（13）结论。

根据上述各项的比较，在几个产品方案中找出一个最佳方案，作为下列设计的依据。

罐头工厂的空罐车间，其生产能力以主要品种的各种不同罐型的需要量为依据，并适当留有发展余地。空罐车间生产每天按 1～2 班计算。日产量应与主要产品各种罐型的空罐需求量相平衡。在季节性特别强、产量特别高或因罐型小所需空罐量特别多（如 70g 番茄酱的罐）的情况下，可于高峰来到前提前生产，贮存于仓库中备用，用不着选择生产能力过大的空罐设备，造成大部分时间里生产能力过剩，而使投资增加，资金浪费。对于空罐生产设备，在一般的情况下都选半自动生产线，产量很高时就应选生产能力高的全自动生产线。

目前国际上有些国家（如美国、德国等）规定禁用焊锡罐，而要用电阻焊接罐。焊锡罐的焊锡中含有铅，特别是自动焊锡机所用的焊锡中，铅锡比为 2∶98，而铅是有毒金属，为保障消费者的健康，所以禁用焊锡罐。锡也是稀有金属，价格很高，这也是使焊锡罐淘汰的另一个原因。

电阻焊接机有半自动和自动两种，半自动电阻焊接机每分钟的生产能力在 30 罐左右，自动电阻焊接机的生产能力，根据不同的型号其生产能力也不一致，有 150 罐/min，250 罐/min 等，所以，可根据空罐不同的需要量，选择不同生产能力的电阻焊接机。

空罐生产能力的计算和实罐不同，不是以吨位计算，而是以每班生产多少套罐身和罐盖（1 只罐身、2 只罐盖为 1 套）为单位。

现在食品生产也已随着现代工业的发展而进入一个集约化的生产状态，即工厂的组成不应固定在以前品种小而全的建设模式之中，在工厂设计中应引入一种社会化、公用化、集约化的设计理念，凡是可以采用社会化来解决的部分，工厂自身不一定要配置，如运输的设计，以前的设计中工厂不仅要考虑到厂内的运输，还要自备原料进入和产品到市场的输送用具，根据市场半径的大小来配置运输车辆的多少，现代工厂运输设计中除考虑厂内的输送以外，厂外的所有输送完全可以通过物流系统来解决，其运输费用会更低，安全性会更高。

现在，各种类型的专业化生产工厂越来越多，配套分工越来越细，例如，空罐生产在 20 世纪 70 年代之前，一般都是罐头食品工厂自身配套空罐车间，以完善自己生产品种所需罐型的配套，这种建设模式的配套设计，一方面所应用的罐型由于自身配套的规模制约着产品品种的发展，另一方面空罐生产的投资大，技术要求高，技术资源不能共享，所以自 20 世纪 80 年代初期，就逐步建成了在一定区域内、一定量超大规模、品种齐全、质量保证，可以满足该区域内各种类型空罐需求的专业性空罐生产厂家和跨区域的空罐专业化市场，对推动罐头食品工厂空罐加工的专业化和空罐使用的安全性提供了最基本也是最可靠的保证。

工厂中生活设施的设计也同样是这样，在当地可以采用社会化、公益化解决的工厂自身不必要做配套设计，以减少先期的投资，降低运行费用和产品生产成本。如托儿所、医院、职工宿舍以及其他福利设施等。

第二节　主要产品生产工艺流程的确定及其安全设计

一、主要产品及综合利用产品生产工艺流程的确定

尽管食品工厂的类型很多，比如罐头食品工厂、乳品工厂、焙烤食品工厂、糖果工厂、饮料工厂、速冻和冻干食品工厂等，而且在同一类型的食品工厂中产品品种和加工工艺也各不相同，但在同一类型的食品工厂中的主要工艺过程和设备基本相近，例如，罐头食品工厂不管生产什么品种的罐头，都要经过原料预处理、选择加工、装罐（加汁或不加汁）、排气密封、杀菌冷却等几个主要工艺过程。又如，乳品工厂不管是生产炼乳还是生产奶粉，都要经过原料乳验收、预处理、预热杀菌、真空浓缩等工艺过程，只要这些产品不同时生产，其相同工艺过程的设备是可以公用的，所以我们在确定产品工艺流程时只要将主要产品工艺流程确定后，其他产品就好办了。

但必须指出，为了保证食品产品的质量，对不同品种的原料应选择不同的工艺流程。另外，即使原料品种相同，如果所确定的工艺路线和条件不同，不仅会影响产品质量，而且还会影响到工厂的经济效益。所以，我们对所设计的食品工厂的主要产品工艺流程应进行认真的探讨和论证。在确定生产流程时，必须注意下列各点。

（1）根据产品规格要求和部颁标准、行业标准或企业标准或客户的特殊规格标准拟订；

（2）根据原料性质拟订；

（3）结合具体条件，应优先采用机械化、连续化作业线；对尚未实现机械化、连续化的品种，其工艺流程应尽可能按流水线排布，使成品或半成品在生产过程中停留的时间最短，以避免半成品的变色、变味、变质；假如是需要进行杀菌的食品，为保证其产品质量，最好采用连续杀菌或高温短时杀菌的工艺；

（4）对特产或名产不得随意更改生产方法；若需改动时，要经过反复试验，然后报请有关部门批准，方可作为新技术应用到设计中；

（5）非定型产品，要待技术成熟后，方可用到设计中；对科研成果，必须经过中试放大后，才能应用到设计中；对新工艺的采用，需经过有关部门的鉴定后，才能应用到设计中。

下面列举几种主要罐头产品及乳制品的生产工艺流程。

（1）几种主要罐头产品生产工艺流程

① 午餐肉罐头生产作业线，见图 3-1。

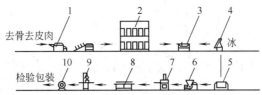

图 3-1　午餐肉罐头生产作业线

1—切肉机　2—腌制室　3—斩拌机　4—制冰屑机　5—真空拌和机　6—午餐肉输送机

7—午餐肉定量装罐机　8—运输带　9—封罐机　10—杀菌锅

② 蘑菇罐头生产作业线，见图 3-2。

③ 青刀豆罐头生产作业线，见图 3-3。

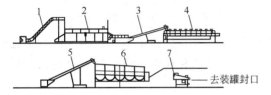

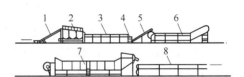

图 3-2　蘑菇罐头生产作业线

1—斗式提升机　2—连续预煮机　3—冷却升运机

4—带式检验台　5—升运机　6—蘑菇

分级机　7—定向切片机

图 3-3　青刀豆罐头生产作业线

1—升运机　2—青刀豆切端机　3—选择运输机

4—集送带　5—升运机　6—青刀豆盐水浸

泡机　7—预煮机　8—装罐运输带

（2）几种主要乳制品生产工艺流程

① 全脂奶粉生产工艺流程，见图 3-4。

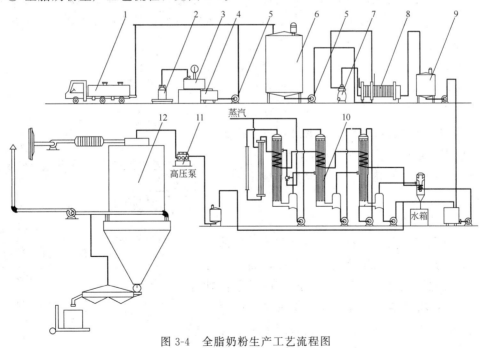

图 3-4　全脂奶粉生产工艺流程图

1—奶槽车　2—奶桶　3—磅奶槽　4—受奶槽　5—奶泵　6—贮奶罐　7—离心分离机　8—板式预

热冷却器　9—平衡罐　10—三效蒸发器　11—高压泵　12—喷雾干燥塔及其系统、流化床

② 冰淇淋生产工艺流程，见图 3-5。

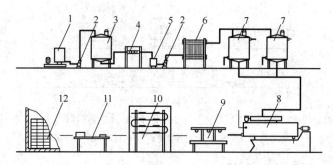

图 3-5　冰淇淋生产工艺流程

1—高速搅拌器　2—奶泵　3—配料　4—高压均质机　5—平衡罐　6—板式杀菌、冷却机

7—老化罐　8—凝冻机　9—注杯灌装机　10—速冻隧道　11—外包装机　12—冻藏库

在确定主要产品生产工艺流程时，除考虑按上述五个注意点外，还需对生产工艺条件进行论证，说明在工艺设计中所确定的生产工艺流程及其生产条件是最合理的、最科学的。工艺论证主要包括以下三方面的内容。

（1）某一单元操作在整个工艺流程中的作用和必要性，它将会对前后工段所产生的影响，并从工艺、设备以及对原料的加工利用角度，从理化、生化、微生物以及工艺技术的原理进行阐述；

（2）论述采用何种方法或手段来实现其工艺目的，即采用哪种类型的设备？先进程度如何？加工过程中对物料的影响如何？

（3）当设备形式选定后，要对工艺参数的确定进行论证，论证不同形式的设备，不同的工艺方法，将会执行不同的工艺参数，论述选定的工艺参数对原料、成品品质的影响，可操作性如何？加工过程中的安全性如何？连续性和稳定性如何？以上三个方面的论证都是建立在成熟工艺条件基础之上的，所有工艺参数都应是经过规模型生产实践的检验得出来的。工艺论证除要进行以上三方面的论证外，最重要的还要进行安全性方面的论证（将在"生产工艺流程的安全设计"中介绍）。

下面以一般甜炼乳生产工艺流程的确定为例，加以说明。

甜炼乳的生产工艺流程，如图 3-6 所示。

在生产甜炼乳时，原料乳先经过验收、称量、净化、冷却、贮乳、标准化等预处理工序，然后进行预热杀菌。预热杀菌可以在 63℃、30min 的低温长时间到 150℃、超高温瞬时杀菌这样广泛的范围内进行。在本设计中究竟选用什么样的预热杀菌工艺条件（即温度和时间）为最好？经过实践及查阅有关资料发现，预热至 80℃有变稠倾向，85℃变稠很明显，95～

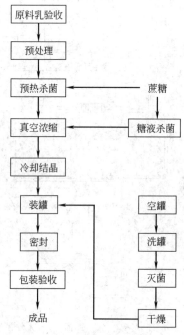

图 3-6　甜炼乳生产工艺流程

48

100℃更明显，但在沸点以上，变稠趋势减弱，而在60～75℃时，制品的黏度降低，特别在65℃以下时，黏度很低，有引起脂肪分离的危险。由此看来，预热杀菌温度在100℃左右和65℃以下最不利，而选用110～120℃瞬时加热或75℃、10min左右的加热保温比较适当。

浓缩的方法有常压加热浓缩、减压加热浓缩、冷冻浓缩、离心浓缩等，而在本设计中究竟选用哪一种浓缩方法较为合理？若选用真空加热浓缩，则还要考虑究竟选用单效盘管浓缩锅还是连续多效浓缩装置。此外，蒸发温度又如何选择为好？这些问题均要进行论证后确定。食品生产的工艺流程经过逐步论证之后，确定了最佳的工艺条件，从而设计计算就有了依据。

二、生产工艺流程的安全设计

食品是人类赖以生存的基本物质，食品的安全问题是公众健康面临的主要威胁。随着科技进步和检测技术的发展，随着生活水平的提高，食品的安全卫生正越来越受到各国政府和消费者的重视。食品工厂对食品原料的加工，其首要的职责就是要保证加工出的食品绝对是安全卫生的，如何保证食品的安全卫生，建立从"农场到餐桌"（from Farm to Table）的整个加工过程的安全卫生质量保证体系。在食品工厂设计时就必须在工艺流程中对原料、辅料、半成品以及直接接触食品和影响食品安全的因子进行预防、控制和管理，确保经过食品安全设计的食品加工厂生产的产品是安全卫生的。

HACCP（Hazard Analysis and Critical Control Point，危害分析与关键控制点）体系是由美国承担宇航食品拜尔斯堡公司在20世纪60年代专门针对预防控制食品生产加工中的安全卫生进行设计、开发的一种管理体系。经过多年的实践和推广，HACCP体系在理论上日渐成熟和完善，在实际应用上也显现出其突出的优势。HACCP体系改变了以往食品生产者或食品卫生管理部门对食品安全卫生质量判定仅是对最终产品进行检验的理念，把对食品安全卫生的控制建立在加工过程中进行动态的预防和控制。HACCP体系的建立使加工者在加工过程中进行自检、自控、自纠，防止不合格品的出现，体系可以追溯加工和控制过程的记录，在产品出现问题时可以做到有据可查，而对终产品的检测仅作为验证体系的有效性。联合国粮农组织和世界卫生组织（FAO/WHO）所属的食品法典委员会（CAC）在《食品卫生总则》的附件中也制定了"HACCP体系及其应用准则"，国家认证认可监督管理委员会在《出口食品企业注册登记管理规定》中要求"出口罐头类、水产品类（活品、水鲜、晾晒、腌制品除外）、肉及肉制品、速冻蔬菜、含肉或水产品的速冻方便食品等6类食品的生产企业在注册时必须实施HACCP体系的管理。"

HACCP原理：以HACCP为基础的食品安全体系是以HACCP的7个原理为基础的[1999年联合国食品法典委员会（CAC）在《食品卫生总则》的附录《危害分析和关键控制点（HACCP）体系应用准则》]。

（1）进行危害分析；

（2）确定关键控制点（CCPs）；

（3）建立关键限值；

（4）建立关键控制点和监控程序；

（5）建立当监控表明某个关键控制点失控时应采取的纠偏行动；

（6）建立验证程序，证明 HACCP 体系运行的有效性；

（7）建立关于所有适用程序和这些程序及其应用的记录系统。

下面对其 7 个原理的应用进行简述。

（一）进行危害分析（原理 1）

危害分析一般分为两个阶段，即危害识别和危害评估。

（1）危害识别　按工艺流程图从原料到成品完成的每个环节进行危害识别，列出所有可能的潜在危害，包括：① 微生物危害（病原性微生物、病毒、寄生虫等）；② 化学危害（自然毒素、化学药品、农残、重金属、不可使用的色素和添加剂等）；③ 物理危害（金属、玻璃、木屑等）。

（2）危害评估　评估作为显著危害就必须被控制。显著危害必须具备两个特性：① 有可能发生；② 一旦控制不当，可能给消费者带来不可接受的健康风险（严重性）。

要把对食品安全的关注同对食品的品质、规格、数（质）量、包装和其他卫生方面有关的质量问题的关注分开，应根据各种危害发生的可能风险（可能性和严重性）来确定某种危害的显著性。

通常根据工作经验、流行病学数据、客户投诉及技术资料的信息来评估危害发生的可能性，用政府部门、权威研究部门向社会公布的风险分析资料、信息来判定危害的严重性。

进行危害分析时必须考虑加工企业无法控制的各种因素，例如，产品的销售环节、运输、食用方式和消费群体等，这些因素应在食品包装和文字说明中加以考虑，以确保食品的消费安全。

工艺设计时不要把危害分析的控制考虑得太多，否则不易抓住重点，反而失去了实施 HACCP 的意义。

危害的控制措施：控制措施也被称为预防措施，是用来防止或消除食品安全危害或将其降低到可接受水平所采取的方法，也是产品加工工艺流程在安全性方面的技术性论证。

不同的产品或生产过程的危害控制可以从原料基地或原料接受开始（如在原料基地对原料的种植、养殖过程的监控、供应商的检测报告等），也可以在加工过程中进行，某些危害的控制（如农残的控制）就必须在原料种植过程中开始或在原料接受时检测。有些危害可以在生产过程中进行控制，如冷藏或冷冻可以抑制微生物的生长和毒素的产生，蒸煮等加工过程可以杀死致病菌和寄生虫，冷冻可以杀死肉禽和水产品中的寄生虫，金属探测仪可以消除金属危害等。

在危害的控制措施中，应考虑整个工艺流程中的加工单元是否能做到既满足生产流程中工艺的其他作用，同时又能满足对安全性控制的要求，加工过程中的工艺流程的确定和安全性的论证两者不是相对独立的，而应是一个和谐的相互能够协调统一的整体。对安全性的论证只应是工艺流程论证中的一个很重要的组成部分而已。例如，烫煮在蔬菜加工中既可以起到杀灭微生物的作用，又可以达到脱水、抗氧化、抑制酶解反应的工艺目的，但必须注意，在大多数产品中，想去除已经引入的化学危害是十分困难的。通常，已鉴别的危害是与产品本身或某个单独的加工步骤有关的必须由 HACCP 来控制；已鉴别的危害与环境或人员有关的危害一般由 SSOP（Sanitation Standard Operation Procedures，卫生标准操作程序，简称 SSOP）来控制较好（见表 3-8）。

表 3-8　　　　　　　　　　　　　　　　HACCP 和 SSOP 的区分

危　　害	控　　　　制	控制的类型	控制计划
组　　胺	贮存、运输、加工鲭鱼的时间和温度	特定的产品	HACCP
致病菌存活	烟熏鱼的时间和温度	加工步骤	HACCP
致病菌污染	接触产品前洗手	人　　员	SSOP
致病菌污染	限制工人在生熟加工区之间走动	人　　员	SSOP
致病菌污染	清洗、消毒食品接触面	工厂环境	SSOP
化学品污染	只使用食品级的润滑油	工厂环境	SSOP

（二）确定关键控制点（原理 2）

对危害分析中确定的每一个显著危害，均必须有一个或多个关键控制点对其进行控制。一个关键控制点可以控制一种以上的危害，也可以用几个关键控制点来控制一个危害。关键控制点也不是一成不变的，产品和加工的特殊性决定其特殊性。

1. 关键控制点确定的原则

（1）当危害能被预防时，这些点可以被认为是关键控制点。例如，通过控制原料接受来预防农药残留，通过添加防腐剂或调节 pH 来抑制病原体在成品中的生长；

（2）能将危害消除的点可以被确定为关键控制点。例如，通过蒸煮和冷冻来杀死病原体和寄生虫，通过金属探测仪来检出金属碎片；

（3）能将危害降低到可接受水平的点被确定为关键控制点。例如，通过人工挑选可以使外来杂质的发生减小到最低程度。

通过从认可的种植/养殖基地、安全水域获得的原料，可以使某些微生物和化学危害减少到最低限度。

完全消除和预防显著危害是不可能的，在加工过程中将危害尽可能地减少是 HACCP 唯一可行并且合理的目标，最主要的是明确所有的显著危害，同时要了解 HACCP 计划中控制这些危害的局限性。

2. 确定关键控制点和控制点

（1）区分关键控制点和控制点　关键控制点应是能最有效地控制显著危害的点。例如，金属危害可以通过选择原辅料来源、磁铁、筛选和在生产线上使用金属探测仪来消除。如果金属危害通过使用金属探测的方法能得到有效的控制，则选择原辅料来源、磁铁、筛选就不必定为关键控制点。

（2）明确关键控制点和危害的关系

① 一个关键控制点上可以用来控制一种以上的危害；如冷冻贮藏可以用来控制病原菌的生长繁殖和组胺的产生。

② 几个关键控制点可以用来共同控制一种危害；如消毒浸泡可以部分杀灭蔬菜中的

病原体，烫煮时间与消毒烫煮浸泡后残留在蔬菜中的病原体的含量有关，所以消毒液浸泡和烫煮时间都应被认为是关键控制点。

③ 生产和加工的特殊性决定关键控制的特殊性；如同一类产品在不同的生产线上生产时，可能会有不同的关键控制点，因为危害及其控制点随生产线的组成形式、不同的产品配方、不同的加工工艺、设备的先进程度、原辅料的选择、卫生和支持性程序的不同而不同。

（三）建立关键限值（原理3）

关键控制点确定后，必须为每一个关键控制点建立关键限值（Critical Limiter，CL）。

1. 关键限值

关键限值的定义：为区分可接受与不可接受水平的指标。也定义为：设置在关键控制点上的，具有生物的、化学的或物理特征的最大值或最小值，这些将确保危害被消除或控制降低到可接受水平。如乳制品生产线上针对显著危害病原性微生物的一个CCP是巴氏杀菌工序，其关键限值是：$\geqslant 72℃$，$\geqslant 15s$。在大多数情况下，恰当的关键限值的确定应有充分的科学依据。

2. 操作限值（Operating Limiter，OL）

操作限值的定义：比关键限值更严格的限值，是操作人员用以降低偏离关键限值风险的标准。

3. 操作限值的确定

（1）确定操作限值的意义　其意义在于可以避免关键限值的偏离，最大限度地避免损失，确保产品的安全；

（2）如何确定操作限值　综合加工过程中限值对工艺、设备、产品品质没有负面影响时，操作中应尽可能地控制得严一些。如杀菌温度为：$CL \geqslant 121℃ \pm 2℃$，OL最低应设在123℃；

（3）加工调整　即加工过程中使操作参数回到操作限值内而采取的措施。如油炸肉丸的油炸工序的操作限值：油温$\geqslant 110℃$，时间为3.5min。当油温低于110℃时，应进行调整使油温回到110℃以上的操作。

（四）关键控制点上的监控（原理4）

为了评估CCP是否处于控制之中，对被控参数所作的有计划的、连续的观察或测量活动。

1. 监控的目的

跟踪加工过程，查明和注意可能偏离关键限值的趋势，进行加工调整，使加工过程在关键限值发生偏离前恢复到可控制的状态。当一个CCP发生偏离时，可查明何时失控，以便及时采取纠偏行动提供监控的记录，用于验证。

2. 监控的四个要素

每个监控程序必须包括3W和1H，即监控什么（What）、怎样监控（How）、何时监控（When）、谁来监控（Who）。

（1）监控什么（监控对象）　通常通过测量一个或几个参数，检测产品或检查证明性文件，来评估某个 CCP 是否在关键限值内操作；

（2）怎样监控（监控方法） 对于定量的关键限值，通常用物理或化学的控制方法，对于定性的关键限值采用检查的方法，要求迅速和准确；

（3）何时监控（监控频率） 可以是连续的，也可以是间歇的；

（4）谁来监控（监控人员） 受过培训可以监控操作的人员。

（五）纠偏行动（原理 5）

纠偏行动是指监测结果表明失控时，在关键控制点（CCP）上所采取的行动。

1. 纠偏行动的组成

（1）纠正和消除偏离的起因，重建加工控制 当发生偏离时应先分析产生偏离的原因，及时采取措施将发生偏离的参数重新控制到关键限值的范围内，并采取预防措施，防止类似偏离的再次发生。

（2）确认偏离期间加工的产品及处理方法 确认哪一段、哪些批次、多少产品发生偏离，并确定相应的处理方法。对已发生偏离的产品，从重建 CL 到上一次有效监控期间的产品均需采取纠偏行动。以现场纠偏效果最好。

2. 纠偏行动

对偏离期间加工的产品的处理按以下四步进行。

（1）确定产品是否存在安全危害（专家的评估，物理、化学或微生物的检测等）；

（2）若第一步的评估为不存在危害，产品可被通过；

（3）如果存在潜在的危害，确定产品能否被返工处理或转为安全使用；

（4）如果潜在的有危害的产品不能按第三步处理，产品必须被销毁。

应注意：产品返工应不会产生新的危害，如温度被热稳定性高的生物毒素（如金黄色葡萄球菌肠毒素等）污染，返工期间仍应受控。

可采取的纠偏行动按以下五步进行。

（1）隔离和保存要进行安全评估的产品；

（2）将受到影响的原料、辅（配）料或半成品移作其他加工使用；

（3）重新加工；

（4）对不符合要求的原、辅（配）料退回或不再使用；

（5）销毁产品。

3. 纠偏行动记录

当因关键限值发生偏离而采取纠偏行动时，必须加以记录，填写纠偏行动报告，报告中应包括以下内容：

（1）确认产品；

（2）描述偏离；

（3）采取的纠偏行动；

（4）采取纠偏行动的负责人员；

（5）评估结果。

（六）建立验证程序（原理 6）

验证（Verification），即确定是否符合 HACCP 计划所采用的方法、程序、测试和其他评价方法的应用。HACCP 的宗旨是防止食品安全危害的发生，验证的目的是提供置信水平。一是证明 HACCP 计划是建立在严谨、科学的基础上的，它足以控制产品本身和工艺过程中出现的安全危害；二是证明 HACCP 计划所规定的控制措施能被有效地实施，整个 HACCP 体系在按规定有效运转。

验证一般由下列几个要素组成。

① 确认（Validation）；② CCP 验证活动，监控设备的校准，针对性的取样和检测，CCP 记录（包括监控记录、纠偏记录、校准记录）的复查；③ HACCP 体系的验证：审核（Audit），最终产品的微生物试验；④ 执法机构或其他第三方的验证。

1. 确认

确认，即通过收集、评估科学的技术的信息资料，以评价 HACCP 计划的适宜性和控制危害的有效性（在 HACCP 计划实施前进行）。

（1）确认的执行者　HACCP 小组成员和受过适当的培训或经验丰富的人员。

（2）确认内容　对 HACCP 计划的各个组成部分的基本原理，由危害分析到 CCP 验证方法做科学及技术上的回顾和评价。

（3）确认频率

① 最初的确认；

② 当有因素证明确认是必须时，下述情况应当采取确认行动：a. 原料的改变；b. 产品或加工的改变；c. 复查时发现数据不符或相反；d. 重复出现同样的偏差；e. 有关危害或控制手段的新信息（原依据的信息来源发生变化）；f. 生产中观察到异常情况；g. 出现新的销售或消费方式。

2. CCP 的验证

对 CCP 制定验证活动，能确保所应用的控制程序都在适当的范围内操作，正确地发挥作用以控制食品安全危害。CCP 的验证包括：

（1）核准　CCP 监控设备的校准是 HACCP 计划成功实施的基础，如果设备没有校准，监控结果是不可靠的。

① 确定校准频率：确定校准频率应考虑仪器设备的灵敏度和稳定性；

② 校准的执行：针对用于验证及监控步骤的设备和仪器，以一种能确保测量准确度的频率来进行校准时，应按仪器或设备使用时的条件或接近此种条件，参照一标准设备来检查所使用设备的准确度。

如金属检测仪通常至少每小时检查 1 次，以保证它们的功能正常；温度指示装置，如蒸煮机上用的温度计或热电偶每年至少校准 1 次。在 HACCP 计划实施前，应当制定每一种监控设备的校准规程和允许误差，以便在校准时有执行依据。

校准并保持相应的记录应当作为 HACCP 计划中的一个组成部分。记录上应记载校准时实际测得的数据。

（2）校准记录的审查　审查校准记录时，要审查校准日期是否符合规定的频率要求，所用的校准方法是否正确，校准结果的判定是否准确，发现不合格监控设备后的处理方法是否适当。

（3）针对性的取样检测

① 当原料验收作为 CCP 时，往往会把供应商的证明作为监控的对象，证明是否可信，需要通过针对性的取样检测来验证。

② 当关键限值设定在设备操作中时，可抽查产品以确保设备设定的操作参数适于生产安全的产品；如罐头产品的杀菌工序作为关键控制点，杀菌温度为关键限值，可以周期性的取一定的样品检测其中心温度。

（4）CCP 记录的审查 对于每一个 CCP 至少有两种记录，即监控记录和纠偏行动记录。他们可以证明 CCP 符合关键限值，偏离时的纠偏行动及时有效，产品安全得到有效保证。当然审查这些记录的人是否有管理能力和实践经验也是很重要的。

3. HACCP 体系的验证

HACCP 体系的验证审核是企业自身进行的内部审核。对整个 HACCP 的验证应预先制定程序和计划，体系验证的频率为一年至少一次。当产品或工艺过程有显著改变时，应随时对体系进行全面的验证，HACCP 体系验证包括审核和对最终产品的检测。

（1）审核 可通过现场观察和记录复查，从而对 HACCP 体系的系统性做出评价。

审核内容包括：

① 检查产品说明和生产流程图的准确性；

② 检查 CCP 是否按 HACCP 计划的要求被监控；

③ 检查工艺过程是否符合关键限值的要求；

④ 检查记录是否准确并按要求的时间完成。

记录复查的内容包括：

① 监控活动的执行地点是否符合 HACCP 计划的规定；

② 监控活动执行的频率是否符合 HACCP 计划的规定；

③ 当监控表明发生了关键限值的偏离时，是否执行了纠偏行动；

④ 是否按 HACCP 计划中规定的频率对监控设备进行校准。

（2）对最终产品的微生物检测 它不是监控的必要条件，但它是验证 HACCP 体系的有效工具，可用来确定整个体系是否处于受控状态。

4. 执法机构和第三方论证机构

世界上越来越多的食品企业意识到食品安全对企业发展的重要性，很多国家对水产品、果蔬汁、低酸性罐头等食品颁布法规，所以请第三方论证机构进行确认有公正的意义。

由于很多国家以立法的形式在食品加工业中强行推行 HACCP，因此，政府的执法机构必然会介入到 HACCP 的验证工作中来。尽管有的国家会认可有资格的第三方论证机构对企业进行认证审查，但执法机构也会从中抽查，以评价认证机构的审核质量。政府执法机构对企业的 HACCP 体系进行的审核，一般称为"官方验证"。执法机构和第三方认证机构的主要作用是验证 HACCP 计划的适宜性及是否被有效地执行。

每一个加工企业针对特定的加工工艺和流程制定的 HACCP 计划应是唯一的，计划可能包含有专利方面的信息，因此，执法机构和第三方机构必须予以保护。

（七）建立记录保持程序（原理 7）

建立有效的记录保持程序，是一个成功的 HACCP 体系的重要组成部分。

1. 记录的构成

HACCP 体系应保存以下记录：

（1）体系文件；

（2）有关 HACCP 的记录，包括 HACCP 计划用于制定计划的支持性文件，关键控制点的监控记录、纠偏行动记录、验证活动记录；

（3）HACCP 小组的活动记录；

（4）HACCP 前提条件的执行、监控、检查和记录。

企业在执行 HACCP 体系的全过程中，需有大量的技术文件和日常的监测记录，这些记录的表格应该是严谨和全面的。

2. 记录的保存和检查

记录可能以不同的形式保存下来，它们可能是电子版本或文字图表，无论使用何种记录形式，都必须包含有足够的信息。

关键控制点的监控记录、纠偏行动记录、监控设备的校准记录应该由企业管理层的代表定期地复查，复查者应接受过系统的 HACCP 培训，所有的记录由复查者签名并注明日期。

对已批准的 HACCP 体系文件及体系运行中形成的记录应妥善保管和存档，应明确和保存记录的各级责任人员，所有文件和记录应定期装订成册，以便官方验证或第三方机构认证审核时使用。

HACCP 计划的有效实施，与 7 个有条理的共同作用是分不开的；HACCP 的 7 个原理不是孤立的，而是一个有机的整体。

第三节　物料计算和食品包装

一、食品原辅料的计算

物料计算包括该产品的原辅料和包装材料的计算。通过物料计算，可以确定各种主要物料的采购运输量和仓库贮存量，并对生产过程中所需的设备和劳动力定员及包装材料等的需要量提供计算依据。物料计算的基本资料是"技术经济定额指标"，而技术经济定额指标又是各工厂在生产实践中积累起来的经验数据。这些数据因具体条件而异。往往因地区差别、机械化程度、原料品种、成熟度、新鲜度及操作条件等不同，而有一定的变化幅度。选用时要根据具体情况而定。一般老厂改造就按该厂原有的技术经济定额作为计算依据，再以新建厂的实际情况做修正，计算时以"班"产量为基准。

例如，

每班耗用原料量（kg/班）=单位产品耗用原料量（kg/t）×班产量（t/班）；

每班耗用包装容器量（只/班）=单位产品耗用包装容器量（只/t）×班产量（t/班）×（1+0.1%损耗）；

每班耗用包装材料量（只或张/班）=单位产品耗用包装材料量（只或张/班）×班产量（t/班）；

每班耗用各种辅助材料量（t 或 kg/班）＝单位产品耗用各种辅助材料量（t 或 kg/t 成品）×班产量（t/班）。

以上仅指一种原料生产一个品种时的计算方法。如果一种原料生产两种以上规格的产品，则需分别求出各产品的用量，再汇总求得。

另外，在物料计算时，也有用原料利用率作为计算基础，原料利用率可通过工厂生产实际数据或试验求得。例如，我们在有关罐头工厂毕业实习时的实测数据：该厂生产397g 原汁猪肉罐头。原料冻片猪 3023.5kg，经解冻后得解冻肉 3025kg，增重 0.05%；而后进行分割，去膘头脚圈，得分段肉 2959.99kg，膘头肉 49.89kg，分段损耗 15.12kg，其中膘头肉占解冻肉的 1.65%（即 49.89kg/3025kg×100%＝1.65%），损失占解冻肉的0.5%；而后剔骨，得骨头 393.06kg（占分段肉的 13.28%），剔骨肉 2566.93kg；去皮，得去皮肉 2309.90kg，皮 257kg，皮占剔骨肉的 10%……（略）。现用图 3-7 的流程图来表示原料利用的情况。

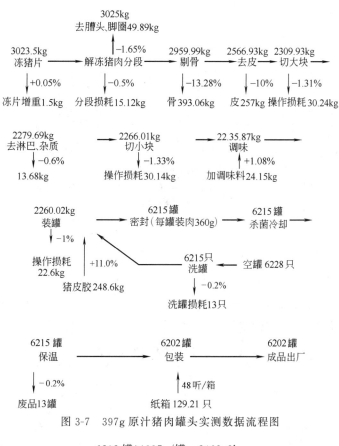

图 3-7　397g 原汁猪肉罐头实测数据流程图

$$6202 \text{ 罐} \times 397g/\text{罐} = 2462.2kg$$

根据用去的原料和所得的成品，即可算出原料消耗定额：$\dfrac{3023.5}{2462.6} \approx 1.23$（t 原料/t 成品）。

根据上述原料利用情况，可以算出各道工序的得率及各道工序所需的设备和劳动力定员，现以班产 12.5t 原汁猪肉为例，进行物料计算，见图 3-8。

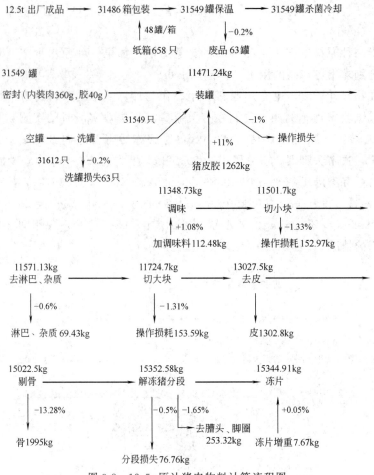

图 3-8　12.5t 原汁猪肉物料计算流程图

原料消耗定额为：$\dfrac{15.34491}{12.5} \approx 1.23$（t 原料/t 产品）。

下面列举几种罐头产品和乳制品的物料计算及部分原料利用率表，供参考（见表 3-9、表 3-10、表 3-11、表 3-12、表 3-13、表 3-14、表 3-15、表 3-16）。同时列举了果汁、果酱及蔬菜类罐头原辅料消耗定额表，供参考（见表 3-17、表 3-18）。

表 3-9　　　　　　　　　　　　　日产 12t 番茄酱罐头物料计算

项　目	指　标	每日实际量
成品		12.026t
70g 装 20%	成品率 99.7%	2.405t
198g 装 30%		3.608t
3000g 装 50%		6.013t
番茄消耗量		
70g 装	7.2t/t 成品	17.32t
198g 装	7.1t/t 成品	25.62t
3000g 装	7.0t/t 成品	42.09t
合　计		85.03t
番茄投料量	不合格率 2%	86.73t

续表

项　目	指　标	每日实际量
空罐耗用量	损耗率 1%	
539 号	14429 罐/t	34702 只
668 号	5102 罐/t	18408 只
15173 号	337 罐/t	2026 只
纸箱耗用量		
539 号	200 罐/箱	172 只
668 号	96 罐/箱	190 只
15173 号	6 罐/箱	335 只
劳动工日消耗		
70g 装	26～30 工日/t	2×（50～75）人
198g 装	18～24 工日/t	
3000g 装	8～12 工日/t	3×（60～75）人

表 3-10　　　　　　　　　　　　班产 20t 蘑菇物料计算

项　目	指　标	每班实际量
成品		20.06t
850g 装 30%		6.018t
整菇 60%		3.611t
片菇 40%		2.407t
425g 装 50%	成品率 99.7%	10.03t
整菇 60%		6.018t
片菇 40%		4.012t
284g 装 20%		4.012t
整菇 60%		2.407t
片菇 40%		1.605t
蘑菇消耗量		
850g 整菇	0.87 t/t 成品	3.14t
850g 片菇	0.88 t/t 成品	2.12t
425g 整菇	0.90 t/t 成品	5.42t
425g 片菇	0.90 t/t 成品	3.61t
284g 整菇	0.91 t/t 成品	2.20t
284g 片菇	0.92 t/t 成品	1.48t
合计		17.97t
食盐消耗量	22kg/t	445kg
空罐耗用量	损耗率 1%	
9124 号	1189 罐/t	7155 只
7114 号	2377 罐/t	23841 只
6101 号	3556 罐/t	14267 只
纸箱耗用量		
9124 号	24 罐/箱	296 只
7114 号	24 罐/箱	984 只
6101 号	48 罐/箱	295 只
劳动工日消耗	15～18 工日/t	300～360 人

表 3-11   班产 20t 青刀豆物料计算

项　目	指　标	每班实际量
成品		20.06t
850g 装 45%	成品率 99.7%	9.03t
567g 装 30%		6.02t
425g 装 25%		5.01t
青刀豆消耗量		
850g 装	0.74t/t 成品	6.68t
567g 装	0.70t/t 成品	4.22t
425g 装	0.75t/t 成品	3.76t
合　计		14.66t
青刀豆投料量	不合格率 4%	15.27t
食盐消耗量	25kg/t	505kg
空罐消耗量	损耗率 1%	
9124 号	1189 罐/t	10737 只
8117 号	1782 罐/t	10728 只
7114 号	2377 罐/t	11909 只
纸箱耗用量		
9124 号	24 罐/箱	443 只
8117 号	24 罐/箱	443 只
7114 号	24 罐/箱	491 只
劳动工日消耗	25～30 工日/t	500～600 人

表 3-12   班产 10t 午餐肉的物料计算

项　目	指　标	每班消耗量
成品		10.04t
340g 装 50%	成品率 99.7%	5.02t
397g 装 50%		5.02t
猪肉消耗量		
净肉	854kg/t 成品	8.48t
或冻片肉	出肉率 60%	14.0t
辅料消耗量		
淀粉	62kg/t 成品	623kg
混合盐	20kg/t 成品	201kg
冰屑	105kg/t 成品	1054kg
空罐耗用量	损耗率 1%	
304 号	3001 罐/t	15064 只
962 号	2607 罐/t	13087 只
纸箱耗用量		
304 号	48 罐/箱	308 只
962 号	48 罐/箱	264 只
劳动工日消耗	18～23 工日/t	180～230 人

表 3-13   几种主要乳制品的物料计算

产品名称		全脂奶粉	全脂甜奶粉	甜炼乳	消毒奶	麦乳精（配料 500kg）	冰淇淋（配 1t 料）	奶油
原乳量/kg		1000	1000	1000	1000			1000
提取稀奶油量（40%）/kg		25.2	25.2	25.2	25.2			25.2
标准乳/kg		974.8	974.8	974.8	974.8			
辅助材料/kg	砂糖		27.93	154		101.55	160	
	精盐							0.32
	乳糖			0.1				
	全脂奶粉					22.07	43.26	
	全蛋粉					3.30	20	
	甜炼乳					217.5		
	葡萄糖粉					14.25		
	麦精					92.50		
	稀奶油					21.63	108.46	
	可可粉					36.5		
	明胶						5	
浓缩/kg	进浓缩锅糖液量（65%）		43	243				
	进浓缩锅总量	974.8	1017.8	1208.8				
	浓奶量	259	274	357				
	水分蒸发量	715.8	748.8	851.8				
干燥/kg	干制品量	111	139.79			407		
	水分蒸发量	148	134			93		
结晶凝冻/kg				357			1000	
成品/kg		109	139	351	955	403	980	12

表 3-14   部分原料利用率表

序号	原料名称	工艺损耗率	原料利用率
1	芦柑	橘皮 24.74%，橘核 4.38%，碎块 1.97%，坏橘 6.21%，损耗 6.66%	56.04%
2	蕉柑	橘皮 29.43%，橘核 2.82%，碎块 1.84%，坏橘 2.6%，损耗 3.53%	59.78%
3	菠萝	皮 28%，根、头 13.06%，心 5.52%，碎块 5.53%，修整肉 4.38%，坏肉 1.68%，损耗 8.10%	33.73%
4	苹果	果皮 12%，籽核 10%，坏肉 2.6%，碎块 2.85%，果蒂梗 3.65%，损耗 4.9%	6.4%
5	枇杷	草种——果梗 4.01%，皮核 42.33%，果萼 3%，损耗 4.66%	46%
		红种——果梗 4%，皮核 41.67%，果萼 2.5%，损耗 3.05%	48.78%

续表

序号	原料名称	工 艺 损 耗 率	原料利用率
6	桃子	皮 22%，核 11%，不合格 10%，碎块 5%，损耗 1.5%	50.5%
7	生梨	皮 14%，巢子 10%，果梗蒂 4%，碎块 2%，损耗 3.5%	66.5%
8	李子	皮 22%，核 10%，果蒂 1%，不合格 5%，损耗 2%	60%
9	杏子	皮 20%，核 10%，修正 2%，不合格 4%，损耗 2.5%	61.5%
10	樱桃	皮 2%，核 10%，坏肉 4%，不合格 10%，损耗 2.5%	71.5%
11	青豆	豆 53.52%，废豆 4.92%，损耗 1.27%	40.29%
12	番茄（干物质 28%~30%）	皮渣 6.47%，蒂 5.20%，脱水 72%，损耗 2.13%	14.2%
13	猪肉	出肉率 66%（带皮带骨），损耗 8.39%，副产品占 25.61%，其中：头 5.17%，心 0.3%，肺 0.59%，肝 1.72%，肾 0.33%，肚 0.9%，大肠 2.16%，小肠 1.31%，舌 0.32%，脚 1.72%，血 2.59%，花油 2.59%，板油 3.88%，其他 2.03%	
14	羊肉	出肉率 40%，损耗 20.63%，副产品占 39.37%，其中：羊皮 8.42%，羊毛 3.95%，肺 1.31%，肝 2.69%，心 0.66%，肚 3.60%，头 6.9%，肠 1.31%，油 2.7%，脚 2.63%，血 4.47%，其他 0.73%	
15	牛肉	出肉率 38.33%（带骨出肉率 72%~82%），损耗 12.5%，副产品占 49.17%，其中：骨 14.67%，皮 9%，肝 1.37%，肺 1.17%，肚 2.4%，腰 0.22%，肠 1.5%，舌 0.39%，头肉 2.27%，血 4.62%，油 3.28%，心 0.52%，脚筋 0.31%，牛尾 0.33%，其他 7.12%	
16	家禽（鸡）	出肉率 81%~82%（半净膛），66%（全净膛），肉净重占 36%，骨净重占 18%，羽毛净重占 12%，油净重占 6%，血 1.3%，头脚 6.4%，内脏 18.8%，损耗 1.5%	
17	青鱼	出肉率 48.25%，损耗 1.5%，副产品 50.25%。其中：鱼皮 4%，鱼鳞 2.5%，内脏 9.75%，头尾骨 34%	

二、食品包装概述

食品包装材料的选择和包装形式的设计是工艺设计中一个很重要的组成部分。一个现代化的食品工厂对生产出的产品直到消费者食用后的安全性都负有一定的责任，如果因为包装的不足而影响了产品在流通过程中的安全性，是十分遗憾的。食品是一种品质最易受环境因素影响而变质的商品。按国家规范和 QS 标准，几乎所有的加工食品都需包装才能成为商品销售。每一种包装食品在设定的保质期内都必须符合相应的质量与卫生指标。食品从原料加工到消费的整个流通环节是复杂多变的，会受到生物性和化学性的侵染，受到流通过程中出现的诸如光、氧、水分、温度等各种环境因素的影响。了解这些因素对食品品质的影响规律，是食品包装设计的重要依据。

表 3-15　部分肉、禽、水产品的原料消耗定额及劳动力定额参考表

序号	产品名称	产品净重/g	产品固形物/%	固形物装入量/(g/t)	原料名称	原料定额数量/(kg/t)	辅助定额 油	辅助定额 粮	其他 名称	其他 数量	工艺得率 加工处理	工艺得率 预煮	工艺得率 油炸	工艺得率 增重(一)脱水(+)	其他损耗	总得率/%	劳动率定额/(人/t)
1	原汁猪肉	397	65	905	冻猪片	1215					76				2	74.5	8~12
2	红烧扣肉	397	70	670	冻猪片	1200	120				82	88	88 / 90		2	56	
3	清蒸猪肉	550	70	954	冻猪片	1280					76				2	74.5	7~10
4	猪肝酱	142		340,648	猪肝肥膘	400,670			玉米粉 丁香面	0.39 0.19	86	100 98			1 1	85 97	28~31
5	午餐肉	397	70	831	去膘冻猪片	1170		淀粉 62	玉米粉	0.31	72				2	71	11~15
6	红烧排骨	397	70	744	去膘冻猪片	1260	120				86		70		2	59	
7	红烧元蹄	397	70	680	去膘冻猪片	1190	猪油 50				82		90		3	57	14~17
8	红烧猪肉	397	70	718	去膘冻猪片	1330	100				82		75		2	54	
9	猪肉香肠	454	55	529	去膘冻猪片	1150			玉米粉	0.24	63		熏 75		3	46	15~18
10	咖喱兔肉	256	60	664	冻兔(胴体)	1150	60	24			82.5	76			7	58	
11	茄汁兔肉	256	60	645	冻兔(胴体)	1100	70	14	丁香粉 12% 番茄酱	0.55 190	82.5	75			5	59	
12	牛羊午餐肉	340		322,322	牛肉、羊肉	475,475		102	玉米粉	0.83	70 70				3 3	68 68	
13	咸牛肉	340		949	牛肉	1600		65			70	85			1	59	
14	咸羊肉	340		949	羊肉	1600		65			70	85			1	59	
15	红烧牛肉	312	60	609	牛肉	1523	70		琼脂	230	74	58			6	40	13~17
16	咖喱牛肉	227	55	529	牛肉	1511	70	20			74	52			8	35	
17	白烧鸡	397	53	1000	半净膛	1490	鸡油 38				70				4	67	11~15
18	白烧鸭	500	53	1019	半净膛	1460	鸭油 40				70				2	69	10~14

续表

序号	产品名称	净重/g	固形物/%	固形物装入量/(g/t)	原料名称	原料数量/(kg/t)	辅助定额/(kg/t) 油	辅助定额/(kg/t) 粮	辅助定额/(kg/t) 其他名称	辅助定额/(kg/t) 其他数量	工艺得率/% 加工处理	工艺得率/% 预煮	工艺得率/% 油炸	工艺得率/% 增重(-)脱水(+)	工艺得率/% 其他损耗	总得率/%	劳动率定额/(人/t)
19	去骨鸡	140	75	915	半净膛	2800					45	75			8	33	20~27
20	红烧鸡	397	65	730	半净膛	1360	50				70	80			4	54	12~16
21	红烧鸭	397	65	655	半净膛	1380			玉米粉 丁香粉	0.24 0.18	68	75			7	47	10~14
22	咖喱鸡	312	60	525	半净膛	1017	70		面粉	38	70		70		1	49	16~21
23	烤鸭	250	58	920	半净膛	2440	150		玉米粉	6	68	85	68		4	37.7	
24	烤鹅	397	58	844	半净膛	1835	120	20			70	75	90		2	46	
25	油浸青鱼	425	90	888	青鱼	1620	163				头15	内脏20	不合格1.6		2.4	63	18~22
26	油浸鲅鱼	256	90	1074	鲅鱼	1603	163				头12	内脏18	不合格0.6		2.4	67	
27	油浸鳗鱼	256	90	1152	鳗鱼	1580	148				头12	内脏11	不合格0.6		3.4	73	16~20
28	茄汁黄鱼	256	70	664	大黄鱼	2075		糖20			头24	内脏15		21	8	32	
29	茄汁鲢鱼	256	70	703	花鲢鱼	2050	100				头31	内脏14		17	4	34	
30	凤尾鱼	184		1000	凤尾鱼	1920	290	糖22			头17			56~28	3	52	25~30
31	油炸蚝	227	80	771	熟蚝肉	2106	290							56	7.4	36.6	
32	清汤蚝	185	60	703	蚝肉	1520								31	22.7	46.3	
33	清蒸对虾	300	85	997	对虾（秋汛）	3560					头35	壳13	不合格2	15	7	28	18~33
34	原汁鲍鱼	425		595	盘大鲍	2587						内脏33	不合格22	13	9	23	
35	豉油鱿鱼	312	55	609	鱿鱼（春）	2436						内脏22	不合格22	43	10	25	

表3-16　糖水水果类罐头主要原辅料材料消耗定额参考表

编号	产品名称	产品净重/%	固形物/%	固形物装入量/(kg/t)	原料定额 名称	原料定额 数量/(kg/t)	辅料定额 糖	皮	核	工艺损耗率/% 不合格料	工艺损耗率/% 增重(-)脱水(+)	工艺损耗率/% 其他损耗	利用率/%	备注
601	糖水橘子	567	55	670	大红袍	970	138	21	7			3	69	半去囊衣
601	糖水橘子	567	55	670	早橘	900	147	19	4			2.5	74.5	半去囊衣
601	糖水橘子	312	55	641	本地早	1070	111	24	8			8	60	全去囊衣
601	糖水橘子	312	55	721	温州蜜柑	1100	93	27				8	65	无核橘全去囊衣
602	糖水菠萝	567	58	660	沙劳越	2000	120	65				2	33	
602	糖水菠萝	567	54	660	菲律宾	2200	115	65				5	30	
605	糖水荔枝	567	45	485	乌叶	900	147	19	17	6		4	54	
605	糖水荔枝	567	45	511	槐枝	1020	120	47				3	50	
606	糖水龙眼	567	45	510	龙眼	1000	126	21	19			9	51	
607	糖水枇杷	567	40	441	大红袍	860	180	16	26			7	51	
608	糖水杨梅	567	45	521	李芽种	660	156			14		7	79	
609	糖水葡萄	425	50	647	玫瑰香	1000	110		3	30	1	1	65	核率指剪枝
610	糖水樱桃	425	55	518	那翁	700	507	杷2	11	7		6	74	糖盐渍
611	糖水苹果	425	55	565	国光	796	155	12	13	7	-6	3	71	核率包括花梗
612	糖水洋梨	425	55	553	巴梨	1025	145	18	17	7.6		3.4	54	核率包括花梗
612	糖水白梨	425	55	565	秋白梨	942	145	17	14	6.6		2.4	60	
612	糖水莱阳梨	425	55	541	莱阳梨	1200	145	20	19	7.6	5	3.4	45	
612	糖水雪花梨	425	55	541	雪花梨	1100	145	19	17	7.6	4	3.4	49	
613	糖水桃子	425	60	659	大久保	1100	130	11	15	6.6	4	3.4	60	硬肉
613	糖水软桃	425	60	659	大久保	1200	150	5	15	8.6	10	6.4	55	软肉

续表

编号	产品名称	产品净重/%	固形物/%	固形物装入量/(kg/t)	原料定额名称	原料定额数量/(kg/t)	辅料定额糖	工艺损耗率/% 皮	核	不合格料	增重(-)脱水(+)	其他损耗	利用率/%	备注
613	糖水桃子	425	60	659	黄桃	1200	150	12	16	6	4	7	55	
613	糖水桃子	425	60	659	其他品种	1345	150	16	18	8	5	4	49	
614	糖水杏子	425	55	623	大红杏	865	145	15	10		1	2	72	
614	糖水杏子	425	55	623	其他品种	1113	145	20	16	5		3	56	
616	糖水山楂	425	45	494	山楂	1235	180		25	22		13	40	
617	糖水芒果	567	55	617	红花芒果	1500	150	14	37			8	41	
621	糖水金橘	567	50	518	柳州金橘	545	180			2		3	95	
624	什锦水果	425	60	612	合计	880	140							
				235	苹果	331		12	13	7		3	71	
				94	橘子	168		27	5	8		4	56	
				118	菠萝	437		65		8		8	27	
				66	洋梨	122		18	17	7.6		3.4	54	
				66	葡萄	91			3	20	1	4	72	
				33	樱桃	52		14	14	9	11	3	63	
627	糖水李子	425	60	601	秋李子	985	160	23	13	12		4	61	
630	干装苹果	2724		1000	国光	1500	50	12	13	6	-2	4	67	
636	双色水果	425	60	377	洋梨	700	250	18	17	8	4	3	54	
				294	黄桃	600		12	18	10		7	49	
	糖水苹果	510	52	530	国光	747	170	12	13	7	-6	3	71	500mL玻璃罐装
	糖水桃子	510	60	657	大白	1217	178	12	17	8	4	4	54	500mL玻璃罐装
	糖水梨	510	55	549	香水梨	1120	118	20	18	9.6		3.4	49	500mL玻璃罐装
	糖水橘子	525	50	591	早橘	850	140	21	4	1	11	4	70	500mL玻璃罐装

表3-17 果汁、果酱类罐头主要原辅材料消耗定额参考表

编号	名称	净重/g	可溶性固形物/%	固形物装入量/(kg/t)	原料定额 名称	原料定额 数量/(kg/t)	辅料定额/(kg/t) 糖	辅料定额 其他 名称	辅料定额 其他 数量	备注
697	猕猴桃酱	454	65	1000	猕猴桃	2000	600			
701	柑橘酱	700	65	1000	本地旱	1350	634	琼脂	2.4	
702	菠萝酱	700	65	1000	菠萝	2800	650	琼脂	1.3	
703	草莓酱	454	65	1000	草莓	840	650			
704	苹果酱	454	65	1000	苹果	680	500	淀粉糖浆	145	
705	桃子酱	454	65	1000	桃子	980	540	淀粉糖浆	100	
706	杏子酱	454	65	1000	大红杏	680	500	淀粉糖浆	160	
708	山楂酱	454	65	1000	山楂	900	550			
715	椰子酱	397	65	1000	椰子 蛋粉 鲜蛋液	1636个 56 80	568			
716	李子酱	454	65	1000	李子	930	600			
717	什锦果酱	454	65	1000	苹果 橘子	670 50	600			
741	山楂汁	200	16~17	1000	山楂	870	134			
747	荔枝计糖浆	600	63	1000	荔枝	1150	630			
748	鲜荔枝汁	200	12~15	1000	荔枝	1380	180			
749	葡萄汁	200	15~18	1000	玫瑰香	1630	80			
755	鲜柑橘汁	200	11~15	1000	柑橙	1750	60			
756	鲜菠萝汁	200	12~16	1000	菠萝	2115	20			
757	鲜柚子汁	555	11~15	1000	酸柚	2700	85			
769	杏子汁	200	15~20	1000	杏子	740	185			

续表

编号	产品 名称	净重/g	可溶性固形物/%	固形物装入量/(kg/t)	原料定额 名称	原料定额 数量/(kg/t)	辅料定额/(kg/t) 糖	辅料定额 其他 名称	辅料定额 其他 数量	备注
773	苹果汁	200	13～18	1000	苹果	800	130			
773	苹果汁	200		1000	苹果	420	175			
780	洋梨汁	200	14～18	1000	洋梨	1850	80			
780	洋梨汁	200		1000	洋梨	420	145			
793	猕猴桃汁	400	35	1000	中华猕猴桃	750	150			
795	番石榴汁	200	12～15	1000	番石榴	500	145			
	苹果酱	630	60	1000	国光	1219	438	淀粉糖浆	143	500mL 玻璃罐装
	山楂酱	600		1000	山楂	900	650			500mL 玻璃罐装

表 3-18　蔬菜类罐头主要原辅材料消耗定额参考表

编号	产品 名称	净重/%	固形物/%	固形物装入量/(kg/t)	原料定额 名称	原料定额 数量/(kg/t)	辅料定额/(kg/t) 油	辅料定额 糖	辅料定额 其他 名称	辅料定额 其他 数量	工艺损耗率/% 不合格料	工艺损耗率 皮	工艺损耗率 核	工艺损耗率 增重(一)脱水(+)	工艺损耗率 其他损耗	利用率/%
801	青豆	397	60	600	带壳青豆	1500						58		1	1	40
802	青刀豆	567	60	640	白花	710						5		2	3	90
804	花椰菜	908	54	551	花椰菜	1240						44		9	2	45
805	蘑菇	425	53.5	575	整蘑菇	880								−25 / 55	4.6	65.4
805	片蘑菇	3062	63	677	蘑菇	1035								−25 / 55	4.6	65.4
807	整番茄	425	55	589	小番茄 番茄 合计	607 793 1400		12			3		10	34	2	97 54

809	香菜心	198	75	腌菜心	560	1200		150		20			30	3	47
811	油焖笋	397	75	早竹笋	625	3290	80	30		75				6.5	18.5
822	蚕豆	397		干蚕豆	554	280	15					10	-110	2	198
823	雪菜	200		雪菜粗梗	875	2500				叶64				1	35
824	清水荸荠	567	60	小桂林	608	1600				53			7	2	38
825	清水莲藕	540	55	莲藕	560	1400				带泥30			10	20	40
835	茄汁黄豆	425	70	干黄豆	557	268	20						-110	2	208
841	甜酸荠头	198	60	荞头坯	681	1090		170		20				17.5	62.50
847	番茄酱	70	干燥物28~30	鲜番茄	1028	7200				10			72	3.7	14.30
847	番茄酱	198	干燥物28~30	鲜番茄	1010	7100				10			72	3.8	14.20
847	番茄酱	198	干燥物22~24	鲜番茄	1010	5570				10			68	3.8	18.20
851	清水苦瓜	540	65	鲜苦瓜	676	1250				20			20	6	54
854	鲜草菇	425	60	鲜草菇	624	980				14			20	2	64
856	原汁鲜笋	552	65	春笋	661	2500				56			10	7.5	26.5

（一）影响包装食品品质的因素

（1）光　光对食品品质的影响很大，它会引发并加速食品中营养成分的分解，如油脂氧化，食品褐变、变色，蛋白质变性等食品变质反应。食品的组成成分各不相同，每一种成分对光波的吸收有一定的波长范围。未被食品吸收的光波对食品品质没有影响。要减少或避免光线对食品品质的影响，可通过包装直接将光线遮挡、吸收或反射，减少或避免光线直接照射食品。

（2）氧　氧对食品中的营养成分有一定破坏作用，它能使食品中的油脂发生氧化酸败；维生素和氨基酸失去营养价值；色素氧化褪色或变成褐色。氧的存在加剧食品的氧化褐变。氧对食品的变质作用程度与食品贮存环境的氧分压和接触程度有关。环境氧分压越高，氧与食品的接触面积越大，油脂的氧化速率越高。此外，食品氧化与食品贮存环境的温、湿度和时间等因素也有关，可通过包装减少氧及其它因素对产品的直接影响。

（3）水分或湿度　一般食品都含有不同程度的水分，这些水分是食品维持其固有性质所必需的。但水分对食品品质的影响很大。一定的水分含量会促使食品中微生物繁殖，助长油脂氧化分解，促使褐变反应和色素氧化；另一方面，水分将使一些食品发生某些物理变化，如食品受潮发生结晶、结块或失去脆性和香味等。各种食品具有的水分活度范围表明食品本身抵抗水分的影响能力不同，食品的水分活度越低，相对地越不易发生由水分引起的质量变化。但其吸水性越强，即对环境湿度的增大越敏感，因此通过包装控制产品的环境湿度是保证食品品质的关键。

（4）温度　温度对食品品质的影响主要有生物性和非生物性两方面，在适当的湿度和氧气等条件下，温度对食品中微生物繁殖和食品变质反应速度的影响均相当明显。一般地，在一定温度范围内，食品在恒定水分含量条件下，温度每升高 10℃，其变质反应速率加快 4～6 倍。为有效减缓温度对食品品质的不良影响，现代食品工业中采用了食品冷藏技术和食品流通中的低温防护技术，可有效地延长食品保质期。

（5）微生物　人类生活在微生物的包围之中，空气、土壤、水及食品中都存在着无数的微生物。如猪肉火腿和香肠，在原料肉腌制加工后的细菌总数为 $10^5 \sim 10^6$ 个/g，其中大肠杆菌 $10^2 \sim 10^4$ cfu/g。完全无菌的食品只限于蒸馏酒、高温杀菌的包装食品和无菌包装食品等少数几类。虽然大部分微生物对人体无害，但食品中微生物的繁殖量超过一定限度时，食品就变质，故微生物是引起食品质量变化最主要的因素。

光、氧、水分、温度及微生物对食品品质的影响是相辅相成、同时存在的。采用科学有效的包装技术和方法避免或减缓这种有害影响，保证食品在流通过程中的质量稳定，更有效地延长食品保质期，涉及产品的安全、企业的经济效益、工厂设计的深度。

（二）食品包装材料与容器

包装材料是指用于制造包装容器和构成产品包装的材料的总称。其种类包括木材、纸与纸板、金属、玻璃、陶瓷、塑料、纤维织物以及诸如黏合剂、涂覆材料等辅助包装材料。用于食品包装的四大材料为纸与纸板、塑料、金属和玻璃与陶瓷。由于食品极易受环境因素的影响而腐败变质，包装必须控制和减缓这种影响而使食品具有一定的保质期和商品性，这对包装材料提出了性能上的多种多样要求，大体上有以下几点。

① 保全食品质量：要求包装材料对各种气体、光线、水蒸气、气味及微生物有一定的阻隔性，且具有一定的机械性能和尺寸稳定性。

② 提高商品价值：要求包装材料有一定的透明光泽性和良好的印刷展示性。

③ 提高包装效果及生产率：要求包装材料的密封性、热封性及机械适应性好，耐热、耐寒性好，抗撕裂，耐穿刺。

④ 卫生安全：要求直接用于食品的包装材料不含有毒物质或在规定的卫生指标内，有良好的卫生安全性和加工操作安全性。

⑤ 便利性：指商品流通贮运、销售消费的方便性，食品包装的易开性和开封后的保存性及再利用性。

按被包装食品的不同需要又可分为：防潮包装、真空包装、充气包装和真空加热杀菌包装。其中防潮包装和真空包装主要是为了防止食品中水分的变化和食品的氧化，使食品保持其物理、化学性质不变为主要目的。这种包装对于防止微生物、害虫等给食品的生物学的品质变劣的影响很小。真空加热杀菌对防止食品的生物学品质变劣有很大效果。但食品内容物经高温高压较长时间加热后其色。香、味皆有变化。充气包装是在食品装入容器后根据其生物学和化学性能的不同再充 N_2 或 CO_2 等气体的包装，它可以避免因加热而产生色香味的变差以及营养的破坏等，但其包装成本要增加。

作为食品的包装材料和容器，其阻隔性是提供食品保护功能的关键，其经济性决定着包装材料的使用量。随着社会对环境保护的日益关注，包装材料的可降解和可回收利用意义重大。食品包装是个系统工程，包装材料是基础，新材料的开发利用对包装新技术的形成和发展有着密切的关系。尽管包装材料种类很多，性能千差万别，由于单一品种材料在性能和使用上存在着局限性，因此，材料的互相渗透已经成为必然，包装材料从天然到合成，从单一品种到多品种复合的发展，已成为世界性的发展趋势。值得关注的是以保护人类生态环境为目的而建立绿色包装体系已成为世人的共识。

1. 常用的食品包装纸

包装用纸可分为包装厚纸和加工纸两大类，常用的主要有以下几种。

(1) 牛皮纸（Krafe Paper）　因质地坚韧、结实似牛皮而得名。具有高施胶度，其定量在 $30 \sim 100 g/m^2$ 之间。从外观上分单面光、双面光和条纹牛皮纸三种，以本色未经漂白的牛皮纸为主导产品。由于牛皮纸有一定的机械强度，防潮性和印刷性较好，故大量用于运输包装和销售包装，如出口商品包装。条纹牛皮纸应有较好的光泽及条纹清晰，不允许有明显的无光泽条纹。

(2) 羊皮纸（Parchment Paper）　是一种加工纸，通过硫酸腐蚀纤维素表面而使纸张表面胶化，即羊皮化，从而形成紧密而坚韧的质地，呈半透明状，具有良好的防油、阻气和耐热、阻燃性能，可用于食品和其他工业品的包装。食品包装用羊皮纸定量为 $45g/m^2$ 和 $60g/m^2$ 两种，可直接与食品接触用于乳制品、鱼肉、果仁、黄油、糖果、糕点、茶叶等的内包装。

（3）鸡皮纸（W. G. Wrapping Paper） 是一种纸质均匀、纸面平整、正面有良好光泽的平板薄型包装纸，有较高的耐破度和耐折度，并具有一定的抗水性。用于食品包装的鸡皮纸应符合 GB 11680《食品包装用原纸卫生标准》的规定。

（4）食品包装纸（Food Package Paper） 食品包装纸要符合（QB 1014—2010）标准规定。

（5）半透明纸（Semitransparent Paper） 是一种柔软的薄型包装纸，定量 $31g/m^2$，质地紧密，表面呈玻璃状光滑、明亮，具有一定透明度，且具有防潮、耐油和良好的印刷性，有一定的力学强度，可用于土豆片、糕点等脱水食品包装，也可作为乳制品等含油脂食品的包装。

（6）玻璃纸（Glass Paper） 又称赛璐玢（Cellophane），是一种天然再生纤维素透明薄膜。作为一种高级透明包装用纸，它有以下特点。

① 透明、光亮，可见光透过率达 100%，用于包装商品具有较好的装饰效果。

② 阻隔性好，在干燥状态下能有效地阻隔 O_2、N_2、CO_2 的渗透，耐油、耐热。

③ 印刷性比一般纸和塑料薄膜更好，并具有不带静电和防灰性好等特点。

玻璃纸韧性较好，但稍有裂口就易撕裂。作为包装用纸，普通玻璃纸最大的缺点是不具有热封性。玻璃纸经树脂涂布后，不仅具有防潮、热封性能，而且提高了在高湿情况下对各种气体的阻隔性，这对包装含水食品很有意义。

（7）茶叶袋滤纸（Fea Bag Paper） 是一种低定量专用包装纸，要求有适应自动化包装操作的干强度和泡茶后不破裂的湿强度。

（8）涂布纸（Coated Paper） 主要指各种浸渍和涂布后的加工纸，能用于食品包装的常用涂布剂有微晶石蜡、亚麻油、PE、PVEC、滑石粉、黏合剂、防锈剂、防虫剂、防霉剂等。涂布纸的性能根据各自用途其侧重点不同。食品包装用涂布纸则以提供防潮、耐油、热封等性能为主。这是提高纸的包装性能而广泛用于食品等包装的一个发展方向。

（9）复合纸（Compound Paper） 是将纸与其他挠性包装材料相黏合制成的一类高性能加工纸。常用的复合材料有各种塑料薄膜（如 PE、PET、PP、PVDC 等）及金属箔等。复合加工纸改善了纸的单一性能而具备优异的综合包装性能，使其大量用于食品等包装，1988 年我国专门制订了专用于无菌包装的液体食品复合软包装材料的行业标准。

2. 包装用纸板

包装用纸板主要用于制作纸箱、纸盒、纸桶、纸罐等包装容器。

（1）白纸板（White Board） 是一种多层结构的白色挂面纸板。其主要用途是经彩印装潢制成纸盒供商品包装。具有较高的机械力学性能和加工成型性能，包括良好的挺度和耐折性、抗变形及机械适应性，能高速制盒包装；具有优良的印刷装潢性能和缓冲性能，制成包装纸盒，具有良好的商品性和保护性；能复合加工，能回收再利用。

（2）标准纸板（Standard Board） 是一种经压光处理，适用于制作精确特殊模压制品以及重制品的包装纸板，颜色为纤维本色。

（3）厚纸板（Thick Board） 用于制作特种纸盒和纸箱内隔栅的平板纸板，经压光处理、表面平整、厚度一致。

（4）箱纸板（Case Board） 专门用于制造瓦楞纸板，按质量分为 A、B、C、D、E 五个等级，其中 A、B、C 为挂面纸板。A 等：适宜制造精细、贵重和冷藏物品包装用的出口瓦楞纸板。B 等：适宜制造出口物品包装用瓦楞纸板。C 等：适宜制造较大型物品包装用瓦楞纸板。D 等：适宜制造一般物品包装用瓦楞纸板。E 等：适宜制造轻载瓦楞纸板。

（5）瓦楞原纸（Corrugating Base Paper） 瓦楞原纸经扎制成瓦楞纸后与纸板黏合制成瓦楞纸板，在瓦楞纸板中起支撑和骨架作用，因此，瓦楞原纸的质量对瓦楞纸板的质量至关重要。最新的瓦楞原纸国家标准 GB 13023—2008 把瓦楞原纸按质量分为四个等级，定量趋向低克重，质量指标有所提高，基本上与国际同类产品标准接轨。

（6）加工纸板（Processed Board） 指各种经涂布、贴合加工后的纸板，旨在提高纸板的防潮及强度等综合性能，常用的有涂蜡、涂 PE 或 PVA 纸板，铝塑贴合纸板等。

3. 包装纸箱

包装纸箱与纸盒是主要的纸制包装容器，两者形状相似，习惯上小的称盒，大的称箱，两者之间没有明显界限。盒一般用于销售包装，而箱则多用于运输包装。按结构分类可分为瓦楞纸箱和硬纸板箱两类。

纸箱选用的原则和依据：

① 所包装的商品重量、性质（包括易碎、怕压、怕热、怕潮等）要求；

② 堆垛高度，搬运条件；

③ 仓储流通条件及贮运时间；

④ 内径规格；

⑤ 为保护商品要求应达到的物理性能、使用性能；

⑥ 原材料利用最经济，排列套装结构合理；

⑦ 适合机械化包装，符合国际国内有关包装标准的规定。

4. 包装纸盒及其他包装纸器

纸盒是直接面向消费者的销售包装容器，结实的纸盒包装不仅是促销的工具，其本身就是一件艺术品。纸盒包装虽在防冲减震、防挤压等方面没有运输包装那样的要求，但其结构组合应适应被包装品的特点和要求，采用适当的材料，适当的包装结构尺寸、美观的造型来可靠地保护和美化商品，方便使用和促进销售。纸盒在食品、饮料等商品包装上发展很快，有固体食品盒、液体食品盒，其盒形多样，有正方形、长方形、屋顶形、异形组合体等。制盒材料已由单一纸板材料向以纸板为基材的多层纸基复合材料发展。其他包装纸器指复合纸罐、纸杯，纸质托盘、衬袋盒等。

纸盒种类和式样很多，但差别主要在于结构形式、开口方式和封口方法，通常按制盒方式可分为折叠盒和固定盒两类，折叠纸盒节省贮运空间，适合于机械化大批量生产、效率高、成本低、得到广泛应用。固定纸盒所用纸板一般较折叠盒厚，经装订或粘糊后成固定盒，其强度和刚度较折叠盒高，但不能折叠，贮运时占据空间大、易损坏，故常用于小批量的传统食品包装。

纸盒的选用设计必须综合考虑商品的性质、形态、使用方法、流通条件及销售对象等因素，在遵循有关设计原则的基础上吸收已有造型结构并有所创新。一般都采用简单的几何体，此时纸盒的结构尺寸在满足容量的条件下，应采用优化设计方法使纸盒用料最节省，纸盒结构较牢固，这对大批量产品包装如液体食品无菌包装纸盒意义很大，具体方法参阅有关文献。其他纸包装容器还有如下几种。

（1）纸浆模制品　指用纤维素纤维的含水纸浆在加网的成型模中形成的立体包装纸制品或盛装食品的纸制品。可用于自助食堂用餐盘、冷冻食品、微波食品包装。

（2）复合纸罐　这是纸与其他材料复合制成的包装容器，集合了多种包装材料优异的包装性能，如成本低、重量轻、外观好、废品易处理，具有绝热性，可代替金属罐和其他容器包装而较好地保护内容物。可用于粉粒状食品、油性流体乃至液体食品的包装。可真空和充气包装，包括充氮快餐食品包装和含气饮料包装。

（3）复合纸杯　是以纸为基材的复合材料经卷绕并与底胶合而成的杯状包装容器，其特点是质轻、卫生、方便、废弃物易处理，广泛用于公共场所的一次性使用食品容器，也可作为乳制品、果酱、饮料、冰淇淋及快餐等食品包装容器。

（4）纸质托盘　是用复合纸板经冲切成坯后冲压而成，深度可达 6～8mm。所用的材料主要是以纸板为基材，经涂布 LDPE、HDPE 和 PP 后制成的复合材料，必要时可涂布 PET，可耐 200℃以上的热加工温度，主要用于烹调食品（微波炉等）热加工食品、快餐食品等包装。具有耐高温、耐油、耐水、加工快、成本低、使用方便、外观好等优点。

（5）纸餐盒　这是近年来开发的一种环保型包装制品，以取代 EPS 发泡聚苯乙烯快餐盒。

（6）衬袋纸箱和衬袋纸盒　衬袋纸箱（BIB）和衬袋盒（BIC，也称小型 BIB）是供一次性运输包装液体的容器，主要用于浓缩果汁运输包装。BIB 和 BIC 是纸容器和塑料袋组合的新型包装容器，其外包装瓦楞纸箱（盒）提供包装的运输和贮存的刚性和缓冲性能，内包装塑料袋提供对包装液体的阻隔性和耐化学性能等，两者在包装性能方面的优势互补，构成了新一代食品包装容器，具有如下特点：① 对内装食品有良好保护性，内衬袋由复合薄膜制成，具有对各种气体如 O_2、CO_2 的良好阻隔性；外包装瓦楞纸板有遮光性能，能防止光线对食品的破坏作用。② 可节省贮运流通费用，容器自重轻，灌装后体积小，没有堆码空隙，空容器可折叠。③ 包装废弃物易回收处理，一般 BIB 一次性使用。使用后可将内外包装完全分离处理，不需因重复使用包装容器的回收贮运费用。④ 可在包装面上做精美的包装装潢设计和印刷。BIB 和 BIC 作为液体食品的运输包装，将有较好的发展前景。

5. 塑料包装材料与容器

塑料包装材料有许多的优越特性：质轻、透明、易着色、色泽鲜艳、光亮、有良好的封合性和力学强度、有一定的阻隔性、化学稳定性好，便于操作、贮运、销售和消费；包装制品的成型加工性好，可加工成薄膜、片材、容器等，能适应各种物态的食品的包装及其他各种包装的要求，且能复合加工，构成比单质材料包装性能更好的复合包装材料，满足现代食品的各种包装要求；大多数塑料能达到食品的卫生安全要求，能适应食品的加热杀菌和低温冷冻的加工操作，包装食品能达到一定的保质期要求。

（1）食品包装常用塑料薄膜性能见表 3-19。

（2）复合薄膜的包装性能见表 3-20。

食品包装常用塑料薄膜性能

表 3-19

塑料名称及常用代号	聚乙烯(PE) 低密度(LDPE)	中密度(MDPE)	高密度(HDPD)	线性低密度(LLDPE)	乙烯醋酸乙烯共聚体(EVA)(VA12%)	离子型聚合物	聚丙烯(PP) 非拉伸聚丙烯膜(CPP)	拉伸聚丙烯膜(OPP)	聚氯乙烯(PVC)	聚苯乙烯拉伸膜(OPS)	玻璃纸(PT)	聚酯(PET)	尼龙(PA)	丙烯腈类聚合物(PAN)	聚偏二氯乙烯(PVDC)	聚乙烯醇(PVA)	乙烯乙烯醇共聚体(EVAL)
透明性	从半透明到透明				透明	透明	透明	透明	透明到半透明	透明	透明	透明	透明到半透明	透明	透明	透明	透明
相对密度	0.910~0.925	0.926~0.940	0.941~0.965	0.915~0.925	0.94	0.94~0.96	0.88~0.90	0.905	1.23~1.5	10.5	1.35~1.4	1.35~1.39	1.13~1.14	1.15	1.59~1.71	1.23~1.35	1.14~1.19
每干克膜面/m²(以0.1mm计)	108~110	106~108	104~106	108~109	106	104~106	111~114	110	67~81	92	65~72	72~74	87~89	87	59~63	74~81	84~87
抗张强度/MPa	7~25	14~35	21~50	25~53	21~35	20~35	21~63	175~210	14~110(软膜14~50 硬膜50~110)	63~84	20~100	175~230	49~126	66	56~140	35~80	52~78
伸长率/%	200~600	200~500	100~500	500~700	300~500	350~450	400~800	60~100	5~500(软膜)100~300(硬膜5~10)	10~50	15~25	90~125	250~500	5	40~100	150~500	230~280
冲击破裂强度/MPa	0.7~1.1	0.4~0.6	0.1~0.3	0.8~1.3	1.1~1.5	0.6~1.1	0.1~0.3	0.5~1.5	1.2~2	0.1~0.5	0.8~1.5	2.5~3	0.4~0.6	高	1~1.5	1.2~2	0.04~0.48
撕裂强度/(g/25.4μm厚)	100~400	50~300	15~300	80~800	50~100	15~150	40~330	4~6	变化幅度大	4~20	2~10	13~80	20~50	高	10~20	—	—
热焊温度/℃	120~180	130~165	135~165	120~180	100~150	90~204	160~205	单膜不能焊接	100~180	120~165	90~150	单膜不能焊接	180~260	70~150	—	90~175	130~180
透湿性/[g/(24h·m²·厚25μm)](30℃.RH90%)	~19	7.8~15	4.7~10	~19	~60	20~33	7.8~10	4.0~10	25~100(软膜)400~500(硬膜500~1100)	>100	很大	20	370~400	77.5	1.55~4.65	50以上	15~80

续表

塑料名称及常用代号	透气性/[g/(24h·m²,厚25μm)](23℃,RH0)	耐油脂性	最高使用温度/℃	最低使用温度/℃	机械操作适应性	印刷性	热收缩性	简要说明
聚乙烯(PE) 低密度(LDPE)	3900~13000	欠佳	65	—50	中	处理后可印刷	有的会收缩	价格低廉，易加工，用途广泛，既作单膜用，也用作复膜的热封层，对各等气体的阻隔性差，用于食品包装贮藏期不长
聚乙烯(PE) 中密度(MDPE)	2560~5200	良	80	—50	中	处理后可印刷	有的会收缩	
聚乙烯(PE) 高密度(HDPE)	510~3875	良	120	—50	良	处理后可印刷	有的会收缩	
聚乙烯(PE) 线性低密度(LLDPE)	3875~13000	良	75~85	—50	中~良	处理后可印刷	有的会收缩	
乙烯醋酸乙烯共聚体(EVA)(VA12%)	8000~10000	一般	60	—50	中	处理后可印刷	有的会收缩	耐低温，热封性好，耐油性，应力开裂性好，价格稍贵，其余都有与聚乙烯较好的黏合性能
离子型聚合物	3500~7500	好	70	—70	良	处理后可印刷	有的会收缩	
聚丙烯(PP) 非拉伸聚丙烯膜(CPP)	1300~6400	良	120	—50	良	处理后可印刷	不收缩	价廉，易加工，性能均衡，使用最广泛的包装薄膜，低温性较差，对氧等气体的阻隔性差
聚丙烯(PP) 拉伸聚丙烯膜(OPP)	2400	良	120	—50	良	处理后可印刷	有的会收缩	
聚氯乙烯(PVC)	78~23250	良	100℃以下	决定于增塑剂量	中	特定油墨	有的会收缩	价廉，性能均衡，易加工，使用广泛的包装膜，大，单位面积价格高，低温下性能较差
聚苯乙烯拉伸膜(OPS)	2600~7700	良	77	<—20	良	特定油墨	会收缩	透明，热封性特别好
玻璃纸(PT)	10(湿度高时透过量大)	不透过	190℃碳化	因温度不同而异	优	优	不收缩	透明，刚挺性，印刷性好，价格较高
聚酯(PET)	77	良	120	—60	良	良	有的会收缩	强度较高，对氧等气体的阻隔性好，是复合膜常用阻透基材之一
尼龙(PA)	40	不透过	170~190	—60	良	良	不收缩	强度较高耐穿刺性特别好，和PET同样是复合膜常用阻透基材之一
丙烯腈类聚合物(PAN)	12.5	不透过	70	<—20	良	良	—	具有高阻氧性，是理想的复合基材
聚偏二氯乙烯(PVDC)	7.7~26.5	良	—	—20	中	特定油墨	有的会收缩	具有良好的高阻湿，抗氧性能，是理想的复合基材
聚乙烯醇(PVA)	<0.2(湿度高时透过量增大)	不透过	—	—	中	特定油墨	—	具有高阻透性，是理想的复合基材，易单膜吸湿而降低阻透性
乙烯乙烯醇共聚体(EVAL)	0.4~0.5	不透过	—	—	优	—	—	具有高阻透性，是理想的复合基材，易贮存，加工

76

表 3-20

复合薄膜的包装性能

项目		PET/AL/PO	OET/PO	PA/PO	PET/PE	PET/PVDC/PE	PA/PVDC/PE	PP/EVAL/PE	K-PT/PE	AL/PE/热溶胶	纸/AL/PET/PE	备注
总厚度/μm		100	85	85	60	65	80	85	75	80	105	
抗张强度/(N/2mm)		7~8	5~7	7~8	4~6	4~6	7~8	6~10	3~6	7~10	7~11	(0.5s,压力 $3×10^5$Pa)
伸长率/%		60~100	60~100	80~100	0~100	60~100	40~70	40~250	25~65	20~30	50~100	若三个值分别为 0.65%,90% RH时所测得值
热封强度/(N/2mm)		4~6.5	6~7	6~8	4~6	4~6	5~7	4~5	3~4	2~4	3~5	
撕裂强度/g		70~150	70~200	—	30~50	30~60	—	80~150	20~50	—	200~300	
破裂强度/(N/2mm)		4.5	4.0	—	3.0	3.1	—	3.8	2.8	5.0	—	
热封温度/℃		180~250	170~230	180~220	150~220	140~200	150~200	130~170	130~160	130~180	180~230	
阻气性 透氧[mL/(24h·m²·0.1μm·MPa)]		0	118	35,50,60	118	15	10,12,15	<1,4,6	<1,15,25	0	0	
阻湿性 透湿[g/(m²·24h)]		0	3	3	7	4	8	6	6	0	9	
温度适应性	冷冻	优	良	优	良	优	优	优	不适用	良	—	
	冷藏	优	优	优	最佳	优	优	优	良	优	—	
	煮沸	优	优	优	良	可	可	优	良	不适用	—	
	蒸煮	最佳	最佳	最佳	不适用	不适用	不适用	不适用	不适用	不适用	—	
用途适应性	阻气性	最佳	可	可	可	良	良	最佳	良	优	最佳	
	强度	最佳	良	最佳	良	良	最佳	优	良	良	优	
应用示例		咖喱、炖（焖）食品、烹调食品	烧卖烹调食品	年糕、饼、烹调食品	烹调食品	液体汤、调料汁、果汁	液态汤、调料汁、果汁	果汁、酱、鱼片、带馅食品点心	酱、腌菜、以及"煮沸汤"	乳制品、酸奶	杀虫剂	所谓"煮沸汤"指可用于需要沸腾条件下消毒的食品（或沸腾条件下煮熟的物品）

注：表中符号 PO—聚烯烃（聚丙烯等耐热性较佳的聚烯烃）；EVAL—乙烯-乙烯、乙烯醇共聚体；K-PT—聚偏二氯乙烯乳液涂敷的玻璃纸。

（3）复合薄膜的构成、特性及用途见表 3-21。

表 3-21　　　　　　　　　复合薄膜的构成、特性及用途

复合包装用薄膜的构成	特性										用途
	防潮性	阻气性	耐油性	耐水性	耐煮性	耐寒性	透明性	防紫外线	成型性	封合性	
PT/PE	☆	☆	○	×	×	×	☆	×	×	☆	方便面、米制糕点、医药
OPP/PE	☆	○	○	☆	☆	☆	☆	×	○	☆	干紫菜、方便面、米制糕点、冷冻食品
PVDC涂PT/PE	☆	☆	○	☆	☆	○	☆	○～×	×	☆	豆腐、腌菜、火腿、果子酱、饮料粉、鱼类加工品
OPP/CPP	☆	○	☆	☆	○	○	☆	×	○	☆	糕点（米制糕点、豆制糕点及油糕点）
PT/CPP	☆	☆	☆	×	×	×	☆	×	×	☆	糕点
OPP/PT/PP	☆	☆	☆	☆	☆	☆	☆	×	×	☆	豆腐、腌菜、糖酱制鱼品、果子酱
OPP/PVDC涂PT/PE	☆	☆	☆	☆	☆	○	☆	○～×	×	☆	高级加工肉类食品、豆制品、面汤
OPP/PVDC/PE	☆	☆	☆	☆	☆	☆	☆	○～×	×	☆	火腿、红肠、鱼糕
PET/PE	☆	☆	☆	☆	☆	☆	☆	○～×	×	☆	蒸煮、冷冻食品、年糕、饮料粉、面汤
PET/PVDC/PE	☆	☆	☆	☆	☆	☆	☆	○～×	☆	☆	豆酱、鱼糕、冷冻食品、熏制食品
N/PE	○	○	☆	☆	☆	☆	☆	×	○	☆	鱼糕、汤面、年糕、冷冻食品、饮料粉
N/PVDC/PE	☆	☆	☆	☆	☆	☆	☆	○～×	☆	☆	鱼糕、汤面、年糕、冷冻食品、饮料粉
OPP/PVA/PE	☆	☆	☆	☆	○	○	★	×	○	☆	豆酱、饮料粉
OPP/EVAL/PE	☆	☆	☆	☆	☆	☆	☆	☆	☆	☆	气密性小袋（饮料粉、鱼片菜）
PC/PE	○	×	○	☆	☆	☆	☆	○～×	○	☆	切片火腿、饮料粉
AL/PE	☆	☆	☆	☆	○	○	×	☆	×	☆	药品、照片用胶卷、糕点
PT/AL/PE	☆	☆	☆	×	×	○～×	×	☆	×	☆	药品、糕点、茶叶、方便食品
PET/AL/PE	☆	☆	☆	☆	☆	☆	×	☆	×	☆	咖喱、焖制食品、蒸煮食品
PT/纸/PVDC	☆	☆	☆	×	×	○	×	☆	×	☆	干紫菜、茶叶、干食品
PT/PL/纸/PE	☆	☆	○	×	×	○～×	×	☆	×	☆	茶叶、汤粉、豆料粉、乳粉

注：☆—优；○—良；×—不可取。

（4）高温蒸煮袋的结构和性能见表 3-22。

表 3-22 高温蒸煮袋的结构和性能

项 目	种 类		
结构/μm	PET12/AI9/PO70	PET12/PO70	Ny15/PO70
外观	不透明，高光泽	半透明	半透明
复合强度/（N/20mm 宽）	9.8	5.88	5.88
封口强度/（N/20mm 宽）	68.6	58.5	68.6
扩张强度（N/20mm 宽）	78.4	68.6	98
伸长率/%	8	7	10
撕裂强度（纵/横缺口）/10^{-3}N	784/882	490～686/637	58.8/686
热封温度/℃	180～230	150～220	150～230
透氧性（RH65%）/［mL/（$m^2 \cdot$ 24h $\cdot$ 0.1MPa）］	0	118	55
透湿性/［g/（$m^2 \cdot$ 24h）］	0	3	3

注：PO 为聚乙烯或聚丙烯，总称为聚烯烃薄膜。

（5）超高温短时间杀菌膜的结构和特性见表 3-23。

表 3-23 超高温短时间杀菌膜的结构和特性

袋 的 牌 号	HIRP-F	HIRP-T	PET/特殊层/PP
结构	PET/AI/特殊层/PP	Ny/特殊层/PP	PET/特殊层/PP
外观	不透明	透明	透明
复合强度/（N/20mm 宽）	＞7.84	7.84	7.84
封口强度/（N/20mm 宽）	7.84～98	68.8	49～78.4
扩张强度/（N/20mm 宽）	127.4～147	88.2	68.6～127.4
伸长率/%	80～120	90	90～110
撕裂强度/10^{-3}N	539	—	—
透氧性（27℃、RH65%）/［mL/（$m^2 \cdot$ 24h）］	0	30	47
透湿性/［g/（$m^2 \cdot$ 24h）］	0	10	6

（6）常用塑料瓶的性能及应用见表 3-24。

表 3-24 常用塑料瓶的性能及应用

种类	性 能 特 点	成型方法	应 用
HDPE	加工简单容易、成本低、耐化学腐蚀性好、低温抗冲击强度好、水蒸气阻隔性好、气体（O_2，CO_2）透过率高、制品变形温度 160～250℃。但不适合高温充填和消毒，气体阻隔性差	挤-吹法 注-吹法	牛奶、食用油、糖浆、日用化学品（去污剂、漂白剂、洗涤剂）、机油、润滑油等
LDPE	具有挠性、耐冲击、水蒸气阻隔性好、制品变形温度 160～250℃ 加工性好、价格低，但阻气性差，高温下会应力开裂	挤-吹法 注-吹法	软质瓶、软管、卫生用品、化妆品等

续表

种类	性能特点	成型方法	应用
PVC	耐冲击强度高、O_2 透过率低、水蒸气透过率中等，透明度好、制品变形温度 140～150℃。由于变形温度低，不宜在高温条件下使用，加工性较差	挤-吹法 注-吹法 挤-拉-吹法	洗发香波、去污剂、矿泉水、果汁、食用油等
PP	质量轻、熔点高，可经消毒处理，耐化学性好、耐冲击、透明、水蒸气透过率低，而 O_2，CO_2 的渗透率高。制品的变形温度 260～330℃。拉伸瓶变形温度为 190～250℃，阻气性差，并具有低温脆性	注-吹法 注-拉-吹法	化妆品、漱口水、洗洁剂、食用油、糖浆、果汁、药品等
PET	抗拉性能高，耐冲击、透明、水蒸气透过率高，O_2，CO_2 的透过率低，酒精透过率低，耐油性好。但需有专用设备加工，不能加工成有柄容器，且价格较高	注-吹法 注-拉-吹法	含气（CO_2）饮料、酒、酱油等

（7）PET-PVDC 复合瓶的应用情况见表 3-25。

表 3-25　　　　　　　　　　　PET-PVDC 复合瓶的应用情况

包装产品 ＼ 贮存寿命期/月 ＼ PVDC 厚度/μm	0	10	20
牛奶、肉、鱼、蔬菜、鸡鸭、儿童食品、啤酒、速溶咖啡、汤汁、空心粉条、调味品	0.5～2.5	1～5	2～10
水果、快餐饭、油炸食品	2.5～7.0	6～17	9～28
果汁、饮料	4.5～19.0	11.5～46.0	18.5～74.0
食油、色拉油、果酱、糖浆、盐水、橄榄油、醋酒、花生油	23.5～94.0	57.5～230.0	92.5～370.0

6. 金属包装材料与容器

（1）金属包装材料　金属包装材料历史悠久，镀锡薄钢板（马口铁）包装容器已有 150 多年的历史。目前使用的金属包装材料主要是铁和铝两种，主要产品是镀锡薄钢板、无锡钢板、铝和铝箔。金属包装容器主要有两大类：一类是以铁、铝等为基材的金属板、片加工成型的桶、罐等刚性容器；另一类是以铝箔为主制成的复合材料软包装容器或半刚性容器。金属作为包装材料有许多显著的性能和特点，其优点如下。

① 优良的阻隔性，不但具有高阻气性、阻光性，还具有优良的防潮性和保香性，能隔绝有害物质的侵入，能长期保存食品。

② 有良好的机械强度和加工适应性。足够的机械强度便于包装操作和商品的流通贮运。

③ 环境适应性好，耐高、低温，耐温、湿度变化，耐压、耐虫害、耐有害物质的侵蚀，且废弃物处理容易。

④ 表面装饰性好，具有表面光泽，且可通过表面设计、印刷、装饰以提供理想美观的表面状态，促进销售。

金属包装材料的缺点如下。

① 化学稳定性差，在酸、碱、盐和湿空气的作用下易于锈蚀。包装酸性内容物易被腐蚀，金属离子易析出而影响食品质量和风味，因此，相应地要求有更好的涂层保护。

② 经济性较差，与其他包装材料相比，价格较高。

一般食品可直接用镀锡板罐包装，但锡的保护作用是有限的。对腐蚀性较大的食品（如番茄酱），与锡作用变色的食品（如糖水杨梅），含硫量较多的肉禽类、虾、蟹等水产品类和玉米等与锡作用会产生黑色硫化物，因此，不能直接使用镀锡板，应采用涂料镀锡板制罐，以将食品与镀锡层隔绝。

镀铬薄钢板（无锡钢板 TFS）镀铬板耐腐蚀性不如镀锡板，罐外壁易腐蚀，卷边处也易生锈，但因价格较低而部分替代镀锡薄钢板广泛用于罐头工业，应用最多的是啤酒和饮料罐，以及一般食品罐罐盖等。

铝质包装材料主要是指铝合金薄板和铝箔。铝合金板具有相对密度小、不生锈、光泽银亮美观、成型性好，有一定的强度且易回收等优点，在食品包装上广泛用于制作各种饮料罐，防盗瓶、盖等。

铝质包装材料具有优异的表面性能（光泽效果和光亮度）和成型加工性；高的热传导率，更适合于食品的加热和冷冻处理；对各种气体、水蒸气具有高阻隔性；对各种油脂和光线具有完全阻隔性；此外，还具有较好的耐蚀性和卫生安全性。其缺点为耐酸、碱性较差，正常耐酸、碱的范围为 pH4.8～8.5。铝对各种食品的耐蚀性见表 3-26。

表 3-26　　　　　　　　　　　铝对各种食品的耐蚀性表

食品种类	耐蚀性	食品种类	耐蚀性	食品种类	耐蚀性
啤酒	○	酱油	※～●	面包屑	○
葡萄酒	※～☆	醋	○	明胶	○
威士忌	※～☆	砂糖水	○～★	汽水	○，○～●，※
白兰地	※～☆	食用油	○	果实精	☆
杜松子酒	※～☆	脂肪	○	果汁	○～●，☆
清酒	○	牛奶	○～★	橘子汁	●，☆
牛油	○	炼乳	○	柠檬汁	※～●，☆
人工干酪	○	奶油	○	洋葱汁	○，★
干酪	○～●	巧克力	♯	苹果汁	※
盐	※～●	发酵粉			

注：○—不被侵蚀；※—稍被侵蚀，但可使用；●—被侵蚀；☆—阴极氧化时不被侵蚀；★—加热时也不被侵蚀；♯—沸点以上不被侵蚀。

铝箔作为一种可挠性包装材料具有许多优异的包装性能，其中阻湿、阻气、阻光是三个重要的特性。铝箔的二次加工主要是复合和涂层处理。铝箔单面或双面涂敷高分子树脂，如纤维素、甲基丙烯酸酯、PE 等，可使铝箔具有热封性，提高阻隔性和强度。铝箔大量用于多层复合包装材料，制作多层复合袋，用于防潮保香等气密性要求高的食品包装及高温蒸煮袋，对于要求较长保质期的食品包装，其蒸煮袋结构应有 Al 箔层，以提高阻气、阻光性和增加强度。表 3-27 是食品包装常用加工箔的组成与用途。

表 3-27   **食品包装常用加工箔的组成与用途**

用途	箔厚/μm	加工箔构成
口香糖（内装）	7	Al/蜡/薄叶纸
香烟	7	Al/黏合剂/模造纸
粉末食品	7	PP（印）Al/PE
纸容器	7	Al/黏合剂/马尼拉板纸
贴纸	7	Al/黏合剂/高质纸
红茶	7	玻璃纸（印）/黏合剂/Al/黏合剂/模造纸/PE
牛油	7～8	Al/黏合剂/羊皮纸
复合罐	7	薄纸（印）/黏合剂/羊皮纸/黏合剂/Al/PE
蒸煮袋	9	PET（印）/黏合剂/Al/黏合剂/聚烯烃
封箱箔	15～30	① 平箔；② Al/PVC
乳酸饮料盖	50	Al（印）/PE/热封胶
箔容器	30～150	① 平箔；② 喷漆/Al/喷漆；③ 喷漆/Al/黏合剂/PP

（2）常用金属包装容器　罐头用金属罐作为食品包装的主要形式，其历史悠久，现代食品包装中因金属罐具有高强度、高阻隔性及优异的美观装饰性能，仍占有重要的地位。

罐用金属罐主要分两种，按结构和加工工艺来分，有三片罐和二片罐（见表 3-28）。

表 3-28   **金属罐的分类与应用**

结构	形状	工艺特点	材料	代表性用途
三片罐	圆罐或方形罐等	压接罐	镀锡薄钢板 无锡薄钢板	食品罐、化学品罐
		粘接罐	无锡薄钢板 铝	各种饮料罐头
		电阻焊罐	镀锡薄钢板 无锡薄钢板	各种饮料罐头、食品罐、化学品罐
二片罐	圆罐或异形罐等	浅冲罐	镀锡薄钢板 无锡薄钢板 铝	鱼、肉罐头、水果蔬菜罐头
		深冲罐	镀锡薄钢板 无锡薄钢板 铝	菜肴罐头、乳制品罐头
		深冲或薄拉伸罐	无锡薄钢板 铝	各种饮料罐头（主要是碳酸饮料）

① 三片罐：是最古老的空罐形式，由罐身、罐底和罐盖三部分组成，罐身纵缝有锡焊、缝焊和粘接三种。由于锡焊罐焊缝含铅对食品造成污染，目前已被淘汰。目前用于高温杀菌的罐头都是缝焊罐，具有焊缝强度高，密封性好，对食品卫生安全等优点。三片粘接罐采用尼龙为主要黏合物黏合罐身主缝，为保证足够的强度，罐身接缝搭接宽度约 5mm，这种制罐方法成本低，卫生性好、适用于粉粒状干燥食品的罐装，不适用于高温杀菌的罐装食品。

② 二片罐：罐身和罐底为一体，没有罐身纵缝和罐底卷边，工艺简单，密封性好而具有广泛的应用价值。目前二片罐主要有二片冲拔罐和二片深冲罐两种。

a. 冲拔罐（DWI 罐）：即浅冲罐，也称薄拉伸罐，20 世纪 50 年代开始用于铝材，20 世纪 70 年代后镀锡薄钢板材也开始用于制作 DWI 罐，制作主要经过预冲压和多次变薄拉伸。冲拔罐的最大特点是长、径比很大，一般为 2：1，罐壁经多次拉伸后变薄，故很适宜用于含气饮料包装，由罐内压力来支撑罐壁以增强刚性。当用来盛装不含气饮料时，可借助液态氮进行充氮包装，可有效地保护内装食品质量和罐的外形。

b. 深冲罐（DRD 罐）：是将板材经连续多次经变径冲模冲压而成。制罐时几次连续冲坯（一般为两次）使罐身内径越来越小，而罐壁和罐底厚度保持原来厚度，即成型罐体表面积基本等于原坯料面积。如果冲坯一次成型，即称为浅拉伸罐。DRD 罐的特点是壁厚均匀，强度和刚性好，故适用范围较广，长、径比一般为 1.5：1，规格尺寸更易适应不同需要，可为圆形，也可为异形，目前适用的材料主要是 TFS 板和镀锡薄钢板，主要用于热加工食品包装。金属二片罐为饮料和食品包装提供了安全、可靠、价格低廉的包装形式。同时制罐工艺的改进，原材料利用率和生产效率的提高，显示了二片罐强大的生命力。

（3）其他金属包装容器

① 金属软管：指铝质软管及铝箔复合材料软管，可用于果酱、调味品、蛋糕、糖霜等黏稠食品的包装。将铝料坯在压力机上经冲模挤压成管状，经退火，加工管口螺纹并加盖，内壁喷涂料，外表印刷，最后将食品由软管尾部装入，再压平卷边而形成良好密封。金属软管开启方便，可分批取用内装食品，再封性好，且可适应高温杀菌，可实现高速包装操作。

② 铝箔器皿：是一种新型包装容器，欧洲国家主要用作午餐盒，食品工厂用铝箔器皿把配餐包装好运送到各用餐单位，可随时加热食用，既卫生、简便，提高了工作效率和社会效益，又可使包装废弃物打包回收再利用，避免了国内 EPS 快餐盒的白色污染问题。

a. 带皱褶的铝箔器皿：采用稍硬的合金箔制造。浅盘式不带盖器皿，主要用作食品如蛋糕、面包的托盘，器皿边缘卷边，形状可根据冲模设计成圆形或异形。带盖铝箔器皿凸缘直边折叠，将盖片嵌在其中，有一定的遮挡、密封效果。

b. 光壁铝箔器皿：在外观形态上无皱褶，容器侧壁光滑，水平凸缘平滑，器皿内表面可涂热塑性树脂，口部可进行热封合，可用于包装需 100℃ 以下低温杀菌的食品，如干菜、果酱等，在功能上有金属罐那样的屏蔽性和易开性，但加工成本较高。铝箔器皿质轻美观，传热性好，耐高温杀菌和低温冷冻；对光、水、气体、化学及生物污染有完全的隔绝作用；加工性能好，可制成各种形状满足多方面的要求，且可印刷装潢；开启方便，废弃物易回收处理等许多优点。

③ 金属大桶：指用镀锌板、镀锡薄板或低碳钢板等制成的 30～200L 容积的包装容器，内表面涂覆环氧类、酚醛类及乙烯树脂类涂料，主要用于食品原料及中间产品的贮存和运输包装。

④ 无菌包装大罐：主要用于包装经 UHT 杀菌的大批量果蔬浓缩汁半成品。采用无菌包装技术，使产品在较长的贮运期间能较好地保全食品的风味和质量。这种大罐用碳钢制成，内涂环氧树脂，罐盖设一孔，通过此孔可喷入洗罐用杀菌剂和无菌惰性气体，产品保质期可达一年。

金属罐内壁涂料包装食品的金属罐，其内壁必须涂敷涂料，其涂料品种也必须适应不同食品的特性，并符合卫生要求。酸性较强的番茄酱等食品罐应选用抗酸涂料。含有花青素的水果，如草莓、樱桃、杨梅罐头等，易使锡层融化，可采用一般涂料来阻隔水果与锡层的直接接触，防止金属离子的溶入而使食品变色。午餐肉及清蒸鱼等易粘罐食品，应选用防粘涂料。

7. 玻璃及陶瓷包装材料与容器

玻璃及陶瓷包装材料与容器根据所用原料及化学成分的不同，玻璃可分为钠钙玻璃、铅玻璃、硼硅酸玻璃等。其中钠钙玻璃主要用来制作食品包装用瓶、罐。玻璃包装容器以其特有的包装性能，在食品包装中占有一定的地位。

玻璃包装容器的优点为：光亮透明、美观，阻隔性能极好，不透气；无毒、无味，化学稳定性极好；卫生清洁，耐气候性好；耐热、耐压、耐清洗，可高温杀菌，也可低温贮藏；原料丰富，价格低廉，成型性好，加工方便，品种、形状多样，可重复使用。玻璃包装容器的缺点为：质量大，易破碎，这在很大程度上影响其使用和发展，特别是受到质轻的塑料及其复合包装材料的冲击。近年来玻璃包装材料在高强度、轻量化方面得到很大发展，特别是玻璃所特有的其他包装材料无法替代的特性，使玻璃包装容器的用量逐年增加。

我国是使用陶瓷制品历史最悠久的国家。在食品包装中陶瓷主要用于酒、咸菜、传统食品和风味食品等的包装。陶瓷容器具有耐火、耐热、隔热性好、可反复使用、原材料丰富、废弃物不污染环境等优点。与塑料、金属及复合材料容器相比，陶瓷容器保护食品风味的性能更佳。用陶瓷容器包装的食品常给消费者以纯净、天然、传统的感觉。造型和色彩美观的陶瓷容器既可包装食品，又可作为装饰品，因此，我国许多传统风味的食品常采用陶瓷包装容器，以体现中华民族传统的、优秀的饮食文化。但陶瓷容器易碎，且也有重金属溶出等的卫生安全问题，因而应用受到一定的限制。

第四节　设备生产能力的计算及选型

我们通常把食品工厂所涉及的设备分为专业设备、通用设备和非标准设备。物料计算是设备选型的根据，而设备选型则要符合加工工艺的要求。设备选型既是保证产品质量的关键和体现生产水平的标准，又是工艺布置的基础，并且为动力配电、水汽用量计算提供依据。设备选型应根据每一个品种单位时间（h 或 min）产量的物料平衡情况和设备生产能力来确定所需设备的台数。若有几种产品都需要共同的设备，在不同时间使用时，应按处理量最大的品种所需的台数来确定，对生产中的关键设备，除按实际生产能力所需的台数配备外，还应考虑有备用设备，一般后道工序设备的生产能力要略大于前道，以防物料积压。

一、食品工厂选择设备的原则

《食品卫生通则》（CAC/RCPⅠ—1989，Rev. 3. 1997，2003 修订）以及《食品企业通用卫生》规范（GB 14881—2013）中对食品工厂设备选择的规定，是设备选择必须遵循的行业性法规。

（1）直接与食品接触的设备和容器（不是指一次性容器和包装）的设计与制作应保证在需要时可以进行充分的清理、消毒及养护，以使食品免遭污染。设备和容器应根据其用途，用无毒的材料制成，必要时还应是耐用的和可移动的或者是可拆装的，以满足养护、清洁、消毒、监控的需要，例如方便虫害检查等；

（2）除上述总体要求外，在设计用来烹煮、加热处理、冷却、贮存和冷冻食品的设备时，应从食品的安全性和适宜性出发，使设计的这类设备能够在必要时尽可能迅速达到所要求的温度，并有效地保持这种状态。在设计这类设备时还应使其能对温度进行监控，必要时还需要对温度、空气流动性及其他可能对食品的安全性和适宜性有重要影响的特性进行监控，这些要求的目的是为了保证：① 消除有害的或非需要的微生物，或者将其数量减少到安全的范围内，或者对其残余及生长进行有效的控制；② 在适当时，可对以 HACCP 为基础的计划中所确定的关键限值进行监控；③ 能迅速达到有关食品的安全性和适宜性所要求的及其他必要的条件，并能保持这种状态；

（3）凡接触食品物料的设备、工具和管道的材质，必须用无毒、无味、抗腐蚀、不吸水、不变形的材料；

（4）设备的设置应根据工艺要求，布局合理。上下工序衔接要紧凑。各种管道、管线尽可能集中走向。冷水管不宜在生产线和设备包装台的上方通过，防止冷凝水滴入食品。其他管线和阀门也不应设计在暴露原料和成品的上方；

（5）安装应符合工艺卫生要求，与屋顶（天花板、墙壁）等应有足够的距离，设备一般应用脚架固定，与地面就有一定的距离。部分应有防水、防尘罩，以便于清洗和消毒；

（6）各类液体输送管道应避免死角或盲端，设排污阀或排污口，便于清洗、消毒，防止堵塞。

以上是设备选择中的规范性要求，在食品工厂生产使用的设备中大体上可分为四个类型：计量和贮存设备、定型专用设备、通用机械设备和非标准专业设备。在具体选择设备时，要按照下列的原则进行。

（1）满足工艺要求，保证产品的质量和产量；

（2）一般大型食品工厂应选用较先进的、机械化程度高的设备，中型工厂则视具体条件，一些主要产品可选用机械化、连续化程度较高的设备，小型工厂则选用较简单的设备，做到经济上合理，技术上先进；

（3）所选设备能充分利用原料、能耗少、效率高、体积小、维修方便、劳动强度低，并能一机多用，备品、备件供应方便；

（4）所选设备应符合食品卫生要求，易清洗、装拆，与食品接触的材料要不易腐蚀，不会对食品造成污染；

（5）设备结构合理，材料性能可适应各种工作条件（如温度、湿度、压力、酸碱度等）；

（6）在温度、压力、真空、浓度、时间、速度、流量、液位、计数和程序等方面有合理的控制系统，并尽可能采用自动控制方式。

二、食品工厂部分专业性设备的设计与选型

（一）专业性设备的设计与选型的依据

（1）由工艺计算确定的成品量、半成品量、原料量、辅料量、耗汽量、耗水量、耗冷量等；

（2）工艺操作最适的外部条件（时间、温度、压力、真空度等）；

（3）设备的构造类型和性能。

（二）专业性设备的设计与选型的程序和内容

（1）明确该设备所要承担的工艺目的和要求，必须达到的工艺参数；

（2）设备选型及该型号设备的性能、特点评价（包括对工艺安全性的特性性能）；

（3）设备生产能力的确定；

（4）设备台、套数量的确定（充分考虑设备的使用效率和维修对生产过程的影响）；

（5）设备的工程计算（用水量、用汽量、换热面积、干燥面积等）；

（6）设备传动特性的确定和动力消耗的计算；

（7）设备结构的工艺设计和工艺条件的满足；

（8）材质的选择、控制系统和在线检测（浓度、流量、温度、压力、真空度等）的精度；

（9）其他特殊问题。

（三）食品工厂部分专业性设备的设计与选型

食品工厂涉及的加工品种很多，不同的产品在加工过程中对设备的要求不一样，所以在设计计算以及选型过程中就有很大的差异，应当是在对加工产品生产全过程充分认识的基础上进行设计。首先要考虑产品的生产特点、生产类型、原料性质、现阶段生产水平能达到的技术经济指标、有效生产天数、各个生产环节的周期等因素。

1. 输送设备

一般分固体输送设备和液体输送设备两大类。

（1）固体输送设备由于其用途和功能不同，又分为带式输送机、斗式输送机、螺旋输送机、气力输送和液力输送等。

① 带式输送机是食品工厂中应用最广的一种连续输送机械，它常用于块状、颗粒状等物料及整件物料进行水平方向或倾斜方向运送。同时，还可用于拣选工作台、清洗和

预处理操作台等，在罐头工厂一般常用在原料预处理、拣选、装填各工段以及成品包装仓库等。

② 斗式升送机在食品工厂连续化生产中，用于需要在不同高度来装运物料，使物料由该台机械运送到另一台机械上，或由地面运送到楼上等。

③ 螺旋输送机适用于需要密闭运输的物料，如粒状和颗粒状物料。

（2）在液体输送设备中，常用的有流送槽、真空吸料装置和泵等。

① 流送槽是属于水力输送物料的装置，用于把原料从堆放场所送到清洗机或预煮机中，适用于番茄、蘑菇、菠萝和其他块茎类原料的输送。

② 真空吸料装置是一种简易的流体输送方法。只要工厂内有真空系统，除了可以对流体进行短距离输送及提升一定的高度以外，如果原有输送装置是密闭的，还可以直接利用这些设备进行真空吸料，不需要增添其他设备。对于果酱、番茄酱等或带有固体块料的物料（如橘囊等），尤为合适。它的缺点是输送距离或提升高度不大，效率低。

③ 在食品工厂常用的泵有离心泵、螺杆泵、齿轮泵等。

a. 离心泵在食品工厂用于液体的输送，其工作原理和用途，与一般离心泵相同，其所不同之处是，凡与液体接触部分，均用不锈钢制造，确保食品卫生，故又称卫生泵，在乳品工厂应用尤为广泛，也称离心奶泵。

b. 螺杆泵是一种回转容积式泵，是利用一根或数根螺杆的相互啮合使空间发生变化来输送液体。目前，食品工厂中大多数是单螺卧式泵，用于高黏稠液体及带有固体物料酱体的输送。如在番茄酱连续生产流水线上常采用此泵。

c. 齿轮泵也属于回转容积式泵，在食品工厂中主要用来输送黏稠液体，如油类、糖类等。

2. 清洗和原料预处理设备

食品原料在其生长、成熟、运输及贮藏过程中，会受到尘埃、沙土、微生物及其他污物的污染。因此，在加工前必须进行清洗。此外，为保证食品容器清洁和防止肉类罐头产生油商标等质量事故，都必须有相应的清洗机械和设备。

常用的清洗设备有鼓风式清洗机、空罐清洗机、全自动洗瓶机、实罐清洗机等，常用的原料预处理设备有：分级机（又分滚筒式分级机、摆动筛、三滚动式分级机、花生米色选机等）；切片机（蘑菇定向切片机、菠萝切片机、青刀豆切端机等）；多功能切片切丁切丝机（如切胡萝卜片、胡萝卜丁、辣椒丝等）；绞肉机；打浆机；榨汁机；果蔬去皮机；分离机（橘油分离机、奶油分离机等）；斩拌机；真空搅拌机等。

（1）鼓泡式清洗机　是利用空气鼓泡进行搅拌，即可加速污物从原料上洗去，又可使原料在强烈的翻动下而不破坏其完整性，因而最适合于果蔬原料的清洗。

（2）全自动洗瓶机　可用于果汁、汽水、牛奶、啤酒等玻璃瓶的清洗。对新瓶和回收瓶均可使用。

（3）滚筒式分级机　分级效率高，目前广泛用于蘑菇和青豆等的分级。三辊筒式分级机适用于球形或近似球形体的果蔬原料，如苹果、柑橘、番茄、桃子和菠萝等，按直径大小不同进行分级。

（4）斩拌机和真空搅拌机　是生产午餐肉的专用设备。

（5）CIP 清洗系统　自 20 世纪 80 年代以来，对设备的清洗工作，开始为机械所代替。特别是乳品、饮料以及其他采用管道化连续作业工厂。在许多乳品工厂中采用自动就地清洗，即用来冲洗的水和洗涤液，是在设备的管道及生产线中闭路循环进行的，无须将设备拆开。这种技术就称为就地清洗（CIP）。

就地清洗是使洗涤剂和洗涤水以高速的液流冲洗设备的内部表面，形成机械作用而把污垢冲走。这种作用于管道、泵、换热器、分离器及阀门等的清洗是有效的。

对于大的贮罐、贮桶等，采用手工洗刷，在我国还是较为普遍的。目前在我国已有相当一部分工厂采用了就地清洗技术。以乳制品生产为例，就地清洗装置应考虑以下几个方面。

① 基本要求：

a. 在设备（或管路）表面所残留的沉积物应是以乳为主的物料；

b. 待清洗设备的表面，必须是同一种材料制成，至少也应能与同种洗涤消毒剂相容的材料；

c. 整个回路的所有零件，要能同时进行清洗、消毒。

作为一个整体的乳品厂设备，为了清洗的目的，必须分成许多回路，以便根据需要在不同时间进行清洗。

② 合适的材料：对有效的 CIP 而言，设计设备时，必须考虑能够构成清洗的回路，而且要易于清洗，洗涤液必须易于流到所有表面，也就是说，不得有洗涤液洗不到的死角。此外，机件与管道都必须以能有效地排干液体的方式安装。

任何一处不能排干残留液体的小腔体，均会成为细菌繁殖的场所，从而带来污染产品的极大危险。

加工设备所用的材料，应为不锈钢，这样就可避免由于化学作用而被腐蚀，从而污染产品。铜、青铜、锡及其电镀物，对强酸及强碱都是很敏感的。即使牛奶中有极微量的铜，也会产生一种铜锈味。目前，我国绝大部分的乳品加工设备，都使用不锈钢，这样就可以有效地避免金属污染。然而，不锈钢也会受到高浓度硝酸及盐酸溶液的侵蚀。如果使用不同质量的钢的系统，也会发生电解锈蚀。

弹性材料如无毒橡皮管、橡皮垫圈，均会被氯和氧化剂侵蚀、氧化，从而变脆开裂，导致橡胶微粒落入牛奶中。

某些塑料的一些成分会溶解于乳脂肪中和洗涤液中，因此，乳品加工系统中使用的塑料，其成分及稳定性必须符合标准规定。

③ 就地清洗的程序：乳品加工的就地清洗程序的不同，取决于待清洗的回路中，是否有加热过的表面。用于管道系统、奶缸及其他无受热面的加工设备所组成的回路的就地清洗程序；用于就地清洗系统中巴氏消毒器及其他有受热面的设备回路的就地清洗程序，这两种系统间的主要不同点，就是后者必须有一个酸洗循环的程序，以除去热处理后残留在设备表面的凝固蛋白质和钙盐沉淀物。

A. 受热设备的清洗程序

a. 用热水冲洗约 3min；

b. 用 75℃ 的碱性洗涤液循环约 20min；

c. 用温水作中间冲洗；

d. 用 70℃的酸液（硝酸）循环约 15min；

e. 用热水冲洗约 5min；

f. 在早晨开工前，通常应对巴氏消毒器进行一次消毒。做法如下：

• 用热水冲洗约 5min；

• 用 90℃热水循环约 8min（视具体条件而定）；

• 把设备冷却到工作温度。

B. 非受热设备的清洗程序

a. 用热水冲洗 3min；

b. 用 75℃的碱性洗涤液循环 10min；

c. 用 90℃热水循环约 3min（视具体条件而定）。

④ 就地清洗系统的设计：乳品厂中的 CIP 站由所有必需的设备组成，这些设备用于贮存、监测及将清洗液分配到各个 CIP 循环中去，设计取决于下列因素。

a. 总站（中央站）要供应多少个 CIP 分循环，在这些分循环中，有多少是热加工的设备？多少是冷加工的设备？

b. 估计用于清洗、杀菌，部分的和总的蒸汽用量有多少？

c. 被冲洗下来的奶水是否回收，如何处理？

d. 对设备采用哪种消毒方法：化学方法还是物理方法（蒸汽或热水）？

e. 洗涤液使用一次，还是重复使用？

就地清洗系统，可分为集中和分散两种。集中清洗型的系统是在乳品厂中建立的一个 CIP 中心站（见图 3-9），由该站将清洗水、热的洗涤液及热水通过管道网送到各分回路中去，然后将用过的液体，经管道送回中心站的各自贮罐中。用这种方法，清洗液容易控制到正确的浓度，并重复使用。

分散清洗的 CIP 系统，其安装位置是接近于被清洗的工艺设备。一般用手工按所需要的浓度，配制洗涤液。

当前在我国盛行起来的 CIP 多为分散型的，在加工车间较集中的中小型工厂，宜采用集中的 CIP 系统中心站。在这中心站中，设有供冷水、酸及碱加热的热交换器，水、酸、碱以及被冲出系统的牛奶贮藏缸，此外还有用来维持洗涤液浓度的计量设备及用来中和废弃酸碱洗液的贮液缸。这种形式的中心站，通常都是高度自动化的。各个贮液缸里装有高低液位监测电极，清洗液的循环由一用来测量液体导电率或其他方式的传感器来控制。

3. 热加工设备

食品工厂热加工设备主要用于原料脱水、抑制或杀灭微生物，排除食品组织中的空气、破坏酶活力、保持产品的颜色和方便其他工序的操作等。它包括预煮、预热、蒸发浓缩、干燥、排气和杀菌等设备。常用的有列管式热交换器、板式热交换器、辊筒式杀菌器、夹层锅、连续预煮机（分带式和螺旋式）、真空浓缩设备（按加热器结构分有：盘管式、中央循环式、升膜式、降膜式、片式、刮板式、外加热式等）、排气设备、杀菌设备（立式、卧式、常压连续式、回转式等）等。

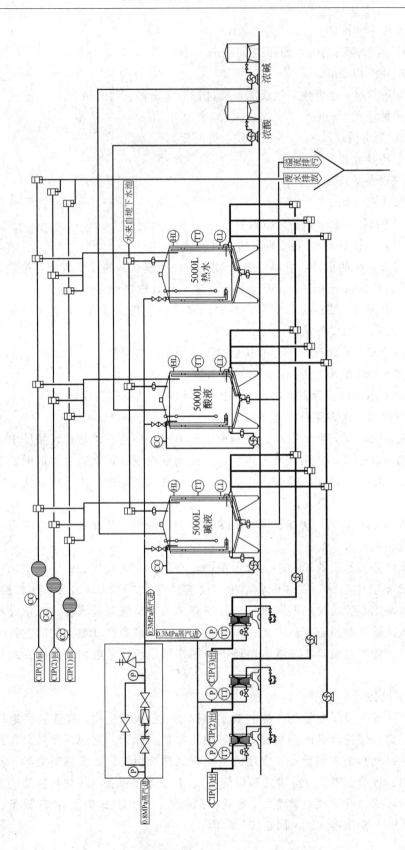

图 3-9 乳品工厂 CIP 系统

（1）热交换设备中，列管式热交换器广泛应用在番茄汁、果汁、乳品等液体食品的生产过程中，大多用作高温短时、超高温瞬时杀菌和杀菌后的及时冷却。辊筒式杀菌器一般作鲜奶及稀奶油的消毒，适于中小型乳品厂使用。夹层锅（又称二重锅、双重釜等），常用于物料的热烫、预煮、调味液的配制及熬煮一些浓缩产品，连续预煮机广泛用于蘑菇、青刀豆、青豆、蚕豆等各种果蔬原料的预煮。

（2）真空浓缩设备的加热器结构种类很多，在选择不同结构的真空浓缩设备时，应根据以下食品溶液的性质来确定。

① 结垢性：有些溶液在加热浓缩时，会在加热面上生成垢层，从而增加热阻，降低传热系数，严重时使设备生产能力下降，甚至停产。所以，对易发生垢层的料液，最好选择流速较大的强制循环型或升膜式浓缩设备。

② 结晶性：有些溶液在增加时，会有晶粒析出，而且沉积于传热面上，从而影响传热效果，严重时会堵塞加热管。对于这类食品溶液，常采用带有搅拌器的夹套式浓缩设备或带有强制循环的浓缩器。

③ 黏滞性：有些食品溶液的黏度随浓度的增加而增加，使流速降低，传热系数变小，生产能力下降。对于黏度较高的食品溶液，一般选用强制循环式、刮板式或降膜式浓缩设备。

④ 热敏性：在食品工业的生产过程中，由于原料不同对热的敏感性也不同，有些产品在加工温度过高时，会影响色泽，使产品质量下降，所以，对这类产品应选用停留时间短、蒸发温度低的真空浓缩设备，一般选用各种薄膜式或真空度较高的浓缩设备。

⑤ 发泡性：有些食品溶液在浓缩过程中会产生大量泡沫，这样，泡沫易被二次蒸汽带走，增加产品损耗，严重时无法操作，造成停产。因此，在浓缩器的结构上，要考虑消除发泡的可能，同时要设法分离回收泡沫，一般采用强制循环型和长管薄膜浓缩器，以提高料液在管内的流速。

真空浓缩装置中除真空浓缩设备外，还有附属设备，它主要包括捕沫器、冷凝器及真空装置等。**捕沫器**分惯性型捕沫器、离心型捕沫器、表面型捕沫器等，一般安装在浓缩设备的蒸发分离室顶部或侧部。其主要作用是防止蒸发过程中所形成的微细液滴被二次蒸汽夹带逸出。从而可减少料液损失，防止污染管道及其他浓缩器的加热表面。**冷凝器**一般有大气式冷凝器、表面式冷凝器、低位冷凝器、喷射式冷凝器，其主要作用是将真空浓缩所产生的二次蒸汽进行冷凝，并将其中的不凝结气体分离，以减少真空装置的容积负荷，同时保证达到所需要的真空度。**真空装置**一般有机械泵和喷射泵两大类。常用的机械泵有往复式真空泵和水环式真空泵。常用的喷射泵有蒸汽喷射泵和水力喷射泵等。真空泵的主要作用是抽取不凝结气体，降低浓缩锅内压力，从而降低料液的沸腾温度，有利于提高食品的质量。

（3）食品工厂的杀菌设备种类很多，按其杀菌温度不同，可分为常压杀菌和加压杀菌。按其操作方法分，有间歇杀菌和连续杀菌。常用的间歇式杀菌设备有：立式杀菌锅、卧式杀菌锅，卧式杀菌锅中又有静止式和回转式两种，连续式杀菌设备有常压连续杀菌器、静水压连续杀菌器、水封式连续高压杀菌器、火焰杀菌器、真空杀菌器以及微波杀菌器等，在我国各罐头工厂中主要是立式杀菌器、卧式杀菌器及常压连续杀菌器。

4. 封罐设备

罐头加工是食品加工中一个很悠久、传统、成熟的行业，加工设备有其特殊性，由于罐头的品种繁多，容器形状和罐形多种多样，再加上容器的材料不同，所以，封罐机的形式也多种多样。一般来说，镀锡薄板容器的封罐机有手扳式封罐机、半自动封罐机和全自动封罐机，自动封罐机又有单机头自动封罐机和多机头自动封罐机，玻璃瓶封口机也分为手扳式封罐机、半自动封罐机和全自动封罐机，封罐机的生产能力是按每分钟封多少罐计，而不是按每班产量计。

5. 成品包装机械装备

常用的成品包装机械包括贴标机、装箱机、封箱机、捆扎机、金属探测机等。

6. 空罐设备

常用的空罐罐身设备，按焊接方法分：焊锡罐设备和电阻焊设备。

焊锡罐的焊锡中含有重金属铅，铅对人体有害，再加上锡在国际上属于稀有金属，价格昂贵，成本高，故在淘汰之列。电阻焊接罐是根据金属物体一般是不变导体，因此，具有高电阻率，通电后大量吸收电流的热量，特别是峰值电流时，（每半周期）被焊接部位的金属受热变成软融状态，在上辊头电极压力的作用下，将两片金属物连成一起，冷却后即成为均匀的焊缝结构。电阻焊接不仅可以焊接镀锡薄钢板，而且也可焊接镀铬薄钢板，焊缝的抗拉强度也比焊锡罐大。

焊锡罐的罐身生产设备有单焊机和自动焊锡机。

常用的空罐罐盖生产设备有波形切板机、冲床、圆盖机、灌胶机、烘胶机及球磨机等。

7. 乳制品设备

常用的乳制品设备除了前面讲过的夹层锅、奶油分离机、洗瓶机、热交换器、真空浓缩器外，还有均质机、搅油机、干燥设备及机组、凝冻机、冰淇淋装杯机等。

（1）均质机是一种特殊的高压泵，它利用高压作用，使料液中的脂肪球碎裂至直径小于 $2\mu m$ 以下，在生产淡炼乳时，可减少脂肪上浮的现象，并能促进人体对脂肪的消化吸收；在果汁生产中，通过均质能使物料残存的果渣小微粒破碎，制成液相均匀的混合物，减少成品沉淀的产生；在冰淇淋生产中，则能使料液中牛奶的表面张力降低，增加黏度，得到均匀一致的胶黏混合物，提高产品质量。均质机按构造分有高压均质机、离心均质机、超声波均质机三种。我国目前最常用的是高压均质机；搅油机是生产黄油过程中的一台主要设备，其目的是使脂肪球互相聚合而形成奶油粒，同时分出酪乳。

（2）干燥设备一般有喷雾干燥、微波干燥、红外辐射干燥、真空干燥、升华干燥及沸腾干燥设备等，喷雾干燥设备又分为压力喷雾、离心喷雾和气流喷雾三种。乳品厂所用的干燥设备主要有：压力喷雾干燥设备和离心喷雾干燥设备两种，它们主要用于奶粉生产中，其次是真空干燥设备，它用于麦乳精生产中，凝冻机和冰淇淋装杯机主要用于冰淇淋的生产中。

8. 饮料生产设备

饮料生产过程中常用的设备大致分三大类：水处理设备、配料设备及灌装设备，另外还有卸箱机、洗箱机、洗瓶机、装箱机等。

9. 其他食品生产设备

除上述八大类外，还有饼干、面包、方便食品等生产设备，各种糖果生产设备，巧克力生产设备，果蔬保鲜、脱水、速冻、冻干生产设备等，这里不一一叙述。

三、食品工厂部分设备生产能力的计算公式

食品工厂所用设备的生产能力，有些铭牌上有标注，但有些设备的生产能力随流量、产品品种、生产工艺等的改变而变化。例如：流槽、输送带、杀菌锅等。现将一些设备生产能力的计算公式叙述如下。

（一）流槽

$$Q=\frac{Fv\rho}{m+1}\ (\mathrm{kg/s})$$

式中　Q——原料流量，kg/s

F——通过流送槽的有效截面面积（水浸部分的截面积），$\mathrm{m^2}$

v——流送槽内物料的流动速度，一般取 $v=0.5\sim1.0\mathrm{m/s}$

ρ——混合物密度，计算时可近似取 1000，$\mathrm{kg/m^3}$

m——水对物料的倍数（蔬菜类 $m=3\sim6$，鱼类 $m=6\sim8$）

（二）斗式升送机

$$G=3600\ \frac{i}{a}v\rho\varphi\ (\mathrm{t/h})$$

式中　G——斗式升送机生产能力，t/h

i——料斗容积，$\mathrm{m^3}$

a——两个料斗中心距，m

对于疏斗可取：$a=(2.3\sim2.4)h$

式中，h 为斗深，对于连续布置的斗，可取 $a=h$

φ——料斗的充填系数，决定于物料种类及充填方法

$$\varphi=\frac{所装的物料容积}{料斗的理论容积}$$

对于粉状及细粒干燥物料 $\varphi=0.75\sim0.95$

谷物 $\varphi=0.70\sim0.90$

水果 $\varphi=0.50\sim0.70$

v——牵引件（带子或链条）速度，m/s

ρ——物料的堆积密度，$\mathrm{t/m^3}$

（三）带式输送机

1. 水平带式输送机

$$G=3600Bh\rho v\varphi\ (\mathrm{t/h})$$

式中　G——水平带式输送机生产能力，t/h

B——带宽，m

ρ——装载密度，$\mathrm{t/m^3}$

φ——装填系数，取 $\varphi=0.6\sim0.8$，一般取 0.75

h ——堆放一层物料的平均高度，m

v ——带速，m/s

用作检查性的一般取 0.05～0.1m/s，用做运输时一般取 0.8～2.5m/s。

2. 倾斜带式输送机

$$G_0 = \frac{G}{\varphi_0} \quad (t/h)$$

式中 G_0 ——倾斜带式输送机生产能力，t/h

G ——水平带式输送机生产能力，t/h

φ_0 ——倾斜系数，其值决定于倾斜角度，参阅表 3-29。

表 3-29 带式输送机的倾斜系数

倾斜角度	0°～10°	11°～15°	16°～18°	19°～20°
φ_0	1.00	1.05	1.10	1.15

注：凡是用带式输送机原理设计的其他设备，如预煮、干燥等设备，均可用此公式计算。

（四）杀菌锅

1. 每台杀菌锅操作周期所需的时间 t

$$t = t_1 + t_2 + t_3 + t_4 + t_5$$

式中 t_1 ——装锅时间，一般取 5min

t_2 ——升温时间，min

t_3 ——恒温时间，min

t_4 ——降温时间，min

t_5 ——出锅时间，一般取 5min

2. 每台杀菌锅内装罐头的数量 n

$$n = Kaz \frac{d_1^2}{d_2^2} \quad （罐）$$

式中 K ——装载系数，随罐头的罐型不同而不同，常用罐型的 K 值可取 0.55～0.60

a ——杀菌篮高度与罐头高度之比值

z ——杀菌锅内杀菌篮的数目

d_1 ——杀菌篮外径，m

d_2 ——罐头外径，m

3. 每台杀菌锅的生产能力 G

$$G = 60 \frac{n}{T} \quad （罐/h）$$

4. 1h 内杀菌 x 罐所需的杀菌锅数量 N

$$N = \frac{x}{G} \quad （台）$$

5. 制作杀菌工段操作图表

（1）先计算装完一锅罐头所需时间 t

$$t = 60\frac{n}{X} \quad (\text{min})$$

（2）然后计算一个杀菌操作周期时间 T 和杀菌锅所需的数量 N，则可制定杀菌工段的操作图表。

【例】　设第一个锅 8：00 开始装锅，则第二锅是 8：00＋t 后装锅，第三锅是 8：00＋$2t$ 后装锅，以此类推，直至第 N 锅。第一个锅杀菌后出锅完毕的时间是 8：00＋T，第二个锅杀菌后出锅完毕的时间是 8：00＋（T＋t），第三个锅杀菌后出锅完毕的时间是 8：00＋（T＋t＋t），以此类推，直至第 N 锅。这样即可制定出杀菌工段的操作图表。

如果根据计算需要 6 个杀菌锅，$t=26\text{min}$，杀菌式为 $\dfrac{25-90-25}{116℃}$（℃），第一个杀菌锅在 8：00 开始装锅，则其操作图表如表 3-30 所示。

表 3-30　　　　　　　　　　　　　　　　杀菌工段的操作图表

过　　　程	杀菌锅号表						
	1	2	3	4	5	6	7
装锅开始	8：00	8：26	8：52	9：18	9：44	10：10	10：36
装锅结束	8：05	8：31	8：57	9：23	9：49	10：15	10：41
升温结束	8：30	8：56	9：22	9：48	10：14	10：40	11：06
杀菌结束	10：00	10：26	10：52	11：18	11：44	12：10	12：36
降温冷却结束	10：25	10：51	11：17	11：43	12：09	12：35	13：01
出锅结束	10：30	10：56	11：17	11：48	12：14	12：40	13：06

从表 3-30 操作图表可知，第一号杀菌锅于 8：00 开始装锅到杀菌全过程结束时是 10：30，操作周期时间为 150min。第二个周期开始是 10：36，周期间隔时间为 6min，第六号锅装锅结束时间是 10：15，而第一号锅出锅开始时间是 10：25，即装锅和出锅时间最少相差有 10min，进出锅时间不会冲突，工人可以顺利操作，否则就需要增加杀菌操作工人。

注：排气箱、二重锅生产能力也按杀菌锅生产能力计算，即：

$$G = 60\frac{n}{T} \quad (\text{罐/h 或 kg/h})$$

式中　n——排气箱容量或二重锅每次加料量，罐或 kg

　　　T——排气时间或二重锅预煮循环一次周期时间，min

（五）空气压缩机（杀菌锅反压冷却时所需空气压缩机容量）

1. 杀菌锅内反压为 p_2 时所需的空气量

$$V_2 = V_1\frac{p_2}{p_1} \quad (\text{m}^3)$$

式中　V_1——杀菌锅容积，m³

　　　p_1——大气压力，kPa

　　　V_2——杀菌锅内反压为 p_2 时所需的空气量，m³

　　　p_2——反压冷却时的绝对压力，kPa

2. 每只杀菌锅在反压时所需贮气桶容量 Q

$$Q = \frac{V_2}{V_3} \ (\text{m}^3)$$

式中　V_2——杀菌锅内，反压为 p_2 时所需的空气量，m^3

　　　V_3——在贮气桶的压力 p 下，每立方米空气所提供的常压空气量，m^3/m^3（见表 3-31）

表 3-31　　　　　　在不同压力下，贮气桶内每立方米容积提供的常压空气量　　　　　单位：m

冷却时反压	贮气桶的绝对压力/kPa									
（绝对压力）/kPa	500	565	625	696	765	834	902	961	1069	1098
164.75	3.4	4.1	4.75	5.45	6.10	6.80	7.50	8.20	8.85	9.55
181.42	3.20	3.90	4.60	5.30	5.95	6.65	7.30	8.00	8.70	9.35
198.09	3.05	3.75	4.40	5.1	5.80	6.45	7.15	7.85	8.50	9.20
217.71	2.85	3.55	4.20	4.90	5.55	6.25	6.95	7.65	8.30	9.00
238.30	2.65	3.35	4.00	4.70	5.35	6.05	6.75	7.45	8.10	8.80

注：本表中 1 个大气压按 98.0665kPa 计。

3. 空气压缩机每分钟的空气供应量 V

$$V = V_2 \frac{n}{\tau} \ (\text{m}^3/\text{min})$$

式中　V_2——同上，m^3

　　　τ——冷却过程所需时间，min

　　　n——杀菌锅数量

（六）泵的流量

1. 离心奶泵的流量 Q

$$Q = \frac{N\eta \times 102}{\rho H} \ (\text{m}^3/\text{s})$$

式中　H——扬程，m

　　　ρ——液体密度，kg/m^3

　　　η——泵的总效率，$\eta = 0.4 \sim 0.6$

　　　　　$\eta = \eta_1 \eta_2 \eta_3$

　　　η_1——容积效率，$\eta_1 = \dfrac{\text{实际流量 } Q}{\text{通过叶轮的流量 } Q}$

　　　η_2——水力效率，$\eta_2 = \dfrac{\text{实际扬程 } H}{\text{理论扬程 } H}$

　　　η_3——机械效率（考虑轴承密封装置摩擦等因素）

　　　N——轴功率，kW

$$N = \frac{N_P \eta_a}{1 + \alpha} \ (\text{kW})$$

式中　N_P——电动机功率，kW

　　　η_a——传动效率（皮带传动 $\eta_a = 0.9 \sim 0.95$；齿轮传动 $\eta_a = 0.92 \sim 0.98$）

　　　α——保留系数（$\alpha = 0.1 \sim 0.2$）

2. 螺杆泵的流量 Q

（1）螺杆泵螺杆每转一圈时的流体流量 Q_1

$$Q_1 = \frac{\left(4eD + \frac{\pi D^2}{4} - \frac{\pi D^2}{4}\right)T}{100^3} = \frac{4eDT}{100^3} \quad (\text{m}^3/\text{r})$$

（2）螺杆 $nr/\min$ 时的总流量 Q

$$Q = Q_1 n \times 60 \eta_1 = \frac{neDT\eta_1}{4167} \quad (\text{m}^3/\text{h})$$

式中　η_1——螺杆泵的容积效率，一般为 $0.7 \sim 0.8$

　　　T——螺腔的螺距，$T = 2t$，cm

　　　t——螺杆的螺距，cm

　　　e——偏心距，cm

　　　n——螺杆的转速，r/min

　　　D——螺杆的直径，cm

某小型螺杆泵的技术特性：

　　螺杆直径　　　　　$D = 35$

　　螺杆偏心距　　　　$e = 3$

　　螺杆螺距　　　　　$t = 50$

　　螺腔螺距　　　　　100，长度＝200mm，头数 2

　　电动机 JO_3-21-6D_2　1.5kW，940r/min

　　压头　　　　　　　294kPa（30mmH_2O）

　　流量　　　　　　　1.5m³/h

（七）起贮存作用的罐、槽的设计

在食品工厂中，无论是连续生产线还是间歇性生产设备，都离不开起中间平衡、贮存作用的容器，对大多数产品来讲，为防止物料的分层、沉淀，有些罐还必须有搅拌系统等。设计时，应考虑合适的材质，相应的容量，在此前提下尽量选用比表面积小的几何形状，以节省材料，降低投资费用。球形是最省料的但不易加工，所以一般采用正方形或直径与高度相近的筒形。

设计步骤如下。

（1）设备数量的确定；

（2）容量的确定；

（3）几何尺寸的确定；

（4）强度计算；

（5）搅拌功率的确定；

（6）支座选择。

【例】 乳品工厂、饮料工厂及其他食品工厂常用的带搅拌的贮罐设计

1. 设备容量的确定

按物料衡算已知，$V = 11\text{m}^3$ 罐 2 只

2. 材质选择

按食品规范，与物料接触的部分采用不锈钢材料

3. 几何尺寸的确定

取筒形，平盖，椭圆形封底，带搅拌。取筒高 $H=D$，如 $V_1=0.785D^3+\dfrac{n}{24}D^3=11.0$

解方程：

$D=\sqrt[3]{\dfrac{11.0}{0.916}}=2.29$（m），圆整到推荐的系列值，取 $D=2.4$m，$H=2.4$m

封头高度 $h_1=550$mm，直边高度 $h_2=25$mm，封头容量 $V_封=1.49\text{m}^3$，封头面积 $F_封=5.4\text{m}^2$

校核其容积 $V_实$：

$$V_实=V_筒+V_封=0.785\times2.4^2\times2.4+1.49=10.85+1.49=12.34\ (\text{m}^3)$$

$V_实>V_1$，可以满足工艺要求。

4. 壁厚确定

物料贮罐为常压容器，查普通钢制内压圆筒壁厚表，确定筒体壁厚为 $S=6$mm，筒体重 $G_1=322\times2.2=708.4$（kg）

封底选 $S_封=8$mm，$G_2=62.8\times5.4=339$（kg）

5. 搅拌功率计算

（1）搅拌轴功率 $$P=\dfrac{3.5\times d^5 n^3 \rho\alpha}{102}\ (\text{kW})$$

式中　3.5——常数，双桨式45°角搅拌器

　　　　d——搅拌器直径，$d=\dfrac{D}{3}=\dfrac{2.2}{3}=0.73$（m）

　　　　n——搅拌器轴转速，$n=1.5$ r/min

　　　　ρ——溶液重度，$\rho=1100\text{kgf/m}^3$，（浓度20%的果汁）合 112.1N/m³

　　　　α——搅拌器挡数，$\alpha=2$

　　　　102——转换系数，由 kgf·m/s→kW

$$P=\dfrac{3.5\times0.73^5\times1.5^3\times112.1\times2}{102}=5.4\ (\text{kW})$$

（2）电动机功率 $$P_g=K\dfrac{P}{\eta}$$

式中　K——附加消耗功率系数，一般取 1.4～1.6，现取 1.5

　　　　η——传动效率，取 $\eta=0.9$

　　　　P——轴功率（kW）

$$P_g=\dfrac{1.5\times5.4}{0.9}=9\ (\text{kW})$$

查有关手册，结合转速，选用合适的电机。

6. 支座选择

选用支撑式支座，$Q=4.0$t

7. 主要管径确定

（1）入孔取 DN=500mm，标准图号 JB 583—64—4；

（2）进水管取 DN=80mm；

（3）出料管根据选择的溶液输送泵进口管径配套，取 DN＝80mm。

在一些设备的生产能力计算时，要用到物料容重，表 3-32 列出部分物料容重供参考。

表 3-32　　　　　　　　　部分物料容重表

原料名称	容重/（kg/m³）	原料名称	容重/（kg/m³）	原料名称	容重/（kg/m³）
辣椒	200～300	花生米	500～630	肥度中等的牛肉	980
茄子	330～430	大豆	700～770	肥猪肉	950
番茄	580～630	豌豆粒	770	瘦牛肉	1070
洋葱	490～520	马铃薯	650～750	肥度中等的猪肉	1000
胡萝卜	560～590	地瓜	640	瘦猪肉	1050
桃	590～690	甜菜块根	600～770	鱼类	980～1050
蘑菇	450～500	面粉	700	脂肪	950～970
刀豆	640～650	肥牛肉	970	骨骼	1130～1300
玉米粒	680～770	蚕豆粒	670～800		

四、设备一览表

（一）主要设备明细表

通过设备的工艺设计计算，对于选定的主要设备都应列出设备明细表，其主要格式见表 3-33、表 3-34、表 3-35。

表 3-33　　　　　　　　×××食品工厂××车间设备清单（一）

序号	设备名称	设备生产能力	规格型号	外形尺寸	台数	平衡计算简述	材料	单价	金额	制造厂商	备注
1											
2											
3											
⋮											
合计											

表 3-34　　　　　　　　×××食品工厂××车间设备清单（二）

序号	流程编号	设备名称	台数	结构型式	操作条件			体积流量/（m³/h）	空速/（m/s）	容量/m³	装料系数	线速度/（m/s）	停留时间/min	规格		备注
					介质	温度	压力/MPa							长宽	容积	

表 3-35　　　　　　　　　　　　　　　　设备一览表

××设计单位名称	工程名称	综合设备一览表	编制	年　月　日	工程号	
	设计项目		校对	年　月　日	库号	
	设计阶段		审核	年　月　日	第　页	共　页

序号	设备分类	流程图编号	设备名称	主要规格型号材料	面积（m²）或容积（m³）	附件	数量	单重/kg	单价/元	图纸图号或标准图号	设计或复用	保温		安装图号	制造厂	备注
												材料	厚度			

（二）设备一览表

在所有设备造型与设计完成以后，按流程图序号，将所有设备汇总编成设备一览表，作为设计说明书的组成部分，并为一步进行施工设计，为其他非工艺设计以及设备订货提供必要的条件。在填写设备一览表时，通常按生产工艺流程顺序排列各车间的设备。也可以把各车间的设备按专业设备、通用设备、非标准设备进行分类填写设备一览表，以便于各类设备的汇总。

第五节　劳动力计算

劳动定员的多少，是企业在投产后，全面达到设计指标和正常操作管理水平的标志，根据劳动定员数与计划产量相比较，可得出"劳动生产率"，这是技术经济分析的一个重要指标，也是进行生产成本计算中的一个重要的组成部分。

劳动力计算在工厂设计中主要用于工厂定员定编、生活设施（如工厂更衣室、食堂、厕所、办公室、托儿所等）的面积计算和生活用水、用汽量的计算。

一、劳动定员的组成

工厂职工按其工作岗位和职责的不同分为两大类，各类职工再分为不同的岗位与工种，具体见表 3-36。

表 3-36 劳动定员分类表

职工	生产人员		基本工人（岗位生产工人）
			辅助工人（动力、维修、化验、运输等）
	非生产人员	管理人员	技术人员
		服务人员	行政人员
			后勤服务人员（警卫、卫生、炊事、清杂等）

在具体定员时，应根据企业性质、规模、生产组织结构等进行责任制、岗位制的确定，在明确定员的类别组成后，可将全厂定员按表 3-37 和表 3-38 的要求来进行定员。

表 3-37 车间（或工段）定员表

序号	工种名称	生产工人		辅助工人		管理人员	操作班数	轮休人员	合计
		每班定员	技术等级	每班定员	技术等级				
	合计								

表 3-38 全厂定员表

序号	部门	职务	人 数						说 明
			管理人员	技术人员	生产人员	辅助生产人员	后勤人员	合计	
1	厂部科室								
2	生产车间								
3	辅助车间								
4	后勤服务								
5	其他								
6	合计								
7	占全员的百分比								
8	临时工 季节工								

二、劳动定员的依据

（1）工厂和车间的生产计划（产品品种和产量）；

（2）劳动定额、产量定额、设备维护定额及服务定额等；

（3）工作制度（连续或间歇生产、每日班次）；

（4）出勤率（指全年扣除法定假日、病、事假等因素的有效工作日和工作时数）；

（5）全厂各类人员的规定比例数等。

三、劳动力的计算

食品工厂正在按 GMP、HACCP、QS 的要求组织生产，对劳动力的要求也越来越高，同时由于受原料供应和市场需求等因素的影响，食品工厂生产呈现出极强的季节性；且食品生产卫生条件要求较高，生产工艺复杂，对食品工厂的劳动力需求带来一定的影响。在食品工厂设计中若劳动力定员过少，会使投产后生活设施不足，工人超负荷工作，从而影响生产的正常进行；定员过多，又会造成资源的浪费，加大生产成本。在实践中，劳动力数量既不能单靠经验估算，也不能将各工序岗位人数简单地累加。随着科学技术发展和自动化生产线的应用，食品生产自动化程度得到了很大提高，这不仅提高了产品质量，也缩短了产品生产周期。机器在食品工厂生产中的地位愈加突出，机器的性能决定着工厂的生产能力。由于尚有许多技术难关还未解决，当前大多数食品工厂的车间生产是由机器生产和手工作业共同完成的。按照生产旺季的产品方案，兼顾生产淡季，以主要工艺设备（如方便面生产中的油炸机，饮料生产中的充填机）的生产能力为基础进行计算。

1. 各生产工序的劳动力计算

按照生产工序的自动化程度高低分两种情况计算。

（1）对于自动化程度较低的生产工序，即基本以手工作业为主的工序，根据生产单位重量品种所需劳动工日来计算，若用 p_1 表示每班所需人数，则：

$$p_1（人/班）＝劳动生产率（人/产品）×班产量（产品/班） \tag{3-1}$$

大多数食品工厂同类生产工序手工作业劳动生产率是相近的。手工作业常见于食品工厂的初加工生产工序，如水果去核、去皮，肉类的剔骨、去皮、分割、切肉等。此外，若采用人工作业生产成本较低时，也经常选用该种生产方式。

（2）对于自动化程度较高的工序，即以机器生产为主的工序，根据每台设备所需的劳动工日来计算，若用 p_2 表示每班所需人数，则：

$$p_2（人/班）＝\Sigma K_i M_i（人/班） \tag{3-2}$$

M_i 为 l 种设备每班所需人数。K_i 为相关系数，其值小于等于 1，影响相关系数大小的因素主要有同类设备数量、相邻设备距离远近及操作难度、强度及环境等。

2. 生产车间的劳动力计算

在实际生产中，常常是以上两种工序并存。若用 p 表示车间的总劳动力数量，则：

$$p（人）＝3S(p_1＋p_2＋p_3)$$

式中　3——在旺季时实行 3 班制生产

　　　 S——修正系数，其值≤1

　　　 p_3——辅助生产人员总数，如生产管理人员、材料采购及保管人员、运输人员、检验人员等，具体计算方法可查阅相关设计资料来确定

男女比例由工作岗位的性质决定。强度大、环境差、技术含量较高的工种以男性为主，女性能够胜任的工种则尽量使用女工。此外能够采用临时工的岗位，应以临时工为主，以便可以加大淡、旺季劳动力的调节空间。

3. 应用（以利乐 TBA/8 生产车间的劳动力计算为例）

（1）确定工艺流程　由食品工厂的工艺设计可知其工艺流程如下：

调配 —管道输送→ 灌装 —传送带运输→ 贴管 —传送带运输→ 装箱→缩膜→入栈→检验→入库

（2）确定设备的生产能力及操作要求　由设备选型资料可知设备的生产能力及操作要求如表 3-39 所示。

表 3-39　　　　　　　　　　　利乐 TBA/8 生产车间设备清单

设备名称	生产能力	数量	操作人员素质要求	每台所需人数
无菌灌装机	6000 包/h	4	大学以上学历	1
贴管机	7500 包/h	4	技术工人	1
缩膜机	1100 包/h	1	技术工人	1

（3）确定工序生产方式　由相关资料可知利乐 TBA/8 车间生产工序如表 3-40 所示。

表 3-40　　　　　　　　　　利乐 TBA/8 生产车间工序生产方式情况

工序名称	生产方式
调配	由调配车间调制好调配液经管道自动送入无菌包装机
灌装	采用利乐无菌包装机生产，然后由传送带自动送入贴管机
贴管	由贴管机自动贴管后经传送带自动送到装箱处
装箱	人工装箱后送入缩膜机进行缩膜
缩膜	由缩膜机自动缩膜
入栈	由人工将缩膜好的每箱饮料在栈板分层摆放
检验	由检验员对已摆放好每栈板饮料进行检验
入库	由运输设备搬运入库

（4）计算班产量　根据产品方案可知班产量，但这是一个平均值，而劳动力的需求应按最大班产量来计算，这样才能使生产需求和人员供应达到动态平衡。利乐 TBA/8 生产车间班产量主要是由无菌包装机所决定。若每班工作 8h，则：班产量＝4（台）×6000（包/h）×8（h/班）＝192000（包/班）＝8000（箱/班）（注：1 箱＝24 包）。

（5）各生产工序的劳动力计算　利乐 TBA/8 生产车间各工序劳动力计算，见表 3-41。

表 3-41　　　　　　　　　　利乐 TBA/8 生产车间各生产工序劳动力计算

工序名称	计算依据	人数	性别	文化素质	主要职责
包装	式（3-2），相关系数 $K_{包装}=1$	4	男	大学以上	无菌包装机的操作、保养及车间设备的维修
贴管	式（3-2），相关系数 $K_{贴管}=0.5$	4	女	中专以上	贴管机的操作、保养
装箱	式（3-1），劳动生产率为 0.001 人/箱	8	女	普通工人	手工装箱
缩膜	式（3-2），相关系数 $K_{缩膜}=1$	1	女	中专以上	缩膜机的操作、保养

续表

工序名称	计算依据	人数	性别	文化素质	主 要 职 责
入栈	式 (3-1)，劳动生产率为 0.0003 人/箱	3	男	普通工人	手工搬运产品至栈板并摆放好
检验	式 (3-1)，劳动生产率为 0.0002 人/箱	2	女	大学以上	检验产品是否合格
入库	式 (3-2)，每台叉车需 1 人	1	女	中专以上	运输产品入库

（6）生产车间劳动力计算　由表 3-27 可知：$P_1 = P_{装箱} + P_{入栈} = 8 + 3 = 11$；$P_2 = K_{包装}$ $M_{包装} + K_{贴管} M_{贴管} + K_{缩膜} M_{缩膜} = 4 \times 1 + 4 \times 0.5 + 1 \times 1 = 7$（人/班）；另外因车间管理和随时调配的需要，需要增加 3 名机动人员，均为男性，大学以上学历，能够参与车间管理和填补每种岗位的空缺。故 $P_3 = P_{检验} + P_{入库} + P_{机动} = 2 + 1 + 3 = 6$（人/班）。考虑到车间生产在员工上厕所及吃饭不停机，修正系数 S 取 1。在生产旺季时每天实行 3 班生产，因此车间的劳动力总数 $P = 3S(P_1 + P_2 + P_3) = 3 \times 1 \times (11 + 7 + 6) = 72$（人/d）。其中男员工 30人，女员工为 42 人，临时工 33 人，正式工 39 人，大学以上学历的员工为 27 人。

食品工厂劳动生产率的高低，主要取决于原料的新鲜度、原料的成熟度、工人操作的熟练程度以及设备的机械化程度等，制定产品方案时就应注意到这一点。所以，在设计中确定每一个产品的劳动生产率指标时，尽可能地用生产条件相仿的老厂。另外，在编排产品方案时，尽可能地用班产量来调节劳动力，使每班所需工人人数基本相同。对于季节性强的产品，在高峰期允许使用临时工，为保证高峰期的正常生产，生产骨干应为基本工。在平时正常生产时，基本工应该是平衡的。

下面提供罐头食品工厂某些生产操作的劳动力定额，供参考（参阅表 3-42）。

表 3-42　　　　　　　　罐头食品工厂某些生产操作的劳动力定额

生产工序	单 位	数 量	生产工序	单 位	数 量
猪肉拔毛	kg/h	265	擦罐	箱/h	490
剔骨	kg/h	213	实罐装箱	箱/h	20
分段	kg/h	346	捆箱	箱/h	75
去皮	kg/h	277	钉木箱	箱/h	60
切肉	kg/h	284	贴商标	罐/h	1200
洗空罐	罐/h	900	刷箱	箱/h	150
肉类罐头	kg/h	571	切鸡腿	kg/h	378
橘子去皮去络	kg/h	16	鸡拔毛	kg/h	14.5
橘子去核	kg/h	12	鸡切大块	kg/h	150
橘子装罐	罐/h	1200	鸡切小块	kg/h	90
苹果去皮	kg/h	10	鸡装罐	箱/h	210
苹果切块	kg/h	60	桃子去核	kg/h	30
苹果去核	kg/h	20	苹果装罐	箱/h	500

第六节　生产车间工艺布置

一、车间布置设计的目的和重要性

车间布置设计的目的是对厂房的配置和设备的排列做出合理的安排，并决定车间的长度、宽度、高度和建筑结构的形式，以及生产车间与工段之间的相互关系。

食品工厂生产车间布置是工艺设计的重要组成部分，不仅对建成投产后的生产实践有很大关系，而且影响到工厂的整体布局。车间布置一经施工就不易更改，所以，在设计过程中必须全面考虑。车间布置设计以工艺设计为主导，必须与土建、给排水、供电、供汽、通风采暖、制冷以及设备、安装、安全、卫生等方面取得统一和协调。

生产车间平面设计，主要是把车间的全部设备（包括工作台等），在一定的建筑面积内做出合理安排。平面布置图，就是把屋盖（或楼盖）掀开往下看，径直画出设备的外形轮廓图。在平面图中，必须表示清楚各种设备的安装位置，下水道、门窗、各工序及各车间生活设施的位置，进出口及防蝇、防虫措施等。除平面图外，有时还必须画出生产车间剖面图，剖面图又称为"立剖面图"。它是解决平面图中不能反映的重要设备和建筑物立面之间的关系，以及画出设备高度、门窗高度等在平面图中无法反映的尺寸（在管路设计中另有管路平面图、管路立面图和管路透视图，均在下节中讲述）。

生产车间的工艺布置设计与建筑设计之间关系比较密切。因此，工艺设计对建筑结构的要求在本节中叙述。

二、车间布置设计的依据

车间布置设计必须在充分调查的基础上，掌握必要的资料作为设计的依据，这些资料包括：

（1）生产工艺图；

（2）物料衡算数据及物料性质　包括原料、半成品、成品、副产品的数量及性质，三废的数量及处理方法；

（3）设备资料，包括设备的外形尺寸、重量、支撑形式、保温情况及其操作条件，设备一览表等；

（4）公用系统耗用量　供排水、供电、供热、供冷、压缩空气、外管资料等；

（5）土建资料和劳动安全、防火、防爆资料等；

（6）车间组织及定员资料；

（7）厂区总平面布置　包括本车间与其他生产车间、辅助车间、生活设施的相互关系，厂内人流、物流的情况与数量等；

（8）国家、行业有关方面的规范资料。

食品工厂生产车间一般由生产车间、辅助车间、动力车间、仓库和堆场、三废治理、厂前区行政管理以及福利设施等组成。

工艺设计人员主要完成生产车间的设计；辅助车间、动力车间（如变电间、锅炉房、制冷机房）以及水处理间系统的设计由相对应的配套专业人员承担设计。

在进行生产车间布置设计时，应先了解和确定生产车间的基本部分及其具体内容和要求，方可进入设计状态，否则易出现遗漏和不完整。

生产车间的内部组成，一般包括生产、辅助、生活等三个部分：

（1）生产部分　包括原料工段、生产工段、成品工段、回收工段等；

（2）辅助部分　包括变配电、热力、真空、压缩空气调节站、通风空调、车间化验、控制系统、包装材料等；

（3）生活行政部分 包括车间办公室、更衣室、休息室、浴室以及厕所等。

三、生产车间工艺布置的原则

在进行车间工艺布置时，应根据下列原则进行。

（1）要有总体设计的全局观点 首先满足生产的要求，同时，还必须从本车间在总平面图上的位置，考虑与其他车间或部门间的关系以及发展前景等，满足总体设计的要求。

（2）设备布置要尽量按工艺流程的顺序来作安排，但有些特殊设备可按相同类型设备作适当集中，务必使生产过程占地最少、生产周期最短、操作最方便。如果一车间是多层建筑，要设有垂直运输装置，一般重型设备最好在底层，原料收发间应设有地磅。

（3）在进行生产车间设备布置时，应考虑到进行多品种生产的可能，以便灵活调动设备，并留有相当的余地，以便更换设备，同时，还应注意设备相互间的间距和设备与建筑物的安全维修距离，既要保证操作方便，又要保证维修装拆和清洁卫生的方便。

（4）生产车间与其他车间的各工序要相互配合，保证各物料运输通畅，避免重复往返。必须注意：要尽可能利用生产车间的空间运输；合理安排生产车间各种废料的排出，人员进出要和物料进出分开。人流通道、物流通道包装材料通道要流畅，尽量避免交叉、往复、污染。

（5）必须考虑生产卫生和劳动保护。如卫生消毒、防蝇防虫、车间排水、电器防潮及安全防火等措施。

（6）应注意车间的采光、通风、采暖、降温等设施。对散发热量、气味及有腐蚀性的介质，要单独集中布置。对空压机房、空调机房和真空泵房等既要分隔，又要尽可能接近使用地点，以减少输送管路的长度及在管路中的能量损失。

（7）可以设在室外的设备，尽可能设在室外，上面可加盖简易棚。

（8）根据生产工艺对品质控制的要求，对生产车间或流水线的卫生控制等级要进行明确的区域划分和区间隔离，不同卫生等级的制品不能混流、混放，更不能倒流，造成重复性加工和污染。

（9）严格执行 HACCP、ISO 14000、GMP 的规范性。

（10）要对生产辅助用房或空间留有充分的面积，如更衣间、消毒间、工具房、辅料间、在线品控试验间等。要使各辅助部门在生产过程中对生产的进行、控制做到方便、及时、准确。

四、生产车间工艺布置的步骤与方法

食品工厂生产车间平面设计一般有两种情况，一种是新设计车间的平面布置；另一种是对原有厂房进行的平面布置设计。后一种比前一种难度更大些，因为有很多限制条件，但设计方法相同。现将生产车间平面布置设计步骤叙述如下。

（1）整理好设备清单、生活室等各部分的面积要求，根据工艺流程对生产区域、辅助区域、生活行政区域的面积做初步的划分。

（2）对设备清单进行全面分析，哪些是轻的、可以移动的，哪些是几个产品生产时公用的，哪些是某一产品专用的等。对于笨重的、固定的和专用的设备，应尽量排布在车间四周；而对于轻的、可移动的设备，可排在车间的中间，这样，在更换产品时调换设备比较方便。

（3）根据该车间在全厂总平面中的位置，确定车间建筑物的结构形式、朝向和跨度；用坐标纸按厂房建筑设计的要求，绘制厂房建筑平面轮廓草图（比例可用 1∶100，必要时也可用 1∶200 或 1∶50），画好生产车间的长度、宽度和柱子以及大体上的区域位置。

（4）按照总平面图的构思，确定生产流水线方向。

（5）将设备尺寸按比例大小，剪成方块状（或设备外形轮廓俯视图），在草图上进行排布，应排出多种不同的方案，以便分析比较。若采用 AutoCAD 制图，会更加方便，这也是作为一个现代的工程设计人员所必须掌握的基本技能。

（6）对不同的方案可从以下几个方面进行比较

① 工艺流程的合理性，人流、物流的畅通，与总平面的协调（包括废弃物及包装物的流向）；

② 建筑结构的造价、建筑形式的实用和美感；

③ 管道安装（包括工艺、上下水、冷、电、汽等方面）的便捷、隐蔽、规范和美观，与公用设施的距离及施工的便利；

④ 车间内外运输的流畅（包括原料进厂及产品出厂的流向）；

⑤ 生产卫生条件的合理、规范；

⑥ 操作条件的可靠性、消防安全措施的完整；

⑦ 通风采光等。

通过上述 7 个方面来分析比较各方案的优缺点，综合评价，选出最佳方案，再逐一计算每台设备必需的辅助场地和空间，而后把生活间、车间办公室等辅助用房放进去，再对布置做出必要的调整和修正。

（7）对自己确认的方案征求配套专家的意见，在此基础上完善后，再提交给委托方和相关专家征求意见，集思广益，根据讨论征求的意见做出必要的修改、调整，最终确定一个完整的方案。

（8）在平面图的基础上再根据需要确定剖视位置，画出剖视图，最后画出正式图（参阅图 3-10）。

正式的车间图，按照设计阶段的不同划分为初步设计阶段的车间布置图和施工图阶段的车间布置图，它们在表达内容的深度上有所不同；从设计程序上，一般为：车间布置草图→车间布置图（初步设计阶段）→车间布置图（施工图阶段）。

另外，车间布置设计也有用立体模型布置的见图 3-11，它是先将车间内设备和厂房按比例制成立体模型，而后进行布置，这种方法由于计算机的普及已得到广泛应用，它适合于现代化的、复杂的大型车间的布置，具有更直观、实际的优点。

五、生产车间工艺设计对建筑、采光、通风、防虫等非工艺设计的要求

食品工厂生产车间的建筑外形选择，应根据生产品种、厂址、地形等具体条件决定。一般所选的外形有：长方形、"L" 形、"T" 形、"U" 形等，其中以长方形最为常见。长

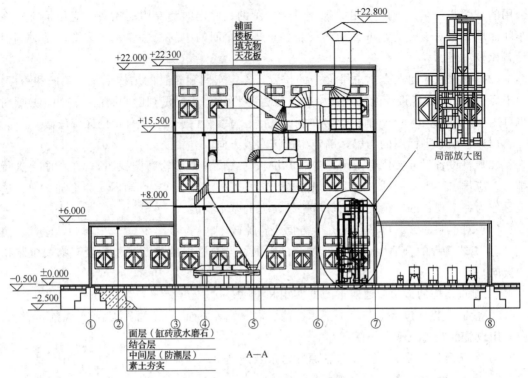

图 3-11　奶粉车间立面图

方形车间的长度取决于流水作业线的形式和生产规模。为利于流水作业线的排布，车间长度一般在 60m 左右或更长一些，并希望生产车间的柱子越少越好。生产车间的层高按房屋的跨度（食品工厂生产车间常用的跨度为 9m、12m、15m、18m、24m 等）和生产工艺的要求而定，一般以 4～6m 为宜，车间跨度为 10～15m 连跨，一般高度为 7～8m（吊平顶 4m），也有的车间达 13m 以上。

不同性质的食品，最好不在同一车间内生产，性质相同的食品在同一车间生产时，也要根据使用性质的不同而加以分隔。车间办公室、车间化验室、工具间、保全间、空压机房、真空泵房、空调机房等，均需与生产工段加以分隔。在生产工段中，原料预处理工段、热加工工段、仪表控制室、油炸间、杀菌间、包装间等相互之间均应加以分隔。

食品工厂卫生要求较高，而生产车间的卫生要求更高。在食品生产过程中，有很多生产工段散发出大量的水蒸气和油蒸气，从而使车间内温度、湿度和油气较高。在原料处理和设备清洗时，排出的大量废水中含有稀酸、稀碱及油脂等介质。因此，在设计中应考虑防蝇、防虫、防尘、防雷、防滑、防鼠以及防水蒸气和油气等措施。

鉴于上述原因，在工艺设计时，应对土建提出如下要求。

1. 门

每个车间至少必须有两道以上的门，作为人流、货流和机器设备的出入口。作为人流出入口的门，其尺寸在正常情况下应能满足生产要求，在火灾或某种紧急状态下应能满足迅速疏散的要求。故尺寸要求适中，不宜过大，也不能过小。作为运输工具及机器设备进出的门，一般要能让生产车间最大尺寸的机器设备通过。总的来说，生产车间门的数量，必须按生产工艺和车间的实际情况来进行设计。

生产车间的门，应设置防蝇、防虫的装置，如水幕、风幕、暗道或飞虫控制器。飞虫控制器为黑光灯型，发蓝紫色光。其光波是经过专门研究为苍蝇等最喜欢的波段。该灯内有高压电，飞虫一经诱入即被杀死。该灯设于门的上方或门的附近。

为保证生产车间有良好的卫生环境，起到防蝇、防虫等作用，并有利于人员进出车间或原辅料、设备进出车间的运输，可采用以下形式的门。

（1）塑料幕帘　门上用的幕帘为半软性透明塑料，每条幕帘的宽度为 10～20cm，厚度以叠积而形成密封幕帘，人货均可进出。

（2）软质弹簧门　由 10mm 厚的橡皮板和铝合金金属框架组成，门上部镶有一段透明塑料（视野高度），以免对门相互碰撞，人货均可进出此门，铲车可撞门而入、撞门而出。

（3）上拉门　为铝合金的可折弯的条板门，每条宽度为 400～500mm，用铰链连接。门两边带有小辊轮，可沿轨道上下移动，往上推门即徐徐开放，不用时往下拉，门即密闭。此门极轻，用于货物的进出，由于门往上拉，不占地面空间，可以几个门并列。特别适用于卸货月台上使用，可按需要开启门的高度。

现在国内外食品工厂生产车间几乎已不使用暗道及水幕，而单用风幕的也不太多。为保证有良好的防虫效果，一般用双道门，头道门是塑料幕帘，二道门上方装有风幕。风幕的风口宽度为 100mm。

我国食品工厂生产车间常用的门大致如下。

（1）空洞门　一般用于生产车间内部各工段间往来运输及人流通过的地方，在两工段间的卫生要求差距不太大、同时运输又较繁忙时一般均采用空洞门。

（2）单扇门和双扇门　又称作单扇开关门和双扇开关门，它们都分内开和外开两种，一般在走廊两旁的最好用内开门，但为了舒畅和便于人流疏散，最好用外开门。

（3）单扇推拉门和双扇推拉门　其特点是占地面积小，缺点是关闭不严密，所以一般用于卫生要求不高的仓库，但有个别食品工厂的生产车间也用作设备进出的大门，从卫生角度来讲生产车间不适宜使用推拉门。

（4）单扇双面弹簧门和双扇双面弹簧门　所谓弹簧门，就是在开启后靠弹簧的弹力能将门自动关闭，所以弹簧门用在经常需要关门的地方。

（5）单扇内外开双层门和双扇内外开双层门　所谓双层门，一般是指一层纱门和一层开关门。是我国目前食品工厂生产车间常用的门。

门在图纸上表示的代号用"M"。常用门的规格分普通门和车间大门。普通门主要是考虑人的通行和小型工具的进出，故门的尺寸不要很大。一般单扇门的规格（宽×高）有：1000×2200（单位：mm，以下同），1000×2700。一般双扇门的规格有：1500×2200，1500×2700，2200×2700。车间大门主要是满足机器设备、货物和大型交通工具进出，则应根据不同交通工具来确定门的大小，对于电瓶车或手推车，门的规格可用2000×2400，3000×2400；对于汽车，门的规格可用 3000×3000，4000×3000。一般来说，门的大小与交通工具大小的关系是：门的高度要比装满货物后的车高出 400～500mm；门的两边都要宽出 300～500mm。

2. 排汽

对排出大量水蒸气和油蒸气的车间，应特别注意排汽问题。一般对产生水蒸气或油气的设备需进行机械通风，可在设备附近或设备上部的屋顶开孔，用轴流风机在屋顶上直接进行排汽。国外也如此，像美国绿巨人工厂的杀菌锅上部和东方食品工厂油锅上部，均在屋顶上开孔，用汽罩并装排风机进行排汽。

食品工厂生产车间，对于局部排出大量蒸汽的设备，在平面布置时，应尽量布置在当地夏季主导风向的下风向，同时，将顶棚做成倾斜式，顶板可用铝合金板，这样，可使大量蒸汽排至室外。

3. 采光

我国目前各食品工厂的生产车间大部分是天然采光，一般要求食品工厂的采光系数为 1/6～1/4。所谓采光系数就是指采光面积和房间地坪面积的比值。采光面积不等于窗洞面积。根据《建筑设计资料手册》中"窗的有效玻璃面积参考表"可知：采光面积占窗洞面积的百分比与窗的材料、形式和大小有关，一般钢窗的玻璃面积占空洞面积的 74%～79%，而木窗的玻璃面积占空洞面积的 47%～64%。窗一般分侧窗和天窗两大类。所谓侧窗就是开在四周墙上的窗。侧窗一般要求开得高些，光线照射的面积可以大些（见图 3-12）。生产车间工人坐着工作时，窗台的高度 h 可取 0.8～0.9m；生产车间工人立着工作时，窗台高度 h 可取 1～1.2m。食品工厂常用的倾窗有：单层固定窗，只作采光，不作通风；单层外开上悬窗、单层中悬和单层内开下悬窗，这三种窗一般用于房屋的层高较高，侧窗的窗洞也较高的上下部之组合窗；单层内外开窗，用于卫生要求不高的车间或房间里的侧窗；双层内外开窗（这是我们俗称的纱窗和普通的玻璃窗），是我国食品工厂生产车间目前用得较多的一种窗；天窗就是开在屋顶上的窗。窗的名称代号用"C"来表示。

一般因房屋跨度大或层高过低，使侧窗的采光面积偏小，采光系数达不到要求的情况下，除墙上开侧窗外，还需在屋顶上开天窗，增加采光面积，常用的天窗如下。

（1）三角天窗　构造简单，但只能采光，不能通风，仅有直射光线射入室内（见图 3-13）。直射光线影响人体健康。

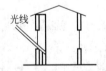

图 3-12　光线照射示意图　　　　　图 3-13　三角天窗示意图

（2）单面天窗（又称锯齿形天窗）　单面天窗一般方位朝北，全天光线变化较小，并且柔和均匀。但开启不便，卫生工作难做，故在纺织厂用得较多（见图 3-14）。

（3）矩形天窗（又称汽楼）　汽楼的卫生工作难做，我国目前已不用，但在国外大面积生产车间的厂房中，为了很好地排汽，仍被采用（见图 3-15）。

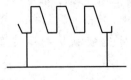
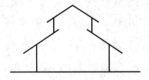

图 3-14　单面天窗示意图　　　　　图 3-15　矩形天窗示意图

随着食品工业 GMP、HACCP、QS 等认证要求的深入开展，对食品工厂生产车间的卫生要求越来越高，由建筑结构所致，生产车间的设计现在已逐步往人工采光的方向发展。应用人工采光时，一般可用双管日光灯，局部操作区要求采光强的，则可吊近操作面。国外也有采用日光灯照明的，灯高离地 2.8m，每隔 2m 安装一根，在日光灯下 300mm 处吊有宽 1.3m 的有机玻璃托板，是为了防止灰尘及虫类跌下而设置的，也有采用聚光灯照明的。

4. 生产车间最好有空调装置

在没有空调的情况下，门窗应设纱门纱窗。在我国南方地区，除设纱门纱窗外，其车间的层高一般不宜低于 6m，以确保有较好的通风。密闭车间应有机械送风，空气经过过滤后送入车间。屋顶部有通风器，风管一般可用铝板或塑料板。产品有特别要求者，局部地区可使用正压系统和采取降温措施。车间除一般送风外，另有吊顶式冷风机降温。该冷风机之风往车间顶部吹，以防天花板上聚集凝结水，也有采用过滤的空气送入净化室，使房间呈正压系统，不让外界空气进入该室。

5. 地坪

食品工厂的生产车间，常常有腐蚀性介质的排出或有手推车冲击地坪，使地坪受到破坏，所以，设计时一方面应为减轻地坪受损而采取适当措施。例如，在工艺布置中尽量将有关腐蚀介质排出的设备集中布置，做到局部设防，以缩小腐蚀范围。生产车间宜采用 1.5%～2.0% 的地面坡度，并设有明沟或地漏排水，将生产车间的废水和腐蚀性介质及时排除。在设计时，尽量改进生产车间内的运输条件，采用输送带或胶轮车，以减少对地坪的冲击等。另一方面应根据食品工厂生产车间的具体情况，对土建提出不同的地坪要求，目前，我国食品工厂生产车间常用的地坪有以下几种。

（1）石板地坪　如果当地出产花岗岩石板材料，则可采用石板地坪。石板地坪使用效果良好，能耐腐蚀、不起灰、耐热和防滑，但要注意勾缝材料的选择（见图 3-16）。

（2）高标号混凝土地面　一般采用 300 号混凝土。骨料采用耐酸骨料，如花岗岩碎石、石英砂等。地坪表面需划线条或印满天星花格做防滑处理。提高混凝土的密实性，是增强其耐腐蚀性能的一项有效措施。为此，应采用合理的骨料并严格控制水灰比（见图 3-17）。

（3）缸砖地面　在不使用铁轮手推车的工段，并需防腐蚀的部位，采用缸砖地面效果较好，但应注意黏结材料及勾缝材料的选用（见图 3-18）。

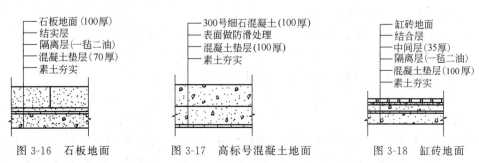

图 3-16　石板地面　　　　图 3-17　高标号混凝土地面　　　　图 3-18　缸砖地面

（4）塑料地面 具有耐酸、耐碱、耐腐蚀的优点，随着我国塑料工业的迅速发展，今后对塑料地面的应用，具有广阔的前景。

（5）水磨石地坪。

（6）无尘地坪（环氧树脂＋石英砂） 在水泥地坪上敷有涂层（环氧树脂＋石英砂），根据地坪所需承载力的不同而采用不同的厚度，该类地坪有耐酸、耐碱、耐腐蚀、不起尘、防滑、无接缝的优点，是食品工厂地坪的最佳选择，该类形式不仅可以做地坪，也可以用于特殊需要的墙面，就是造价相对高一些。

食品工厂生产车间的地坪排水，使用明沟加盖板已不符合食品卫生的要求，现在新厂使用地漏的为多，也有局部使用明沟的，但距离较短，根据实际情况，采用明沟加地漏的组合形式是可行的。地漏直径一般为 200mm 和 300mm，推荐的地坪坡度为 1.5%～2%，排水沟筑成圆底，以利于水的流动和做清洁工作。

6. 内墙面

房屋内的墙面称做内墙面。食品工厂主厂房对内墙面的要求很高，一般在内墙面的下部做 1.8～2.0m 高的墙裙（又称台度、护壁、护墙）。材料可用 150mm×150mm、300mm×300mm 或其他尺寸规格的白瓷砖或塑料面砖，为提高清洁效果，很多工厂已从地面处一直铺贴到天棚（又称顶棚、天花板、平顶）下。墙裙的作用是在人的动作高度内，保证墙面少受污染，并易清洗。其余墙面和天棚可用耐化学腐蚀的、不吸水的、防霉的、可刷洗的涂料。涂料的规格型号很多，这方面的发展也很快，设计车间时应选择当时市场上供应的最高质量的涂料。

7. 楼盖

楼盖是由承重结构、铺面、天花板、填充物等构成（见图 3-19）。承重结构是承担楼面上一切重量的结构，如梁和楼板等。铺面是楼板表面的面层，材料有木板、水泥砂浆、水磨石等。

铺面的作用是保护承重结构，并承受地面上的全部作用力。填充物是起着隔热的作用，故用多孔松散材料。天花板一般起隔声、隔热、防止建筑材料灰尘飞落而污染食品以及美观的作用，食品工厂生产车间的顶棚必须平整，可防止积尘、不结露、便于

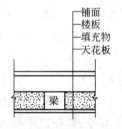

图 3-19 楼盖组成示意图

清洁，现在不少的食品工厂生产车间为防止水汽结露而污染食品，顶棚采用弧形或斜面的形式，让凝结的露水沿弧形或斜面流向墙壁，也是一种积极的方案。为确保生产车间的食品卫生，车间结构中的桁架和柱越少越好。现在大多数食品工厂生产车间的顶棚以轻钢龙骨外加塑料扣板或铝合金扣板为主。

食品工厂很多生产车间因生产用水量大和卫生工作需冲洗设备及地坪，所以楼盖地面不仅要有 1.5%～2% 的坡度和排水明沟或地漏，而且楼盖不能渗水。这样的楼盖最好选用现浇整体式楼盖。若用预制板现场装配，应在楼板与面层之间加防潮层，确保楼盖不渗水。

8. 楼梯

楼梯是多层建筑中各层上下交通的建筑构件，一般布置在建筑物的出入口附近。为利于车间内交通方便，保证安全疏散，对于大型厂房应设置两个楼梯。根据楼梯使用情况，分主楼梯、辅助楼梯和消防楼梯布置于人流集中的大门附近；辅助楼梯位于厂房两

侧。主楼梯宽度一般为 1500～1650mm，坡度为 30°，辅助楼梯为 1000～1200mm，坡度为 45°。安全出入口，楼梯的个数、宽度、坡度、结构形式都需符合安全、防火、疏散和使用的规范要求。

楼梯形式有：单跑、双跑、三跑及双分、双合式楼梯（如图 3-20 所示）。具体车间内楼梯采用何种形式，应根据车间的结构、设计者的构思来确定。

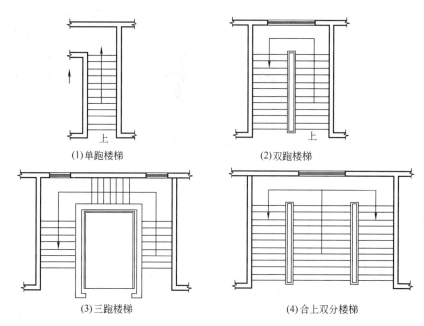

(1)单跑楼梯　　(2)双跑楼梯　　(3)三跑楼梯　　(4)合上双分楼梯

图 3-20　楼梯的结构形式

9. 建筑结构

食品工厂生产车间的建筑结构大体上可分为砖木结构、混合结构、钢筋混凝土结构和钢结构等。建筑物屋顶支承构件采用木制屋架，建筑物的所有重量由木柱或砖墙传递到基础和地基上的结构，称为**砖木结构**，这样的墙称为承重墙。这种结构因受木材长度和强度的限制，建筑物的跨度一般小于 15m，往往在 10～12m。由于食品工厂生产车间一般散发的温度和湿度较高，木材容易腐烂而影响食品卫生，所以，食品工厂生产车间一般不选用这种结构。**混合结构**的屋架用钢筋混凝土，由承重墙来支持。砖柱大小根据建筑物的重量和楼盖的载荷决定，一般不小于两砖（一砖为 24cm，两砖为 49cm，其中包括两砖中的砂浆 1cm）。混合结构一般只用作平房，跨度在 9～18m，层高可达 5～6m，柱距不超过 4m。混合结构可用于食品工厂生产车间的单层建筑。钢筋混凝土结构为食品工厂生产车间和仓库等最常用的结构。在建筑的跨度、高度上可按生产要求加以放大，而不受材料的影响。所谓**钢筋混凝土结构**，其主要构件梁、柱、屋架、基础均采用钢筋混凝土，而墙只作为防护设施，这种结构称为钢筋混凝土结构，又称框架结构。该结构的跨度一般为 9～24m，层高可达 5～10m 以上，柱距可按需要，一般为 5～6m，这种结构可以是单层，也可以是多层，并可将不同层高、不同跨度的建筑物组合起来。因为这种结构强度高，耐久性好，所以是食品工厂生产车间常用的结构。**钢结构**的主要构件采用钢材，由于造价不高、施工方便、更适合于现代化大型及大跨度厂房的建造，且对于车间内不希望有柱的设计就很适用。但食品工厂的车间内一般都存在水汽大、有酸碱等腐蚀性的废气、废水排出等情况，所以一般不采用钢结构。

总之，食品工厂生产车间的一般单层或多层建筑，基本上选用钢筋混凝土结构，而单层建筑也可选用混合结构。食品工厂生产车间一般不宜采用砖木结构和钢结构。

10. 建筑模数

食品工厂生产车间建筑设计中的统一模数随着建筑施工技术的进展，建筑施工由原来小批量的人工施工进入机械化、工厂化的加工。为了适应建筑工业化的需要，建筑构件就必须是定型化、标准化、预制化的构件。这种构件目前在很多国家已普及，在我国也不例外。这项施工技术规定了建筑物的统一模数制，即规定了建筑物的基本尺度，任何房屋的尺寸都必须是基本尺寸的倍数。基本尺度的单位称作模数 M_0，基本的模数 $M_0 = 100mm$。

在平面方向和高度方向都使用一个扩大模数。在层高（楼层的高度方向）方向，单层为 200mm 的倍数，多层为 600mm 的倍数；在平面方向的扩大模数用 300mm（$3M_0$），即柱网布置均采用 300mm 的倍数。在开间方向可用 3.6m、3.9m、4.2m、4.5m、6.0m。其中以 4.2m 和 6m 在食品工厂生产车间用得较普遍；跨度小于或等于 18m 时，跨度的建筑模数是 3m，跨度大于 18m 时，跨度的建筑模数是 6m，所以，食品工厂生产车间的跨度有 6m、9m、12m、15m、18m、24m、30m 等，至于生产车间的开间及进深应多少为好，必须由平面布置的情况来决定。

11. 车间办公室、控制室、质量检查室以及福利设施的设计标准

（1）车间办公室按车间值班的最大班的管理和技术人员人数以及 4m²/人的使用面积计算，建筑平面系数采用 65%。

（2）车间控制室不宜与变压器室、动力机房、化学药品室相邻。当与办公室、操作工值班室、生活间、工具间相邻时，也应以墙隔开，中间不要开门，不要互相串通。控制室的布置应该有很好的视野，应设置在从各个角度都能看到装置的地方；仪表盘和控制箱通常都是成排布置，盘后要有安装和维修的通道，通道宽度不小于 1m，操作台至墙（窗）至少应有 2～3m 的间距，以供人员通行。

（3）会议室可兼作休息室，供交接班、用餐时使用，面积按最大班人数以及使用面积 1.2m²/人计算，建筑平面系数 65%。

（4）质量检查室根据检测分析试验工作的需要，应安放检验仪器桌和分析桌、药品柜和上下水具以及检测人员制表、统计用办公桌和资料柜，一般可根据实际布置决定用房面积，建筑平面系数 65%。

（5）更衣间应设在靠车间进口处为宜，供上下班工人使用。随着食品生产卫生安全管理要求的提高，一般出口食品工厂要求二道更衣，工人进入车间要提供每人一格的密闭保管橱柜以放置私人物品，在一道更衣间将自己的外衣、鞋脱下，换上拖鞋进入二道更衣间换上进入车间的工作服、工作鞋，再进入洗手、消毒程序。这样更衣间的使用面积就比以前要增大，一般可按 3m²/人计算，建筑平面系数 65%。

（6）车间浴室按最大班人数每 10 人设一个淋浴器，每个淋浴器按使用面积 5m² 计算，建筑平面系数 65%。

（7）车间卫生间的卫生标准应符合《出口食品工厂、库最低卫生要求》，厕所便池蹲

位数量应按最大班人数计，男每 40～50 人设一个，女每 30～35 人设一个（车间工人以女工为主时另计），厕所建筑面积按 2.5～3.0m²/蹲位计算。

第七节　生产车间水、汽用量的估算

我国是一个贫水国，水资源十分宝贵，能源同样也是很紧张的，而食品加工又是一个用水、汽量很大的产业，如何节约用水、用汽，首先在工艺流程的设计中要作为一个重要的设计内容来进行，它不仅涉及水、汽用量的节约，生产成本的降低，也涉及如何维护"可持续发展"理念推行的实际性行为。对生态资源掠夺性使用的设计是不成功的设计。而考虑了水、汽的节约使用所形成的工艺流程与不考虑或不作为重点考虑所形成的工艺流程是有差异的。

食品工厂生产车间用水、用汽量的多少，随产品种类而异。如罐头厂、乳品厂的主要用水部分有：原料预处理、半成品的漂洗、浓缩器蒸汽的冷凝、杀菌后产品的冷却、包装容器的洗涤消毒、车间的清洁卫生和产品在生产过程中本身所需用水等。主要的用汽部分有：热烫、配汤、浓缩、干燥、杀菌、保温、设备和管道的消毒、车间的清洁卫生等。生产车间的水、汽用量的估算方法一般有两种：按"单位产品耗水耗汽量定额"来估算和用计算的方法来估算。

一、用"单位产品耗水耗汽量定额"来估算

用"单位产品耗水耗汽量定额"来估算生产车间的用水量和用汽量，其方法简便，但目前在我国尚缺乏具体和确切的技术经济指标。一个食品工厂往往同时生产几种产品，而各产品在生产过程中缺乏对水、汽耗量的计算，一般是按当月所耗水、汽总量分摊到各产品中去见表 3-43。各厂的摊派方式不同，其定额指标也不同，另外，单位产品的耗水耗汽量还因地区不同，原料品种的差异以及设备条件、生产能力大小、管理水平等工厂实际情况的不同而有较大幅度的变化。所以，用"单位产品耗水耗汽量定额"来估算就只能是粗略的估算。

表 3-43　　　　　　　　　　　　　部分食品的单位耗水量表

成品类别或产品名称	耗水量/（t/t 产品）	备　　注
肉类罐头	35～50	
禽类罐头	40～60	不包括原料的速冻及冷藏
水产类罐头	50～70	
水果类罐头	60～85	以橘子、桃、菠萝为例
蔬菜类罐头	50～80	番茄酱例外，其耗水量为 180～200t/t 产品
速冻蔬菜	20～30	
鲜乳制品	15～20	

注：（1）南方地区气温高，冷却水用量大，应取较大值；

　　（2）北方地区气温寒冷，蒸汽用量取较大值。

（一）平均每吨成品的耗水耗汽量

根据我国部分乳品厂的调查统计，其单位耗水耗汽量大致如表 3-43 和表 3-44 所示。

表 3-44　　　　　　　　部分乳制品平均每吨成品耗水、耗汽量表　　　　　　　单位：t

产品名称	耗水量	耗汽量	产品名称	耗水量	耗汽量
巴氏杀菌乳	5	0.2	超高温灭菌乳	3.1	0.72
凝固型酸奶	5	0.15	全脂淡奶粉	16～48	5～9.3
搅拌型酸奶	5	0.35～0.65	全脂加糖奶粉	15～36	4.5～7.3
调配型含乳饮料	4.3	0.61	配方奶粉	13～39	4～6.4
发酵型含乳饮料	5～5.2	0.15～0.52	冰淇淋	4.22	0.37

注：摘自《乳品工程师实用技术手册》（2009 年）（2007 年统计）。

（二）一些设备的用水用汽量

有些设备的用水用汽量较大，在安排管路系统时，要考虑到它们在生产车间的分布情况。对用水压力要求较高，用水量较大而又集中的地方（或对蒸汽压力要求较高，用汽量大而又集中的地方），应单独接入主干管路。表 3-45 和表 3-46 列出一些设备的用水和用汽量。

表 3-45　　　　　　　　　　食品工厂部分设备用水情况表

设备名称	设备能力	用水目的	用水量/（t/h）	进水管径/DN
番茄浮选机	3t/h	果实清洗	25～30	80
连续预煮机	3～4t/h	预煮后冷却	15～20	70
青刀豆预煮机	2～2.5t/h	预煮后冷却	10～15	50
真空浓缩锅	300kg/h	二次蒸汽冷凝	11.6	50
真空浓缩锅	500kg/h	二次蒸汽冷凝	30～35	70
真空浓缩锅	700kg/h	二次蒸汽冷凝	25	80
真空浓缩锅	1000kg/h	二次蒸汽冷凝	39	80
双效浓缩锅	1000kg/h	二次蒸汽冷凝	35～40	80
双效浓缩锅	4000kg/h	二次蒸汽冷凝	125～140	150
卧式杀菌锅		杀菌后冷却	15～20	50
常压连续杀菌锅		杀菌后冷却	15～20	50
消毒奶洗瓶机	20000 瓶/h	洗净容器	12～15	50
洗桶机（洗奶桶）	180 桶/h	洗净容器	2	20
600L 冷热缸		杀菌冷却	5	20
1000L 冷热缸		杀菌冷却	9	25

注：（1）浓缩锅冷却水量按进水温度是 20℃，出水温度是 40℃计；

　　（2）番茄浮选机用水可以部分循环。

表 3-46　　　　　　　　　　食品工厂部分设备的用汽情况表

设备名称	设备能力	用汽量/（kg/h）	进汽管径/DN	进汽性质
可倾式夹层锅	300L	120～150	25	间歇
五链排水箱	10124 号罐 235 罐	150～200	32	连续
立式杀菌锅	8113 号罐 552 罐	200～250	32	间歇
卧式杀菌锅	8113 号罐 2300 罐	450～500	40	间歇
常压连续杀菌机	8113 号罐 608 罐	250～300	32	连续
番茄酱预热机	5t/h	300～350	32	连续
双效浓缩锅	1000kg/h	400～500	50	连续

续表

设 备 名 称	设 备 能 力	用汽量/（kg/h）	进汽管径/DN	进 汽 性 质
双效浓缩锅	4000kg/h	2000～2500	100	连续
蘑菇预煮机	3～4t/h	300～400	50	连续
青刀豆预煮机	2～2.5t/h	200～250	40	连续
擦罐机	6000罐/h	60～80	25	连续
KDK保温缸	100L	340	50	间歇
片式热交换器	3t/h	130	25	连续
洗瓶机	20000瓶/h	600	50	连续
洗桶机	180个/h	200	32	连续
真空浓缩锅	300L/h	350	50	间歇或连续
真空浓缩锅	700L/h	800	70	间歇或连续
真空浓缩锅	1000L/h	1130	80	间歇或连续
双效真空浓缩锅	1200L/h	500～720	50	连续
三效真空浓缩锅	3000L/h	800	70	连续
喷雾干燥塔	75kg/h	300	50	连续
喷雾干燥塔	150kg/h	570	50	连续
喷雾干燥塔	250kg/h	875	70	连续
喷雾干燥塔	350kg/h	1050	80	连续
喷雾干燥塔	700kg/h	1960	100	连续

（三）按生产规模拟定给水能力

一个食品工厂要设置多大的给水能力，主要是根据生产规模，特别是班产量的大小而定。用水量与产量有一定的比例关系，但不一定成正比。班产量越大，单位产品耗水量相应越低。给水能力因而可相应减低。下面列举罐头和乳品的部分产品，按一定的生产规模建议设置的给水能力的大小（参阅表3-47、表3-48）。

表3-47　　　　　　　　部分罐头和乳品生产中的给水能力表

成 品 类 型	班产量/（t/班）	建议给水能力/（t/h）	备　　注
肉禽水产类罐头	4～6	40～50	不包括速冻冷藏
	8～10	70～90	
	15～20	120～150	
果蔬类	4～6	50～70	番茄酱例外
	10～15	120～150	
	25～40	200～250	
奶粉、甜炼乳、奶油	5	15～20	
	10	28～30	
	15	57～60	
消毒奶、酸奶、冰淇淋、奶油、干酪、乳糖	5	10～15	
	10	18～25	
	50	70～90	

注：（1）以上仅指生产用水，不包括生活用水；

　　（2）南方地区气温高，冷却水量较大，应取较大值。

表 3-48　　　　　　　　　部分乳制品按生产规模供汽能力表

成 品 类 型	班产量 / (t/班)	建议用水量 / (t/h)	成 品 类 型	班产量 / (t/班)	建议用水量 / (t/h)
奶粉、甜炼乳、奶油	5	1.5～2.0	消毒奶、酸奶、冰淇淋	40	2.2～3.0
	10	2.8～3.5	奶油、干酪、乳糖	5	0.8～1.0
	20	5～6		10	1.5～1.8
消毒奶、酸奶、冰淇淋	20	1.2～1.5		50	7.5～8.0

注：(1) 指生产用汽，不包括采暖和生活用汽；

　　(2) 北方寒冷，宜选用较大值。

二、用计算方法来估算用水用汽量

食品工厂生产车间的用水、用汽量可根据不同的产品、不同原料品种、不同地区，再结合建厂单位的实际情况，在设计时参考上述各表的数据或到相同类型、相同条件的工厂收集有关水、汽的消耗定额作为设计的依据。但目前我国很多食品工厂缺乏对各产品准确的水、汽消耗定额数据，因此，就不得不用计算的方法进行估算。但算得的理论数据往往比实际消耗的要低得多。至于低多少，这与各个企业的管理水平、工人素质等因素有关，也就是与生产中的浪费量有关。

有关估算耗水、耗汽量的方法及有关公式列举如下。

（一）耗水量估算

1. 调制食品和添加汤汁等需水量 (W_1)

可根据工艺要求及其产量来计算。

$$W_1 = GZ\rho[1+(10\%\sim15\%)] \quad (kg)$$

式中　G——班产量，kg

　　　Z——成品在调制过程中或添加汤汁时所需水量，kg/kg

　　　ρ——水的密度，kg/m³

2. 清洗物料或容器所需水量 (W_2)

$$W_2 = \frac{\pi}{4}d^2 vt\rho \quad (kg)$$

式中　d——设备上进水管的内径，m

　　　v——水在管道内的流速，m/s

　　　t——清洗设备使用时间，s

　　　ρ——水的密度，kg/m³

3. 罐头冷却时所需用水量 (W_3)

$$W_3 = 2.303\left(G_1 C_1 \lg\frac{T_3-T_1}{T_2-T_1} + G_2 C_2 \lg\frac{T_3-T_1}{T_4-T_1}\right)$$

式中　G_1——罐头内容物的质量，kg

　　　C_1——罐头内容物比热容，J/(kg·K)

　　　G_2——杀菌锅、杀菌篮（或车）、罐头容器和锅内水的质量之和，kg

C_2——杀菌锅、杀菌篮（或车）、罐头容器和锅内水的平均比热容，J/（kg·K）

$$C_2 = \frac{G_3 C_3 + G_4 C_4 + G_5 C_5 + G_6 C_6}{G_2}$$

式中　G_3——杀菌锅的质量，kg

C_3——杀菌锅的比热容，J/（kg·K）

G_4——杀菌篮的质量，kg

C_4——杀菌篮的比热容，J/（kg·K）

G_5——罐头容器的质量，kg

C_5——罐头容器的比热容，J/（kg·K）

G_6——杀菌锅内水的质量，kg

C_6——杀菌锅内水的比热容，J/（kg·K）

T_1——冷却水初温，K

T_2——内容物最终冷却温度，K

T_3——罐头杀菌温度，K

T_4——杀菌锅、杀菌篮、罐头容器最终温度，K

$$T_2 = T_4 + (5 \sim 7)（K）$$

冷却水消耗强度（W_s）：

$$W_s = \frac{W_3}{t}（kg/s）$$

式中　W_s——冷却水消耗量，kg

t——冷却时间，s

4. 冷凝二次蒸汽所需水量（W_4）

$$W_4 = \frac{D(i - i_0)}{C(T_2 - T_1)}（kg/s）$$

式中　D——二次蒸汽量，kg/s

i——二次蒸汽热焓，J/kg

i_0——二次蒸汽冷凝液热焓，J/kg

C——冷却水比热，J/（kg·K）

T_2——冷却水出口温度，K

T_1——冷却水进口温度，K

5. 冲洗地坪耗水量（W_s）

根据实际情况测定，1t 水约可冲地坪 40m²，食品工厂生产车间每 4h 冲洗 1 次，即每班至少冲洗 2 次，则

$$W_s = \frac{S}{40} \times 2$$

式中　S——生产车间地坪面积，m²

根据生产车间的工艺要求，可算出每班生产过程中的耗水量。再根据班产量即可得到 1t 成品的耗水量，但这样计算并没有反映出生产用水高峰时的需水量。所以，我们还必须根据生产编制用水作业表（或图），这样，可知道在生产用水高峰时的耗水情况，以便在后面讨论管径选择时，可合理地选择管径。

（二）耗汽量估算

食品工厂中主要的载热体是饱和水蒸气，有时也有热油、空气和水，而饱和水蒸气容易取得，输送方便，对压力、温度与蒸汽量的控制都较容易，同时，饱和蒸汽无毒，且具有较大的凝结潜热，对金属无显著的腐蚀性；价格便宜，可直接和食品接触等优点。所以，食品工厂广泛采用饱和水蒸气作为载热体。对蒸汽量的消耗、加热面积的大小、加热过程的时间以及加热设备的生产能力，都应通过最大负载时热量衡算来确定。每台设备在加热过程中所消耗的热量应等于加热产品的设备所消耗的热量。生产过程的热效应（固体溶解、结晶融解、溶液蒸发等）以及借对流和辐射损失到周围介质中去的热量之总和。

$$Q = Q_1 + Q_2 + Q_3 + \cdots + Q_n \text{ (J)}$$

如果生产过程的热效应不很显著时，例如：在无反应的流体混合、气体的分离、溶液的稀释等，则在计算时可以忽略不计。

按生产工艺要求，凡需要用汽的工序或设备都要进行用汽量的计算，各工序用汽量的总和就是我们所需要估算的耗汽量，算得的耗汽量与实际之间也存在一定差异，其差异大小则与企业的管理水平和工人素质有关。下面将物料升温、固体（晶体）熔解或液体凝固（结晶）、溶剂蒸发、热损失、蒸汽消耗量等的计算公式，叙述如下。

（1）物料升温所耗热量计算

$$Q_1 = GC(T_2 - T_1) \text{ (J)}$$

式中　Q_1——物料升温所需热量，J

　　　G——物料量，kg

　　　C——物料比热容（见表 3-49，表 3-50），J/(kg·K)

　　　T_2——物料终温，K

　　　T_1——物料初温，K

不含脂肪的蔬菜及水果的比热容可按下式计算：

$$C = \frac{100 - 0.65n}{100}$$

式中　n——干物质含量的百分数，%

（2）固体（晶体）熔化变为液体或液体凝固变为固体（晶体）时，其热量消耗计算

$$Q_2 = Gq \text{ (J)}$$

式中　G——固体（或晶体）的质量，kg

　　　q——熔解热或凝固热（结晶热），J/kg

表 3-49　　　　　　　　　　　　　　番茄产品的比热容

干物质含量/%	比热容/[kJ/（kg·K）]	干物质含量/%	比热容/[kJ/（kg·K）]
5	4.019	22	3.433
12	3.809	28	3.349
14	3.767	30	3.307
18	3.642	32	3.181

表 3-50   部分物料在冰点以上的比热容

物料名称	比热容 / [kJ/ (kg・K)]	物料名称	比热容 / [kJ/ (kg・K)]	物料名称	比热容 / [kJ/ (kg・K)]
草莓	3.851	黄瓜	4.060	兔肉	3.349
香蕉	3.349	玉米	3.307	肝	3.056
樱桃	3.642	花生米	2.009	家禽	3.349
葡萄	3.600	洋葱	3.767	鲜鱼	2.930
柠檬	3.851	青豆	3.307	熏鱼	3.181
桃、橙、梨	3.851	马铃薯	3.433	龙虾	3.391
杏、菠萝	3.684	菠菜	3.935	蚝	3.516
西瓜	4.060	番茄	3.977	奶油	1.381
含糖果汁	2.679	猪肉	(2.428~2.637)	牛油	2.512
果酱	2.009	腌肉	2.135	鲜蛋	3.181
果干	1.758	熏肉	(1.256~1.800)	鲜奶	3.767
蘑菇、花椰菜	3.893	火腿	(2.428~2.637)	糖	1.256
南瓜	3.851	猪油	2.260	玻璃罐	0.502
胡萝卜	3.767	牛肉	(2.930~3.516)	铁罐	0.481
苹果	3.642	羊肉	(2.846~3.181)	芹菜	3.977
柑橘	3.767	鸡肉	3.307	茄子	3.935
柿子	3.516	干酪	2.093	甘薯	3.140
甘蓝	3.935	蛋粉	1.047	啤酒	3.851

凝固热与熔解热的 q 值相同，计算时熔解热取正值，凝固热取负值。

（3）溶剂蒸发时，其热量消耗计算

$$Q_3 = W\gamma \ (J)$$

式中 γ ——汽化潜热，J/kg

W ——蒸发了的溶剂量（kg），可按以下式计算：

① 在浓度改变时：

$$W = G\left(1 - \frac{n}{m}\right) \ (kg)$$

式中 G ——物料量，kg

n ——开始时干物质含量的百分数

m ——终点时干物质含量的百分数

② 溶剂从湿物体表面自由蒸发时：

$$W = KF(p - \varphi p_1)\tau \ (kg)$$

式中 K ——与液体性质及空气运动速度有关的相对系数，kg/（m² · s · mmHg）（参阅表 3-51）

对水及溶液可按下列方程式确定：

表 3-51 当 V 改变时的 K 值

V	0.5	1.0	1.5	2.0
K	0.036	0.083	0.114	0.145

$$K = 0.0745(Vd)^{0.8}$$

式中　V——空气运动速度，m/s

　　　d——空气密度，kg/m³

　　　F——蒸发表面积，m²

　　　p_1——在周围空气的温度下，液体的饱和蒸汽压力，mmHg

　　　p——在蒸发温度下，液体的饱和蒸汽压力，mmHg

　　　φ——空气的相对湿度，一般为 0.7

　　　τ——蒸发时间，s

　　注：1mmHg＝133.322Pa。

　③ 在液体自蒸发时

$$W = \frac{GC(t_1 - t_2)}{\gamma} \quad (\text{kg})$$

式中　W——产品质量，kg

　　　C——产品比热容，J/(kg·K)

　　t_1、t_2——产品开始及最后的温度，K

　　　γ——液体在最后温度下的汽化潜热，J/kg

　（4）加热设备表面向周围环境，由于对流及辐射所造成的热损失计算

$$Q_1 = F\tau\alpha_0(t_1 - t_2) \quad (\text{J})$$

式中　F——设备表面积，m²

　　　τ——对流和辐射散热的时间，s

　　　t_1——设备表面平均温度，K

　　　t_2——周围空气的平均温度，K

　　　α_0——对流及辐射总的给热系数，J/(m²·s·K)

$$\alpha_0 = \alpha_1 + \alpha_2$$

其中

　　α_1——对流给热系数，在空气自由运动时，可按下式求得：

　　当 $G_r \cdot P_r = 500 \sim 20 \times 10^5$ 时：

$$\alpha_1 = 0.54 \frac{\lambda}{l}(G_r \cdot P_r)^{0.25}$$

　　当 $G_r \cdot P_r > 20 \times 10^5$ 时：

$$\alpha_1 = 1.35 \frac{\lambda}{l}(P_r \cdot G_r)^{1/3}$$

式中　G_r、P_r——格拉晓夫准数和普兰得准数

　　　　λ——空气的导热系数，J/(m·s·K)

l——壁高度，m

对于对流给热系数的近似计算，下式已相当准确：

$$\alpha_1 = 1.977 \sqrt[4]{T_1 - T_2} \quad [J/(m^2 \cdot s \cdot K)]$$

辐射给热系数（α_2）可按下式求得：

$$\alpha_2 = \frac{\left(\dfrac{T_1}{100}\right)^4 - \left(\dfrac{T_2}{100}\right)^4}{T_1 - T_2} \quad [J/(m^2 \cdot s \cdot K)]$$

式中 T_1——壁面平均热力学温度，K

$\quad\quad T_2$——空气平均热力学温度，K

$\quad\quad C$——灰体辐射系数，$[J/(m^2 \cdot s \cdot K^4)]$（参阅表 3-52）

表 3-52　　　　　　　　　　　　　灰体的辐射系数

物 质 名 称	黑度（ξ）	辐射系数 $C = 5.70\xi$ $[J/(m^2 \cdot s \cdot K^4)]$
经氧化的铝	0.11～0.19	0.63～1.08
新加工的钢体	0.242	1.38
经氧化的、平滑的钢板	0.78～0.82	4.45～4.67
经氧化的铸铁	0.64～0.78	3.65～4.45
暗淡的黄铜	0.22	1.25
经氧化的黄铜	0.59～0.61	3.36～3.48
经磨光的铜	0.018～0.023	0.10～0.13
经氧化的铜	0.57～0.87	3.25～4.96
石棉板	0.96	5.47
砖	0.930	5.30
不同色的油料	0.92～0.96	5.24～5.47

（5）由热量衡算式算出该设备所需总的热量 Q 之后，再根据不同载体算出载热体的需要量。

下面以蒸汽和液体两种载体为例，列出其计算公式。

① 蒸汽消耗量的计算：

$$Q = (i_1 - i_2)G$$

$$G = \frac{Q}{i_1 - i_2} \quad (kg)$$

式中 G——蒸汽消耗量，kg

$\quad\quad Q$——加热过程中的热量总消耗，J

$$Q = Q_1 + Q_2 + Q_3 + \cdots + Q_n$$

$\quad\quad i_1$——蒸汽热焓，J/kg

$\quad\quad i_2$——冷凝液的热焓，J/kg

冷凝液的热焓可由下式求得：

$$i_2 = C_2 t_2 \quad (\text{J/kg})$$

式中　C_2——冷凝液的比热容，$C_2 = 4.2\text{kJ}/(\text{kg} \cdot \text{K})$

　　　　t_2——冷凝液的温度，℃；与加热蒸汽温度之差在 $5 \sim 8$℃，实际上，取其等于加热
　　　　　　蒸汽的温度 t，已很准确

　　② 载热体为液体的消耗量：

$$G = \frac{Q}{C(t_1 - t_2)} \quad (\text{kg})$$

式中　G——液体载热体的消耗量，kg

　　　　C——液体载热体的比热容，$\text{J}/(\text{kg} \cdot \text{K})$

　　　　t_1——载热体的开始温度，K

　　　　t_2——载热体的最终温度，K

（6）求设备的加热面积 $F(\text{m}^2)$ 或过程时间 $\tau(\text{s})$

可用传热的一般方程：

$$Q = FK\Delta t\tau \quad (\text{J})$$

$$F = \frac{Q}{K\Delta t\tau} \quad (\text{m}^2)$$

$$\tau = \frac{Q}{FK\Delta t} \quad (\text{s})$$

式中　τ——过程时间，s

　　　　Q——设备总的热量消耗量，等于在单独条件热量消耗的总和，J

　　　　F——传热面积，m^2

　　　　Δt——载热体和接受热量的介质的平均温度差，K

如果两种流体的温度随时间或者沿传热面而改变，则当开始温度差 Δt_1 及最后温度差
满足 $\frac{1}{2} < \frac{\Delta t_1}{\Delta t_2} < 2$ 时，总的平均温度差可取两者的算术平均数，即：

$$\Delta t = \frac{\Delta t_1 + \Delta t_2}{2}$$

但当 $\frac{\Delta t_1}{\Delta t_2} \leqslant \frac{1}{2}$ 或 $\frac{\Delta t_1}{\Delta t_2} \geqslant 2$ 时，则可取对数平均温度差：

$$\Delta t = \frac{\Delta t_1 - \Delta t_2}{2.303\lg\dfrac{\Delta t_1}{\Delta t_2}}$$

　　　　K——传热系数，$\text{J}/(\text{m}^2 \cdot \text{s} \cdot \text{K})$

传热系数 K 决定于固体壁两侧的给热系数 α_1、α_2，以及固体壁的厚度 δ 和材料的导
热系数 λ。K 值可按下式求得：

$$K = \frac{1}{\dfrac{1}{\alpha_1} + \sum\dfrac{\delta}{\lambda} + \dfrac{1}{\alpha_2}} \quad [\text{J}/(\text{m}^2 \cdot \text{s} \cdot \text{K})]$$

给热系数 α 的确定，必须充分掌握流动情况，否则所得出的结果，就难与实际情况
相等。

根据生产车间的工艺要求，可以算出生产过程中各热处理设备的消耗量。再根据班产量，就可算出1t成品的消耗量。但这样并未反映出在用汽高峰时的消耗量。所以，我们还必须编制生产过程的用汽作业图表，按用汽高峰时来计算消耗量，才能保证生产正常地进行。否则，在用汽高峰时会造成供汽不足，影响生产。

第八节　管路设计与布置

管路系统是食品工厂生产过程中必不可少的部分。蒸汽、水、压缩空气、真空、煤气以及流体物料等，都要用管路来输送。同时，有些设备与设备之间的连接，也要用管路组成一条连续化生产作业线。例如，乳品工厂、饮料工厂、罐头工厂的牛奶、果汁、番茄酱等成套设备中，都离不了管路，管路系统是组成生产线的血脉。由于管路系统的设计对工艺的要求很高，如物料的性质、物料的流量、流送的位置，都与工艺的设计密不可分，所以管道布置是否合理，不仅直接关系到建设指标是否先进合理，而且也关系到生产操作能否正常进行以及厂房各车间布置的整齐美观、通风采光良好等问题，也就是说，工艺设计师必须进行管路计算。管道安装也在本节中叙述。

一、管道设计与布置的内容

管道设计与布置的内容主要包括管道的设计计算和管道的布置两部分。

二、管道设计与布置的步骤

（1）选择管道材料　根据输送介质的化学性质、流动状态、温度、压力等因素，经济合理地选择管道的材料。

（2）选择介质的流速　根据介质的性质、输送的状态、黏度、成分，工艺要求达到的流形以及与之相连接的设备、流量等，参照有关的数据，选择合理经济的介质流速。

（3）确定管径　根据输送介质的流量和流速，通过计算、查图或查表，确定合适的管径。

（4）确定管壁厚度　根据输送介质的压力及所选择的管道材料，确定管壁厚度。实际上按照公称压力所选择的管壁厚度一般都能满足管材的强度要求，在进行管道设计时，往往选择几段介质压力较大或管壁较薄的管道，进行管道强度的校核。

（5）确定管道连接方式　管道与管道间、管道与设备间、管道与阀门间、设备与阀门间都存在一个连接的方式问题，有等径连接，也有不等径连接。要根据管材、管径、介质的压力、性质、用途、设备或管道的使用检修状况，确定连接方式。

（6）选择阀门和管件　介质在管内输送过程中，有分、合、拐弯、变速等情况。为了保证工艺的要求及安全，还需要各种类型的阀门和管件。根据设备布置情况及工艺、安全的要求，选择合适的弯头、三通、异径管、法兰等管件和各种阀门。

（7）选管道的热补偿器　管道在安装和使用时往往存在有温差，冬季和夏季往往也有很大温差。为了消除热应力，首先要计算管道的受热膨胀长度，然后考虑消除热应力的方法：当热膨胀长度较小时可通过管道的转弯、支架、固定等方式自然补偿；当热膨胀长度较大时，就从波形、方形、弧形、套筒形等各种热补偿中选择合适的热补偿形式。

（8）绝热形式、绝热层厚度及保温材料的选择　根据管道输送介质的特性及工艺要求，选定绝热的方式：保温、加热保护或保冷。然后根据介质温度及周围环境的温度，通过计算或查表确定管壁温度，进而通过计算、查表或查图确定绝热层厚度。根据管道所处的环境（振动、温度、腐蚀性），管道的使用寿命，取材的方便及成本等因素，选择合适的保温绝热材料。

（9）管道布置　首先根据生产流程，介质的性质和流向，相关设备的位置、环境、操作、安装、检修等情况，确定管道的敷设方式……明装或暗设。其次在管道布置时，在垂直面的排布、水平面的排布、管间距离、管与墙的距离、管道坡度、管道穿墙、穿楼板、管道与设备相连等各种情况，要符合有关规定。

（10）计算管道的阻力损失　根据管道的实际长度，管道相连设备的相对标高，管壁状况，管内介质的实际流速和介质所流经的管件、阀门等来计算管道的阻力损失，以便校核检查选泵、选设备、选管道等前述各步是否正确合理。当然计算管道的阻力损失，不必所有的管道全都计算，要选择几段典型管道进行计算。当出现问题时，或改变管径，或改变管件、阀门，或重新选泵等输送设备或其他设备的能力。

（11）选择管架及固定方式　根据管道本身的强度、刚度、介质温度、工作压力、线膨胀系数，投入运行后的受力状态，以及管道的根数、车间的梁柱楼板等土木建筑的结构，选择合适的管架及固定方式。

（12）确定管架跨度　根据管道材质、输送的介质、管道的固定情况及所配管件等因素，计算管道的垂直荷重和所受的水平推力，然后根据强度条件或刚度确定管架的跨度。也可通过查表来确定管架的跨度。

（13）选定管道固定用具　根据管架类型，管道固定方式，靠垫管架附件，即管道固定用具，所选管架附件是标准件，可列出图号。是非标准件，需绘出制作图。

（14）绘制管道图　管道图包括平、剖面配管图、透视图、管架图和工艺管道支架点预埋件布置图等。

（15）编制管材、管件、阀门、管架及绝热材料综合汇总表。

（16）选择管道的防腐蚀措施，选择合适的表面处理方法或涂料及涂层顺序，编制材料及工程量表。

三、公称直径与常用管材

（一）公称直径、公称压力

1. 公称直径

管子和管道附件的公称直径是为了设计、制造、安装和维修的方便，而人为规定的一种标准直径。就是常讲的通称直径或公称直径。在若干情况下，实际内径的尺寸等于公称直径，如阀门和铸铁管。但在一般情况下，公称直径的数值是指管子的名义直径，既不是内径，也不是外径，而是与管子外径相近又小于管子外径的数值。对于水煤气钢管和无缝钢管这类管子，其外径是固定的系列数值，增加壁厚则减小内径。

公称直径用符号 DN 来表示，其后附加公称直径的尺寸。例如公称直径为 100mm 的水煤气管，则用"DN100"表示。管子及附件的公称直径在机械工业通用标准中有规定。值得注意的是，管子的真正内径和它的公称直径往往是不相等的，有的相差较大。当我们计算管子横断面的准确面积时，就应该用真正的内径。目前管子直径的单位除了用 mm 外，在工厂有用英制称呼，其单位为 in。例如，1in 管就是 DN25，表 3-53 是水煤气钢管规格。

由表 3-53 中可知，DN100 的黑、白铁管的真正内径为 106mm，DN150 的黑、白铁管的真正内径为 156mm。表 3-54 为普通压力铸铁管（简称普压铸铁管）的部分管径的尺寸对照，从表 3-54 中可以看出，这种铸铁管的公称直径与它们的真正内径数值是一致的。

2. 公称压力

公称压力，就是通称压力。一般就是大于或等于实际工作的最大压力。

在制定管道及管道用零、部件标准时，只有公称直径这样一个参数是不够的，公称直径相同的管道、法兰或阀门，它们能承受的工作压力是不同的，它们的连接尺寸也不一样。所以要把管道及所用法兰、阀门等零部件所承受的压力，也分成若干个规定的压力等级，这种规定的标准压力等级就是公称压力，以 PN 表示。其后附加公称压力的数值。如，公称压力为 $25 \times 10^5 \mathrm{Pa}$，用 PN25 表示。公称压力的数值，一般是指管内工作介质温度在 $0 \sim 120℃$ 范围内的最高允许工作压力。

在选择管道及管道用的法兰或阀门时，就把管道的工作压力调整到与其接近的标准公称压力等级，然后根据 DN 和 PN 就可以选择标准管道及法兰或阀门等管件，同时，可以选择合适的密封结构和密封材料等。

按现行规定，低压管道的公称压力分为 $2.5 \times 10^5 \mathrm{Pa}$、$6 \times 10^5 \mathrm{Pa}$、$10 \times 10^5 \mathrm{Pa}$、$16 \times 10^5 \mathrm{Pa}$ 四个压力等级；中压管道的公称压力分为 $25 \times 10^5 \mathrm{Pa}$、$40 \times 10^5 \mathrm{Pa}$、$64 \times 10^5 \mathrm{Pa}$、$100 \times 10^5 \mathrm{Pa}$ 四个压力等级；高压管道的公称压力分为 $160 \times 10^5 \mathrm{Pa}$、$200 \times 10^5 \mathrm{Pa}$、$250 \times 10^5 \mathrm{Pa}$、$300 \times 10^5 \mathrm{Pa}$ 四个压力等级。

表 3-53 和表 3-54 的各种管道，承受工作压力都是 75.5kPa（0.75MPa），是一般常用管道，所以称作普压管。当工作压力增加或减小，管壁就要相应地增加或减薄。但这种高、低压管道它们的外径和 DN 相同的普压管的外径是一样的。所以，管壁的加厚或减薄，只是使内径缩小或加大。

表 3-53   **水煤气钢管规格**

公称直径（DN）		外径 /mm	普通管		加厚管		每米钢管分配的管接头（每 6m 一个管接头）
mm	in		壁厚 /mm	理论重量（不计管接头）/（kg/m）	壁厚 /mm	理论重量（不计管接头）/（kg/m）	
6	1/2	10	2.00	0.39	2.50	0.46	—
8	1/4	13.5	2.25	0.62	2.75	0.73	—
10	3/8	17	2.25	0.82	2.75	0.97	—

续表

公称直径（DN）		外径/mm	普通管		加厚管		每米钢管分配的管接头（每6m一个管接头）
mm	in		壁厚/mm	理论重量（不计管接头）/（kg/m）	壁厚/mm	理论重量（不计管接头）/（kg/m）	
15	1/2	21.25	2.75	1.25	3.25	1.44	0.01
20	3/4	26.75	2.75	1.63	3.50	2.01	0.02
25	1	33.5	3.25	2.42	4.00	2.91	0.03
32	1¼	42.25	3.25	3.13	4.00	3.77	0.04
40	1½	48	3.50	3.84	4.25	4.58	0.06
50	2	60	3.50	4.88	4.50	6.16	0.08
70	2½	75.5	3.75	6.64	4.50	7.88	0.13
80	3	88.5	4.00	8.34	4.75	9.81	0.20
100	4	114	4.00	10.85	5.00	13.44	0.40
125	5	140	4.50	15.04	5.50	18.22	0.60
150	6	165	4.50	17.81	5.50	21.63	0.80

表 3-54　　　　　　　　　　铸铁管公制与英制对照表

公称直径（DN）		砂型离心铸铁管/mm			砂型立式铸铁管/mm		
mm	in	外径	壁厚	真正内径	外径	壁厚	真正内径
75	3	—	—	—	91	8	75
100	4	—	—	—	117	8.5	100
150	6	—	—	—	168	9	150
200	8	217.6	8.8	200	217.6	9.8	198
250	10	268.8	9.4	250	268.8	10.4	248
300	12	320.2	10.1	300	320.2	11.1	298
350	14	371.6	10.8	350	371.6	11.8	348
400	16	423	11.5	400	423	12.5	398
450	18	474.4	12.2	450	474.4	13.2	448
500	20	525.8	12.9	500	525.8	13.9	498

在铸铁管和一般钢管中，由于壁厚变化不大，DN的数值较简单，用起来也方便，所以采用DN。但对于管壁变化幅度较大的管道，一般就不采用DN。无缝钢管有好几种规格（见表3-55），这样就没有一个合适的尺寸可以代表内径。所以，一般用"外径×壁厚"表示。如：外径为57mm、壁厚为4mm的无缝钢管，可采用"DN57×4"来表示。

表 3-55　　　　　　　　　　碳钢和合金钢无缝钢管管壁厚度选用表

公称直径（DN）/mm	外径（DN）/mm	相当的管螺纹/in	管子表号			
			G20 G30	G45 G60	G80 G100	G120 G140
			壁厚/mm			
10	14	3/8	2	2.5	3	3
15	18	1/2	2.5	2.5	3	3.5

续表

公称直径 (DN) /mm	外径（DN）/mm	相当的管螺纹/in	管 子 表 号			
			G20 G30	G45 G60	G80 G100	G120 G140
			壁厚/mm			
20	25	3/4	2.5	3	3.5	4
25	32	1	2.5	3	4	5
(32)	38	1¼	3	3.5	4.5	5.5
40	45	1½	3	3.5	5	6
50	57	2	3	4	6	7
(65)	76	2½	3.5	4.5	7	9
80	89	3	3.5	5	7	10
100	108	4	4	6	9	12
(125)	133	5	4.5	7	10	14
150	159	6	5	7 8	10 12	14 16
200	219	8	6	8 10	13 15	18 20
250	273	10	7	9 12	15 18	21 24
300	325	12	8	11 14	18 21	24 28
350	377		9	12 16	20 24	28
400	426		9 10	14 18	22	
450	480		9 11	15 19	24	
500	530		9 12	16 21		

（二）管道材料的选择

常用管材见表 3-56。

表 3-56　　　　　　　　　　常用介质的适用管材

介 质 名 称	介 质 参 数	适 用 管 材	备　　注
低压压缩空气	<1.0MPa	无缝钢管	DN65 以下可用焊接钢管
压缩空气	<1.0MPa	无缝钢管	
煤气	0.02～0.06MPa	镀锌焊接钢管	
真空		无缝钢管	
上水、冷却水	0.1～0.4MPa	镀锌焊接钢管 给水用聚丙烯管 给水用硬聚氯乙烯管	
纯水、软水		不锈钢管	也可用无毒塑料管
热水		镀锌焊接钢管	不锈钢管
食品物料		不锈钢管	酸性物料用耐酸不锈钢管
蒸汽冷凝水		焊接钢管	凝结水回收时应用镀锌焊接钢管
下水		硬聚氯乙烯管	焊接钢管
酸、碱类辅料		不锈钢管	酸类用耐酸不锈钢管
CIP 洗液		不锈钢管	
接仪表用压缩空气		铜管	

四、管道的压力降计算

（一）确定管径 *D*

1. 计算法

因为

$$Q = Fv = \frac{\pi}{4}D^2v$$

所以

$$D = \sqrt{\frac{Q}{(\pi/4)v}} \approx 1.128\sqrt{\frac{Q}{v}} \text{ (m)}$$

式中　*D*——管道设计断面处的计算内径，m

对于 DN<300 的钢管和铸铁管，考虑新管用旧后的锈蚀，沉垢等情况，应加 1mm 作为管内径，而后再查管子的规格，选用最相近的管子。

Q——通过管道设计断面的水流量，m^3/s

F——管道设计断面的面积，m^2

v——管道设计断面处的水流平均速度，m/s

在设计时，选用的流速 *v* 过小，则需较大的管径，管材用量多，投资费用大；若设计时选用的流速 *v* 较大，则管道的压力损失太大，动力消耗大，能源浪费。因此，在确定管径时，应选取适当的流速。根据工业长期实践的经验，找到了不同介质较为合适的常用流速（见表3-57）。

表 3-57　　　　　　　　　　管道内介质输送常用流速

介质名称	管径	流速/（m/s）	介质名称	管径	流速/（m/s）
自来水	主管 $3×10^5$Pa（表压） 支管 $3×10^5$Pa（表压）	1.5～3.5	工业供水	<$8×10^5$Pa（表压）	1.5～3.5
锅炉给水	>$8×10^5$Pa（表压）	>3.0	离心泵	吸入管（水一类液体） 排出管（水一类液体）	0.7～1.0 2.5～3.0
制冷设备盐水		0.6～0.8	淀粉乳	20°Bé	0.6～0.8
给水、冷冻水	DN15～50 DN50 以上 蛇盘管	0.5～1.0 0.8～2.0 <1.0	饱和蒸汽	DN15～20 DN25～32 DN40 DN50～80 DN100～150	10～15 15～20 20～25 20～30 25～35
自流凝结水	DN15～18	0.1～0.3			
压缩空气	<DN50	10～15	真空	DN15～40 DN50～100	<8.0 <10
煤气	DN25～50 DN70～100	≤4.0 ≤6.0			
余压冷凝水	DN15～20 DN25～32 DN40～50 DN70～80	≤0.5 ≤0.7 ≤1.0 ≤1.6	车间风管	干管 支管	8～12 2～8
			车间排水	暗沟 明沟	0.6～4.0 0.4～2.0

注：排水管的流量计算，其充满度为 0.4～0.6。

2. 查表法

根据给水钢管（水煤气管）水力计算表（表3-58），其中有 *Q*、DN、*v*、*i* 四个参数，只要知道其中任意三个数值，就可从表中查到剩下的另一个需求的参数。该表是按清水、水温为 10℃，并且考虑了垢层厚度为 0.5mm 的情况算得。水的黏滞性与水的温度有负相关的关系，故 i 与水温也为负相关。但因自来水温度与 10℃ 相差不大，故一般均可不考虑这项微小的影响。

表 3-58　　　　　　　　　给水钢管（水煤气管）水力计算表

（单位：流量 q_v 为 L/s，管径 DN 为 mm，流速 v 为 m/s，单位管长的水头损失 i 为 mm/m）

q_v	DN15		DN20		DN25		DN32		DN40		DN50		DN70		DN80		DN100	
	v	i	v	i	v	i	v	i	v	i	v	i	v	i	v	i	v	i
0.05	0.29	28.4																
0.07	0.41	51.8	0.22	11.1														
0.10	0.58	98.5	0.31	20.8														
0.12	0.70	137	0.37	28.8	0.23	8.59												
0.14	0.82	182	0.43	38	0.26	11.3												
0.16	0.94	234	0.50	48.5	0.30	14.3												
0.18	1.05	291	0.56	60.1	0.34	17.6												
0.20	1.17	354	0.62	2.7	0.38	21.3	0.21	5.22										
0.25	1.46	551	0.78	109	0.47	31.8	0.26	7.70	0.20	3.92								
0.30	1.76	793	0.93	153	0.56	44.2	0.32	10.7	0.24	5.42								
0.35			1.09	204	0.66	58.6	0.37	14.1	0.28	7.08								
0.40			1.24	263	0.75	74.8	0.42	17.9	0.32	8.98								
0.45			1.40	333	0.85	93.2	0.47	22.1	0.36	11.1	0.21	3.12						
0.50			1.55	411	0.94	113	0.53	26.7	0.40	13.4	0.23	3.74						
0.55			1.71	497	1.04	135	0.58	31.8	0.44	15.9	0.26	4.44						
0.60			1.86	591	1.13	159	0.63	37.3	0.48	18.4	0.28	5.16						
0.65			2.02	694	1.22	185	0.68	43.1	0.52	21.5	0.31	5.97						
0.70					1.32	214	0.74	49.5	0.56	24.6	0.33	6.83	0.20	1.99				
0.75					1.41	246	0.79	56.2	0.60	28.3	0.35	7.70	0.21	2.26				
0.80					1.51	279	0.84	63.2	0.64	31.4	0.38	8.52	0.23	2.53				
0.85					1.60	316	0.90	70.7	0.68	35.1	0.40	9.63	0.24	2.81				
0.90					1.69	354	0.95	78.7	0.72	39.0	0.42	10.7	0.25	3.11				
0.95					1.79	394	1.00	86.9	0.76	43.1	0.45	11.8	0.27	3.42				
1.00					1.88	437	1.05	95.7	0.80	47.3	0.47	12.9	0.28	3.76	0.20	1.64		
1.10					2.07	528	1.16	114	0.87	56.4	0.52	15.3	0.31	4.44	0.22	1.95		
1.20							1.27	135	0.95	66.3	0.56	18	0.34	5.13	0.24	2.27		
1.30							1.37	159	1.03	76.9	0.61	20.8	0.37	5.99	0.26	2.61		
1.40							1.48	184	1.11	88.4	0.66	23.7	0.40	6.83	0.28	2.97		
1.50							1.58	211	1.19	101	0.71	27	0.42	7.72	0.30	3.36		
1.60							1.69	240	1.27	114	0.75	30.4	0.45	8.70	0.32	3.76		
1.70							1.79	271	1.35	129	0.80	34.0	0.48	9.69	0.34	4.19		
1.80							1.90	304	1.43	144	0.85	37.8	0.51	10.7	0.36	4.66		
1.90							2.00	339	1.51	161	0.89	41.8	0.54	11.9	0.38	5.13		
2.0									1.59	178	0.94	46.0	0.57	13	0.40	5.62	0.23	1.47
2.2									1.75	216	1.04	54.9	0.62	15.5	0.44	6.66	0.25	1.72
2.4									1.91	256	1.13	64.5	0.68	18.2	0.48	7.79	0.28	2.0
2.6									2.07	301	1.22	74.9	0.74	21	0.52	9.03	0.30	2.31
2.8											1.32	86.9	0.79	24.1	0.56	10.3	0.32	2.63
3.0											1.41	99.8	0.85	27.4	0.60	11.7	0.35	2.98

续表

q_v	DN15		DN20		DN25		DN32		DN40		DN50		DN70		DN80		DN100	
	v	i	v	i	v	i	v	i	v	i	v	i	v	i	v	i	v	i
3.5											1.65	136	0.99	36.5	0.70	15.5	0.40	3.93
4.0											1.88	177	1.13	46.8	0.81	19.8	0.46	5.01
4.5											2.12	224	1.28	58.6	0.91	24.6	0.52	6.20
5.0											2.35	277	1.42	72.3	1.01	30	0.58	7.49
5.5											2.59	335	1.56	87.5	1.11	35.8	0.63	8.92
6.0													1.70	104	1.21	42.1	0.69	10.5
6.5													1.84	122	1.31	49.4	0.75	12.1
7.0													1.99	142	1.41	57.3	0.81	13.9
7.5													2.13	163	1.51	65.7	0.87	15.8
8.0													2.27	185	1.61	74.8	0.92	17.8
8.5													2.41	209	1.71	84.4	0.98	19.9
9.0													2.55	234	1.81	94.6	1.04	22.1
9.5															1.91	105	1.10	24.5
10.0															2.01	117	1.15	26.9
10.5															2.11	129	1.21	29.5
11.0															2.21	141	1.27	32.4
11.5															2.32	155	1.33	35.4
12.0															2.42	168	1.39	38.5
12.5															2.52	183	1.44	41.8
13.0																	1.50	45.2
14.0																	1.62	52.4
15.0																	1.73	60.2
16.0																	1.85	68.5
17.0																	1.96	77.3
20.0																	2.31	107

注：DN100mm 以上的给水管道水力计算，可参见《给水排水设计手册》第 2 册。

3. 确定壁厚

根据公称压力 PN，公称直径 DN，可以查表确定管壁厚度。因此，在一般情况下，很少计算管壁厚度，如果工作压力和温度过高，则应根据有关的资料进行计算。

（二）阻力计算

液体在管道中流动时，会遇到各种不同的阻力，造成压力损失，以致液体总压头减小。液体在管道中流动时的总压头损失（H_2），分为沿程损失 h_1 和局部损失 h_2。沿程损失是液体流经一定直径的直管时，由于摩擦而产生的阻力；局部损失是流体流经管道的某些局部障碍（三通、弯头、阀门、流量计等）所引起的。

由于流体在流动时的阻力，造成了一定的压力降，会直接影响泵的选择和车间布置，进行阻力计算的目的主要是为了校核各类泵的选择、介质至输送设备标高的确定以及管径的确定。

1. 沿程水头损失 h_1

水在沿着管子计算内径 D 和单位长度水头损失 i（又称水力坡度）不变的匀直管段全程流动时，为克服阻力而损失的水头，称为沿程水头损失 h_1（m）。

当 $v \geqslant 1.2$m/s 时：

$$h_1 = iL = 0.00107 \frac{v^2}{D^{1.3}} L$$

或

$$h_1 = 0.001736 \frac{Q^2}{D^{5.3}} L$$

式中　i——单位管长的水头损失，mm/m

　　　Q——流量，m³/s

　　　L——管长，m

　　　v——流速，m/s

　　　D——管子的计算内径，m

当 $v < 1.2$ m/s 时：

$$h_1 = iL = 0.000912 \times \left(1 + \frac{0.867}{v}\right)^{0.3} \frac{v^2}{D^{1.3}} L$$

或

$$h_1 = K \times 0.001756 \frac{Q^2}{D^{5.3}} L$$

式中　Q、i、L、v、D 同前。

　　　K——修正系数（见表 3-59）

表 3-59　　　　　　　　　　当 v<1.2m/s 时修正系数 K 值

v/ (m/s)	0.20	0.25	0.30	0.35	0.40	0.45	0.50	0.55	0.60
K	1.41	1.33	1.28	1.24	1.20	1.175	1.15	1.13	1.115
v/ (m/s)	0.65	0.70	0.75	0.80	0.85	0.90	1.0	1.1	≥1.20
K	1.10	1.085	1.07	1.06	1.05	1.04	1.03	1.015	1.00

2. 局部水头损失 h_2

水流经过断面面积或方向发生改变从而引起速度发生突变的地方（如阀、缩节、弯头等）时所损失的水头，称为局部水头损失 h_2（m）。它可用当量长度法和局部阻力系数 ζ 法（也称为精确计算法）来计算，也可用沿程水头损失乘上一个经验系数的方法，称为概略算法。概略算法较简便，在工程计算中用得较多。

（1）精确算法

$$h_2 = \sum \zeta \times \frac{v^2}{2}$$

式中　ζ——局部阻力系数（见表 3-60）

　　　v——流速，m/s

表 3-60　　　　　　　　　　局部阻力系数表

局部阻力名称	阻力系数 ζ 值					
突扩 A_1 A_2	A_1/A_2	0	0.2	0.4	0.6	0.8	1.0
	ζ	1	0.64	0.36	0.16	0.04	0

续表

局部阻力名称	阻力系数 ζ 值					
突缩 A_2/A_1	0	0.2	0.4	0.6	0.8	1.0
ζ	0.5	0.45	0.34	0.25	0.15	0
肘管 α 角度/(°)	90	120	135	150	180	360
ζ	1.1	0.55	0.35	0.2	0	2.2
弯管 φ 角	30	45	60	75	90	120
ζ	0.075	0.105	0.13	0.15	0.16	0.185
蝶阀 α 开度/(°)	5	10	15	20	40	60
ζ	0.24	0.52	0.9	1.54	10.8	11.8
旋塞 θ 开度/(°)	5	10	15	20	40	60
ζ	0.05	0.29	0.93	1.56	17.3	20.6
带滤水网底阀 直径 d/mm	40	50	70	100	150	200
ζ	12	10	8.5	7	6	5.2
闸阀 开度	全开	3/4 开	1/2 开	1/4 开		
ζ	0.17	0.9	4.5	24		
隔膜阀 开度	全开	3/4 开	1/2 开	1/4 开		
ζ	2.3	2.6	4.3	21		
标准三通 流向						
ζ	0.4	1.3	1.5	1.0		
标准截止阀 开度	全开			1/2 开		
ζ	6.4			9.5		
止回阀 形式	摇板式			球形式		
ζ	2			70		
角阀	ζ＝1.5					
水表	ζ＝7					
活管接	ζ＝0.4					
出管口	ζ＝1（相当于突扩 $A_1/A_2=0$）					
入管口	锐口，ζ＝0.5（相当于突缩 $A_1/A_2=0$）；钝口，ζ＝0.25～0.1；圆滑口，ζ＝0.06～0.05					

（2）概略算法（常用）

① 生活给水管网：

$$h_2=(20\%\sim30\%)h_1 \text{（m）}$$

式中　h_1——沿程水头损失，m

134

② 生产给水管网：

$$h_2 = 20\% \times h_1 \text{（m）}$$

③ 消防给水管网：

$$h_2 = 10\% \times h_1 \text{（m）}$$

④ 生活、生产、消防合用管网：

$$h_2 = 20\% \times h_1 \text{（m）}$$

3. 总水头损失 H_2（m）

水在流动过程中，用于克服阻力而损耗的（机械）能，称作总水头损失。

（1）精确算法

$$H_2 = h_1 + h_2 = iL + \sum \zeta \times \frac{v^2}{2}$$

（2）概略算法

$$H_2 = h_1 + h_2 = h_1 + (0.1 \sim 0.3)h_1$$
$$= (1.1 \sim 1.3)h_1$$

五、水泵的选择

水泵的选择是根据流量 Q 和扬程 H 两个参数进行的。当两个参数确定后，可以查阅相关泵的特性曲线进行选择。

（一）定 Q 值

（1）无水箱时，设计采用秒流量 Q；

（2）有水箱时，采用最大小时流量计算。

（二）扬程 H

$$H = H_1 + H_2 + H_3 + H_4$$

式中　H_1——几何扬程，从吸水池最低水位至输水终点的净几何高差

　　　H_2——阻力扬程，为克服全部吸水、压力、输水管道和配件之总阻力所耗的水头

　　　H_3——设备扬程，即输水终点必需的流出水头

　　　H_4——扬程余量（一般采用 $2 \sim 3$m）

六、蒸汽管的流量和阻力计算

水和蒸汽的最大差别是：$1m^3$ 水在任何压力下，只要在 4℃时其质量基本上是 1t；而 $1m^3$ 蒸汽的质量，则随蒸汽的压力大小而变化，所以同一管道、同一流速，但在不同蒸汽压力下，每小时流过的蒸汽质量也不同。

表 3-61 中只列出 6 种压力下的流量和阻力，其流速范围为 $20 \sim 40$m/s。在表 3-61 中可以看出：在不同蒸汽压下，虽然管道和流速相同，但流量和阻力都不同。例如在 588kPa（0.6MPa）表压下的 $D32 \times 3.5$ 管道，在流速为 20m/s 时，流量为 0.13t/h；当在 883kPa（0.9MPa）下，流速仍为 20m/s 时，流量却为 0.18t/h。两种压力下的阻力分别为 97 及 135mmH$_2$O/m。

表 3-61　　　　　　　　　　　　饱和水蒸气管阻力计算表

无缝钢管外径×壁厚/mm	流量(t/h)阻力/(mmH₂O/m管长)	69kPa(0.07MPa)时流速/(m/s)						147kPa(0.15MPa)时流速/(m/s)						294kPa(0.3MPa)时流速/(m/s)					
		20	24	28	32	36	40	20	24	28	32	36	40	20	24	28	32	36	40
32×3.5	蒸汽流量 Q	0.03						0.05						0.08					
	阻力 i	2.5						37						57					
38×3.5	蒸汽流量 Q	0.05						0.07						0.12					
	阻力 i	20						28						44					
45×3.5	蒸汽流量 Q	0.08	0.09	0.11				0.11	0.13	0.16				0.17	0.21	0.24			
	阻力 i	11	16	22				22	32	44				35	50	68			
57×3.5	蒸汽流量 Q	0.13	0.16	0.19				0.19	0.23	0.27				0.30	0.36	0.42			
	阻力 i	10	15	21				15	22	30				20	34	46			
73×4	蒸汽流量 Q	0.23	0.27	0.32	0.36	0.41	0.45	0.33	0.39	0.46	0.52	0.59	0.66	0.51	0.61	0.71	0.81	0.91	1.02
	阻力 i	8	11	15	19	24	30	11	15	21	27	35	43	17	24	33	43	54	67
89×4	蒸汽流量 Q	0.35	0.42	0.50	0.57	0.64	0.71	0.51	0.61	0.71	0.82	0.92	1.02	0.79	0.95	1.10	1.26	1.42	1.57
	阻力 i	6	8	11	15	19	23	8	12	16	21	27	33	13	18	25	33	41	51
108×4	蒸汽流量 Q	0.54	0.65	0.75	0.86	0.97	1.08	0.78	0.93	1.09	1.24	1.49	1.55	1.20	1.44	1.68	1.92	2.16	2.40
	阻力 i	4	6	8	11	14	17	6	9	12	16	20	25	10	14	19	25	31	39
133×4	蒸汽流量 Q	0.84	1.01	1.18	1.34	1.50	1.68	1.21	1.45	1.69	1.94	2.19	2.42	1.87	2.24	2.62	3.00	3.37	3.74
	阻力 i	3	5	7	9	11	13	5	7	9	12	15	19	7	11	14	19	24	30
159×3.5	蒸汽流量 Q	1.21	1.45	1.69	1.94	2.18	2.42	1.75	2.10	2.44	2.79	3.14	3.50	2.70	3.24	3.78	4.32	4.85	5.4
	阻力 i	3	4	5	7	9	11	4	6	8	10	12	16	6	9	12	15	19	24
219×6	蒸汽流量 Q													5.14	6.16	7.20	8.22	9.25	10.28
	阻力 i													4	6	8	10	13	16
273×8	蒸汽流量 Q													7.92	9.51	11.1	12.66	14.23	15.82
	阻力 i													3	4	6	8	10	12

无缝钢管外径×壁厚/mm	流量(t/h)阻力/(mmH₂O/m管长)	588kPa(0.06MPa)时流速/(m/s)						833kPa(0.9MPa)时流速/(m/s)						1177kPa(1.2MPa)时流速/(m/s)					
		20	24	28	32	36	40	20	24	28	32	36	40	20	24	28	32	36	40
32×3.5	蒸汽流量 Q	0.13						0.18						0.23					
	阻力 i	97						135						174					
38×3.5	蒸汽流量 Q	0.20						0.27						0.35					
	阻力 i	75						105						134					
45×3.5	蒸汽流量 Q	0.29	0.35	0.41				0.41	0.49	0.58				0.53	0.67	0.74			
	阻力 i	58	84	115				82	117	160				106	152	207			
57×3.5	蒸汽流量 Q	0.51	0.61	0.71				0.71	0.86	1.00				0.92	1.10	1.29			
	阻力 i	39	57	77				56	80	109				72	103	141			
73×4	蒸汽流量 Q	0.86	1.04	1.21	1.38	1.55	1.72	1.21	1.45	1.69	1.93	2.18	2.42	1.55	1.86	2.18	2.48	2.80	3.30
	阻力 i	28	41	56	73	92	114	40	57	78	102	129	159	51	73	100	130	165	204
89×4	蒸汽流量 Q	1.34	1.61	1.88	2.14	2.41	2.68	1.88	2.26	2.46	3.01	3.38	3.76	2.42	2.91	3.39	3.87	4.36	4.84
	阻力 i	22	31	43	56	71	87	30	44	60	78	99	122	39	57	77	100	127	157
108×4	蒸汽流量 Q	2.04	2.45	2.86	3.26	3.68	4.08	2.86	3.44	4.00	4.57	5.15	5.72	3.68	4.42	5.16	5.88	6.27	7.36
	阻力 i	16	24	32	42	53	66	23	33	45	59	75	92	30	43	58	76	96	119

续表

无缝钢管外径×壁厚/mm	流量(t/h)阻力/(mmH₂O/m管长)	588kPa(0.06MPa)时流速/(m/s)						833kPa(0.9MPa)时流速/(m/s)						1177kPa(1.2MPa)时流速/(m/s)					
		20	24	28	32	36	40	20	24	28	32	36	40	20	24	28	32	36	40
133×4	蒸汽流量 Q	3.18	3.82	4.46	5.08	5.73	6.36	4.46	5.36	6.25	7.14	8.04	8.72	5.72	6.86	8.01	9.15	10.3	11.44
	阻力 i	13	18	25	32	41	50	18	25	34	45	57	70	22	32	44	58	73	90
159×3.5	蒸汽流量 Q	4.58	5.5	6.41	7.33	8.25	9.16	6.44	7.44	9.02	10.3	11.6	12.88	8.28	9.94	11.60	13.24	14.90	16.56
	阻力 i	10	14	20	26	32	40	14	20	28	36	46	57	18	26	36	47	59	73
219×6	蒸汽流量 Q	8.71	10.45	12.2	13.92	15.7	17.41	12.24	14.7	17.14	19.60	22.02	24.48	15.72	18.88	22	25.09	28.3	31.44
	阻力 i	7	9	13	17	21	26	9	13	18	24	30	37	12	17	23	30	38	47
273×8	蒸汽流量 Q	13.48	16.18	18.88	21.59	24.21	26.98	18.9	22.66	26.45	30.22	34.02	37.80	24.4	29.3	33.42	39.1	43.9	48.8
	阻力 i	5	7	10	13	17	20	7	10	14	18	23	29	9	13	18	24	30	37

（一）有关蒸汽管阻力计算的几个公式

（1）在相同压力下，流速与流量及阻力的关系（与水相同）

$$Q_1 = \left(\frac{v_1}{v_2}\right)Q_2 \quad （\text{m}^3/\text{h 或 t/h}）$$

$$i = \left(\frac{v_1}{v_2}\right)^2 i_2 \quad （\text{mmH}_2\text{O/m}）$$

【例】　$t89×4$ 的蒸汽管道，在 588kPa 压力下，当流速为 20m/s 时的流量为 1.34t/h，阻力为 22mmH₂O/m，试问流速在 40m/s 时的流量和阻力各为多少？

【解】

$$Q_1 = \frac{40}{20}×1.34 = 2.68 \quad （\text{t/h}）$$

$$i_1 = \left(\frac{40}{20}\right)^2 ×22 = 88 \quad （\text{mmH}_2\text{O/m}）$$

答：流速在 40m/s 时的流量和阻力分别为 2.68t/h 和 88 mmH₂O/m。

（2）在管径不同、流速相同时，其流量的变化与管道半径的平方成正比

$$Q_1 = \left(\frac{d_1}{d_2}\right)^2 Q_2$$

式中　d_1，d_2——两根不等径管道的直径，m 或 mm

　　　Q_1，Q_2——两根不等径管道中流体的流量，m³/h 或 t/h

（3）管径、流速相同，在不同的压力下，其流量和阻力变化的计算

$$Q_1 = \frac{p_1+98}{p_2+98} Q_2$$

式中　p_1，p_2——两根等径管道中的蒸汽表压，kPa

　　　Q_1，Q_2——两根等径管道中的蒸汽流量，m³/h 或 t/h

$$i_1 = \frac{p_1+98}{p_2+98} i_2$$

【例】　$t32×3.5$ 蒸汽管道，在表压 588kPa、流速 20m/s 时，流量为 0.13t/h，阻力为 97mmH₂O/m，试问蒸汽表压在 883kPa、流速 20m/s 时的流量和阻力各为多少？

注：1mmH₂O＝9.80665Pa。

【解】

① 表压为 883kPa 时的流量 Q_1 为：

$$Q_1 = \frac{883+98}{588+98} \times 0.13 = 0.186 \text{ （t/h）}$$

② 表压为 883kPa 时的阻力 i_1 为：

$$i_1 = \frac{883+98}{588+98} \times 97 = 138.6 \text{ （mmH}_2\text{O/m）}$$

（二）怎样利用表 3-61 来选择管径

【例】 需要选一条蒸汽管道，其通过的蒸汽表压力为 588kPa，流量为 2t/h，输送路程为 50m，允许降低压力 49kPa，试问管径应选多大？

【解】 假定局部阻力占沿程阻力的 100%，则可按 50m 的 2 倍（即 100m）管长来计算每米允许压力降为 5mH$_2$O＝5000mmH$_2$O。由此可得管道每米允许阻力为 5000/100＝50（mmH$_2$O/m）。

查表 3-61。在蒸气压为 588kPa 的一组里查满足流量为 2t/h、阻力在 50mmH$_2$O/m 左右的管径。在表 3-61 中查得 $D89 \times 4$ 管道在流速 32m/s 时，其流量为 2.14t/h，阻力为 56mmH$_2$O/m。这与本题要求很接近，所以选用 $D89 \times 4$ 的无缝钢管。

七、制冷系统管道的计算及泵的选择计算

冷库制冷系统管道是整个密闭系统的组成部分。它把制冷机器与设备连接起来，使液态和气态制冷剂在系统内循环流动。管子要具有一定的抗拉、抗压、抗弯的强度，并能耐腐蚀。

（一）制冷系统对管道的总阻力要求

制冷系统管道的液态和气态制冷剂是在一定的压力下流动的。随着流动速度加快，它在管道内的摩擦阻力就会增加。对于液态制冷剂来说，在流动过程中会引起蒸发；对气态制冷剂来说，则引起气态过热。这都会直接降低有效的制冷量，或者增加制冷循环的功率消耗。所以，在系统管道设计中，视管内制冷剂的温度不同，规定了允许的压力损失总和，即总阻力$\sum \Delta P$。

（1）吸入管道允许的总阻力$\sum \Delta P$，不超过下列数值：

蒸发温度$-40℃$时，3900Pa

蒸发温度$-33℃$时，4900Pa

蒸发温度$-28℃$时，5900Pa

蒸发温度$-15℃$时，12000Pa

（2）排汽管道允许的总阻力$\sum \Delta P$ 不超过 14700Pa；

（3）冷凝器与贮液桶之间的液体管道总阻力$\sum \Delta P$ 不超过 1170Pa；

（4）贮液桶与调节站之间的液体管道总阻力$\sum \Delta P$ 不超过 24000Pa；

（5）盐水管道允许的总阻力$\sum \Delta P$ 不超过 49000Pa。

（二）管道的选择

管道系统的管径是由制冷剂的流量（或热负荷）、摩擦阻力（压力降）和流体流速决

定的。在管道系统中，制冷剂的流动速度参阅表 3-62 和表 3-63。

表 3-62 氨制冷剂在管道内的允许流动速度 单位：m/s

管 道 名 称	允许流速	管 道 名 称	允许流速
回汽管、吸入管	10～16	冷凝器至高压贮液桶的液体管	<0.6
排汽管	12～25	冷凝器至膨胀阀的液体管	1.2～2.0
氨泵供液的进液管	0.2～1.0	高压供液管	1.0～1.5
氨泵的回液管	0.25	低压供液管	0.8～1.4
重力供液、氨液分离器至液体分配站的供液管	0.2～0.25	自膨胀阀至蒸发器的液体管	0.8～1.4

表 3-63 F-12、F-22 制冷剂在管道内的流动速度 单位：m/s

制冷剂	吸入管（5℃饱和）	排气管	液 管	
			冷凝器到贮液管	贮液桶到蒸发器
F-12、F-22	5.8～20	10～16	0.5	0.5～1.25
氯甲烷	5.8～20	10～20	0.5	0.5～1.25

可以根据管长（包括局部阻力在内的管子当量长度）和每小时的耗冷量，从有关图表中查出制冷系统中各部分的管径。

1. 氨系统管道

（1）排汽管 氨气在排汽管中的压力损失对能量的影响较小，但对制冷压缩机需用功率的影响较大。由于排气比体积较小，故所用的管径也小。这个压力损失相当于增加用电量 1%。

（2）吸入管 吸入管中的压力损失直接影响制冷压缩机的能量。蒸发温度越低，允许的压力损失越小。这个压力损失的数值，相当于饱和蒸发温度差 1℃ 及制冷压缩机制冷量降低 4%。

（3）供液管 供液管可分为两个管段：自冷凝器至膨胀阀之间的供液管管段是高压供液管；自膨胀阀至冷却设备之间的供液管管段是低压供液管。

① 高压供液管：氨液在管内流速为 1～1.5m/s。这部分管道的直径一般选用 $D20～38mm$。

自冷凝器至高压贮液桶的管段，氨液在管内流速小于 0.6m/s。这部分管道的直径一般选用 $D32～57mm$。冷凝器与高压贮液桶的均压管道，一般选用 $D18～25mm$。

② 低压供液管：氨通过膨胀阀降低压力后向冷却设备供液的管段，都属于低压供液管。

按照其供液方式不同可分为以下几种：

① 直接膨胀供液式的液管 一般供液管的管径采用 $D20～30mm$；

② 重力供液式的液管 重力供液式的液管连接冷却设备必须自下而上流出。液

体通过冷却排管的阻力，是靠液位差的静压来克服的。所以，重力供液的排管每一通路的允许管长受压差所限制。排管的总长度也要适应这个条件，才能起到有效的作用；

③ 氨泵供液式的液管　氨泵供液式的液管有进液管和出液管，直径的大小要与氨泵进出口直径相适应。

氨泵的进液管从低压循环贮液桶接出时，尽可能为直管，要求液体进泵时流速为0.5～0.75m/s以减少氨液由于摩擦引起汽化，影响泵的正常工作。

氨泵的出液管是供给冷却设备氨液的液管，有从泵直接向冷却设备供液的；也有将出液管接至液体分调节站，然后由分调节站向各冷却设备供液。在冷库制冷系统中，大都通过液体分调节站向各冷却设备供液。氨泵出液管至分调节站的管段，其管径一般采用 $D45\sim57mm$ 的管子，自分调节站至冷却设备的管径，其管径一般采用 $D32\sim38mm$ 的管子。每个通路管子长度一般不超过350m。

（4）热氨管　热氨管专门供给冷却设备冲霜和低压设备加压所需用的高压氨气。为避免将润滑油带进冷却系统，高压氨气先通过油氨分离器，将油蒸气分离后，再供给冷却设备。因此，热氨管有的从油分离器与冷凝器之间的管道中接出。如需设热氨站，可在高压排除管加接油分离器，让油分离之后再去热氨站。热氨管管径：用于冲霜的采用 $D38\sim57mm$ 管子；用于加压的采用 $D25\sim38mm$ 的管子。

一般供冷却设备冲霜的热氨管，为了避免进入设备前热氨温度下降，都要包敷石棉隔热层。

（5）排液管　排液管是把冷却设备中存在的氨液以及热氨气进入冷却设备后冷凝的液体一起排至排液桶或低压循环贮液桶的管道。在冷库制冷系统中，这种液管大部分是从液体分调节站接出，通常采用的管径为 $D32\sim38mm$。

（6）放油管　放油管是供设备放油时，将油排进集油器放出之用。放油管一般采用 $D25\sim32mm$ 直径的管子。

（7）盐水管　在盐水系统中，盐水管道大部分采用镀铬钢管，以防盐水的腐蚀。盐水从盐水冷却器输出，通过盐水泵输送到冷却设备，然后再由冷却设备返回到盐水冷却器，整段管道一般采用公称直径为 DN40～50 的镀锌管。

（8）冷却水管和冲霜管　制冷压缩机用的冷却水管管径为 DN15～25，冷凝器用的冷却水管的公称直径为 DN50～150。

冲霜水管一般管径为 $D57\sim108$（或公称直径 DN50～100）的管子。

（9）其他管道

① 安全管：一般采用 $D25\sim38mm$ 管子；

② 均压管：一般采用 $D25mm$ 管子；

③ 冷凝器的放空气管：一般采用 $D25\sim32mm$ 管子；

④ 降压管：放冷空气器、集油器、排液桶上的降压管，一般使用 $D25\sim57mm$ 的管子；

⑤ 排汽管：连接在氨泵供液管段上的抽汽管，一般采用 $D25mm$ 的管子。

2. 氟里昂系统管道

（1）排汽管　氟里昂排汽管管径的选择原则与氨一样，要把排汽管中压力损失控制在相当于饱和冷凝温度差 0.5℃这样的压力损失，即 F-12 的压力损失为 11.768kPa，F-22 的压力损失为 19.6133kPa。

（2）吸入管　吸入管中的压力损失直接影响制冷压缩机的能量。一般认为吸入管中的压力损失控制在相当于饱和蒸发温度差 1℃比较合适（见表 3-64）。

表 3-64　　　　　　　　相当于饱和蒸发温度差 1℃的氟里昂压力损失　　　　　　　单位：kPa

饱和蒸发温度/℃	饱和蒸发温度差 1℃的压力损失/Pa		饱和蒸发温度/℃	饱和蒸发温度差 1℃的压力损失/Pa	
	F-12	F-22		F-12	F-22
−40	2.942	4.903	−10	7.845	12.749
−30	4.413	6.865	0	9.807	16.671
−20	5.884	9.807	10	12.749	20.594

① 高压供液管：一般认为高压供液管中的压力损失控制在相当于饱和温度差 0.5℃比较适当。冷凝器与贮液桶之间的均压管管径见表 3-65。

表 3-65　　　　　　　　　　　　　　　　均压管管径

公称直径/mm		15	20	25	32	40	50
最大能量 /（MJ/h）	F-12	502.4 (12)	1005 (24)	1675 (40)	2931 (70)	3977 (95)	6699 (160)
	F-22	628 (150)	1256 (300)	2093 (500)	3768 (900)	5024 (1200)	8374 (2000)

注：括号内的单位为 Mcal/h。

② 低压供液管：热力膨胀阀的低压供液管中不可避免地带有大量的闪发气体，故属于两相流动，阻力比纯液体大得多，此阻力可按高压供液管的阻力乘以表 3-66 中的倍数。

表 3-66　　　　　　　　　　热力膨胀阀后低压供液管的阻力倍数

膨胀阀前的液温/℃	蒸发温度/℃	阻力倍数		膨胀阀前的液温/℃	蒸发温度/℃	阻力倍数	
		F-12	F-22			F-12	F-22
30	10	24	12	40	10	19	17
	0	21.5	18.5		0	29	24.5
	−10	33.5	28.5		−10	43	35.5
	−20	52	43.5		−20	61	51
	−30	76.5	64		−30	93	77

低压供液管管径的大小，可按供液的通路长度和每个通路负荷来决定。氟里昂系统的每个通路允许长度取决于允许压力损失，对 F-12 一般宜控制在饱和蒸发温度降 2℃以内，F-22 一般宜控制在饱和蒸发温度降 1℃以内。按这个条件算出允许通路长度或允许负荷。

（三）氨泵的选择计算

氨泵的选择计算包括流量和扬程两部分。

1. 氨泵的流量计算

$$Q=\frac{nGv}{\gamma}\ (\text{m}^3/\text{h})$$

式中　Q——氨泵的流量，m^3/h

　　　　n——氨循环倍数，$n=5\sim6$

　　　　G——系统所需的制冷量，J/h

　　　　v——氨液比体积，m^3/kg

　　　　γ——氨液的汽化潜热，J/kg

2. 氨泵扬程的计算

氨泵的排出压力应能克服管件、管道和高度上的各项阻力。有的设计单位为了保证氨泵能稳定输液，考虑增加一些余量，一般为 $74\sim98\text{kPa}$。

（1）先计算出管子长度和管件的当量长度，然后计算阻力损失。管件换算成管子的当量长度为：

$$l=nAd_1\ (\text{m})$$

式中　l——管件的当量长度，m

　　　　n——该管件的个数

　　　　A——折算系数（见表 3-67）

　　　　d_1——管子内径，m

表 3-67　　　　　　　　　　　　　折算系数 A 的数值

管　件	折算系数	管　件	折算系数
45°弯头	15	角阀全开	170
90°弯头	32	扩径 $d/D=1/4$	30
180°弯头	75	扩径 $d/D=1/2$	20
180°小型弯头	50	扩径 $d/D=3/4$	17
三通 └	60	缩径 $d/D=1/4$	15
三通 ↓	90	缩径 $d/D=1/2$	12
球阀全开	300	缩径 $d/D=3/4$	7

注：表中 d——小管子外径，m；D——大管子外径，m。

（2）各项阻力所引起的总压力损失：

$$\Delta P=\Delta P_1+\Delta P_2+\Delta P_3\ (\text{Pa})$$

式中　ΔP——总压力损失，Pa

　　　　ΔP_1——沿程阻力损失，Pa

　　　　ΔP_2——局部阻力损失，Pa

　　　　ΔP_3——液位升高所导致的压力损失，Pa

$$\Delta P_1 + \Delta P_2 = \lambda \frac{L}{d_1} \frac{\omega^2}{2} \rho \quad (Pa)$$

式中　λ——摩擦阻力系数，氨液的摩擦阻力系数为 0.035

　　　L——管子长度（包括局部阻力的当量长度在内），m

　　　d_1——管子内径，m

　　　ω——氨液的流速，m/s

　　　ρ——氨液的密度，kg/m³，（ρ＝68MPa）

$$\Delta P_3 = \rho g H \quad (Pa)$$

式中　ρ——氨液的密度，kg/m³

　　　g——重力加速度，g＝9.81（m/s²）

　　　H——输液高度，m

八、生产车间水、汽等总管管径的确定

生产车间水、汽等总管管径的确定也可按两种方法进行：一种是根据生产车间耗水（或耗汽等）高峰期时的耗量来计算管径；另一种是按生产车间耗水（或耗汽等）高峰期时同时使用的设备及各工种的管径截面积之和来计算。目前一般采用后一种方法，其优点是计算简单方便，余量较大，比较适合工厂的实际生产情况。其具体做法如下：根据产品的方案，将各产品在生产过程中分别做出用水（或用汽等）的操作图表，看哪一个产品在哪一个时候用水（或用汽等）的设备最多，耗量最大。而设备上的进水管径是固定的。所以，进入生产车间的水管或蒸汽管的总管内径，其平方值应等于高峰期各同时用水或用汽管道内径的平方和。根据算出的内径再查标准管即可。厂区总管也可按此法进行计算。

九、管　道　附　件

（一）管件与阀件

管路中除管子外，为满足工艺生产和安装检修的需要，管路中还有其他许多的附件，如：短管、弯头、三通、异径管、法兰、阀门等，我们通常称这些附件为管道附件，简称管件和阀件。它是组成管路不可缺少的部分。有了这些管道附件，管路的安装和检修则方便得多，可以使管路改换方向、变化口径、连通和分流以及调节和切换管道中的流体等。下面介绍几种管道附件。

1. 弯头

弯头的作用主要是用来改变管路的走向。常用的弯头根据其弯曲程度的不同，有45°、90°及 180°弯头。180°弯头又称 U 形弯管，在冷库冷排中用得较多。其他还有根据工艺配管需要的特定角度的弯头。

2. 三通

当一条管路与另一条管路相连通，或管路需要有旁路分流，其接头处的管件称为三通。根据接入管的角度不同，有垂直接入的正三通，有斜度接入的斜接三通。此外，还可按出入口的口径大小差异来分，如等径三通、异径三通等。除常见的三通管件外，根

据管路工艺需要，还有更多接口的管件。如四通、五通、异径斜接五通等。

3. 短接管和异径管

当管路中短缺一小段，或因检修需要在管路中设置一小段可拆的管段时，经常采用短接管。它是一短段直管，有的带连接头（如法兰、丝扣等）。

将两个不等管径的管口连接起来的管件称为异径管，也称为大小头，用于连接不同管径的管子。

4. 法兰

为了便于安装和维修，管路中常采用可拆的连接。法兰和活接就是这种常用的连接管件。

5. 阀门

阀门是管路中用作调节流量、切断或切换管路，以及对管路起安全、控制作用的一类管件，通常称为阀门。根据阀门在管路中的作用不同，有截止阀、节流阀、止回阀、安全阀等区别。又根据阀门的结构形式不同，可分为闸阀、旋塞阀（即考克）、球阀、蝶阀、隔膜阀、衬里阀等。此外，根据制作阀门的材料不同，又分不锈钢阀、铸钢阀、塑料阀、陶瓷阀等。

（1）阀门产品型号　阀门产品型号，由七个单元组成，其代号是按下列顺序进行编排的：

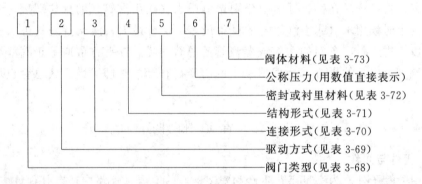

阀体材料（见表 3-73）
公称压力（用数值直接表示）
密封或衬里材料（见表 3-72）
结构形式（见表 3-71）
连接形式（见表 3-70）
驱动方式（见表 3-69）
阀门类型（见表 3-68）

表 3-68　　　　　　　　　　阀门类型

类别	闸阀	截止阀	球阀	蝶阀	隔膜阀	旋塞	止回阀	安全阀	减压阀	疏水器
代号	Z	J	Q	D	G	X	H	A	Y	S

表 3-69　　　　　　　　　　阀门驱动方式

驱动方式	蜗轮	正齿轮	伞齿轮	气动	液动	电动
代号	3	4	5	6	7	9

注：对于手动或自动阀门则省略本单元。

表 3-70　　　　　　　　　　阀门连接形式

连接形式	内螺纹	外螺纹	法兰	焊接	对夹	卡箍	卡套
代号	1	2	4	6	7	8	9

表 3-71 阀门结构形式

	结 构 形 式			代号		结 构 形 式		代号
闸阀	楔式	明杆	单闸板	1	旋塞	填料	直通式	3
			双闸板	2			三通式	4
		暗杆	单闸板	5		油密封	直通式	7
			双闸板	6			三通式	8
	平行式	明杆	单闸板	3	蝶阀		垂直板式	1
			双闸板	4			斜板式	3
截止阀			直通式	1			杠杆式	0
			直角式	4	减压阀		薄膜式	1
			直流式	5			弹簧薄膜式	2
			波纹管式	8			活塞式	3
			压力计	9			波纹管式	4
止回阀	升降式		水平瓣	1	安全阀	弹簧式	封闭	微启式	1
			垂直瓣	2				全启式	2
	旋启式		单瓣	4				带扳手双簧微启式	3
			多瓣	5				带扳手全启式	4
隔膜阀			屋脊式	1			不封闭	带扳手微启式	7
			截止式	3				带扳手全启式	8
			直流式	5				带散热片全启式	0
			闸板式	7				脉冲式	9
球阀	浮动球		直通式	1	疏水阀			浮球式	1
			三通式（T）	4				钟形浮子式	5
			三通式（L）	5				脉冲式	8
	固定球		直通式	1				热动力式	9

表 3-72 阀门的密封或衬里材料

材料	铜合金	橡胶	尼龙塑料	氟塑料	巴氏合金	不锈钢	渗氮钢	硬质合金	衬胶	衬铅	衬塑料	搪瓷
代号	T	X	SN	SA	B	H	D	Y	CJ	CQ	CS	TC

表 3-73 阀体材料

阀体材料	灰铸铁	可锻铸铁	高硅铸铁	球墨铸铁	铜和铜合金	碳素钢	铬钼合金钢	铬镍钛耐酸钢	铬镍钼钛耐酸钢	铬钼钒合金钢
代号	Z	K	G	Q	T	C	I	P	R	V

注：（1）新型号标准尚未公布，故尚为原型号标准；

（2）对于 PN<1.6MPa 灰铸铁阀体和 PN<2.5MPa 的碳素钢阀体，则省略本单元。

产品型号编制举例：型号为 J41H-40Q，表明为手动法兰连接、直通式、密封面材料为不锈钢，公称压力为 4.0MPa，阀体材料为球墨铸铁的截止阀。

（2）**阀门选择** 阀门的选用应根据介质的性质和参数，选用可靠、灵便、价廉的阀门。各种阀门的结构特点见表 3-74。常用管件与阀门性能总结于表 3-75。

表 3-74 常用阀门的结构特点和适用场合

类 别	结 构 特 点	适 合 场 合
旋塞阀	结构简单，关闭迅速，阻力小，便于制成三通或四通，密封面易磨损	只适用于一般低温、低压液体作开闭用，不宜作调节流量用
闸阀	密封性较好，阻力小，结构较复杂，密封面易磨损	一般用于大口径管道，明杆式适用于腐蚀介质，暗杆式适用于非腐蚀介质，平行式适用于清水
截止阀	结构较闸阀简单，维修方便，可调节流量，阻力较大	不宜用于带颗粒或黏度较大的介质
球阀	结构简单，体积小，开关迅速，阻力小，制作精度要求高	不宜用于高温介质中
蝶阀	结构简单，质量轻	用于大管径低压水、空气、煤气等
隔膜阀	结构简单，便于检修，流体阻力小	适用于酸性介质和带悬浮物的介质
减压阀	靠膜片、弹簧、活塞等被感元件使蒸汽、空气达到自动减压	只适用于蒸汽、空气等清净介质，不能用于液体
止回阀	能自动关闭或开启	用于清净介质；升降式用于水平管道，旋启式用于垂直管道
安全阀	借弹簧、杠杆或脉冲作用，自动排除超过规定的介质压力，保证安全运行	弹簧式普遍用于水、蒸汽、空气；杠杆式和脉冲式用于锅炉系统；有毒介质采用封闭式

表 3-75 常用管件与阀门性能表

管件与阀门		性 能 与 应 用
管件		为满足工艺生产和安装检修等需要，管道构件如弯头、三通等是管道组成中必不可少的部分
	弯头	主要用来改变管路的走向，常见的有 45°、90°、180°
	三通	当一条管路与另一条管路相连通时，或管道需要有旁路分流时，其接头处的管件称三通。根据接入管的角度不同或口径大小而异，有正接三通、斜接三通、等径三通、异径三通，还有四通、五通等
	短接管和异径管	当管道装配中短缺一小段，或在管路中需设置一小段可拆的管段时，经常有短接管，它是一短段直管，有的带连接头（法兰、丝扣等）
	法兰、活络管接头、盲板	为便于安装、检修，管路中采用可拆连接，法兰、活络管接头是常用件。活络管接头大多用于管径不大（$\phi<100mm$）的水煤气管。绝大多数钢管采用法兰连接；食品工厂的物料管道常需拆开清洗，所以常用活络接头（由宁）来连接物料管路；在一些需要检修或清理的管路中，也有装手孔盲板的，有的直接装在管端或管道中的某一段
阀门		阀门在管道中用来调节流量，切断或切换管道，或对管道起安全、控制作用。阀门的选择是根据工作压力、介质温度、介质性质（含有固体颗粒、黏度大小、腐蚀性）和操作要求（启闭或调节等）进行的
	旋塞	结构简单，外形尺寸小，启闭迅速，操作方便，管道阻力损失小；但不适于控制流量，不宜使用在压力较高、温度较高的液体管道和蒸汽管道中；适用于温度较低的液体管道中，也适用于介质中含有晶体和悬浮物的、黏度较低的液体管道中
	截止阀	具有操作可靠、容易密封、容易调节流量和压力，耐最高温达 300℃ 的特点；缺点是阻力大、杀菌蒸汽不易排除，灭菌不完全，不得用于输送含有晶体和悬浮物的液体管道中，常用于水、蒸汽、压缩空气、真空及油品介质
	闸阀	阻力小、没有方向性、不易阻塞，适用于不沉淀物料管线的安装。一般用于大管道中作启闭阀，常用于水、蒸汽、压缩空气、真空等

续表

管件与阀门		性 能 与 应 用
阀门	隔膜阀	结构简单、密封可靠、便于检修、液体阻力小,适用于输送酸性介质和带悬浮物的液体管道,用于食品工业时所采用的橡皮应耐高温且无毒
	球阀	结构简单、体积小、开关迅速、阻力小、常用于食品工业的配管中
	针形阀	能精确地控制液体流量,在食品工厂主要用于取样管道上
	止回阀	靠液体自身的力量开闭,不需要人工操作,其作用是阻止液体倒流,也称止逆阀、单向阀
	安全阀	在锅炉、管道和各种压力容器中,为了控制压力不超过允许数值,需要安全阀,能根据介质的工作压力自动启闭
	疏水器	作用是排除加热设备或蒸汽管线中的蒸汽凝结水,同时能阻止蒸汽的泄漏
	蝶阀	又称翻板阀。结构简单、外形尺寸小,是利用一个可以在管内转向的圆盘(或椭圆盘)来控制管道流量的。由于蝶阀不易和管壁严密配合,密封性差,只适用于调节流量,不能用于切断管路。常用于输送水、空气等介质的管道中,在食品物料的输送中也常用来调节流量

(二) 管道的连接

管道的连接包括管道和管道的连接,管道与各种管件、阀件及设备接口等处的连接。目前比较普遍采用的有:法兰连接、螺纹连接、焊接及填料式连接等。

1. 法兰连接

法兰连接是一种可拆式的连接。法兰连接通常也称作法兰盘连接或管接盘连接。它由法兰盘、垫片、螺栓和螺母等零件组成。法兰盘与管道是固定在一起的。法兰与管道的固定方法很多,常见的有以下几种:

(1)整体式法兰 管道与法兰盘是连成一体的,常用于铸造管路中(如铸铁管等)以及铸造的机器设备接口和阀门的法兰等。在腐蚀性强的介质中可采用铸造不锈钢或其他铸造的合金及有色金属铸造的整体法兰。

(2)搭焊式法兰 管道与法兰盘的固定是采用搭接焊接的,搭接法兰习惯称作平焊法兰。

(3)对焊法兰 通常又称作高颈法兰,它的根部有一较厚的过渡区,这对法兰的强度和刚度有很大的好处,改善了法兰的受力情况。

(4)松套法兰 它又称作活套法兰。法兰盘与管道不直接固定。在钢管道上,是在管端焊一个钢环,法兰压紧钢环使之固定。

(5)螺纹法兰 这种法兰与管道的固定是可拆的结构。法兰盘的内孔有内螺纹,而在管端车制相同的外螺纹,它们是利用螺纹的配合来固定的。

法兰连接主要依靠两个法兰盘压紧密封材料来达到密封。法兰的压紧力是靠法兰连接的螺栓来达到的。常用法兰连接的密封垫圈材料见表 3-76。

表 3-76　　　　　　　　　　　　　　法兰连接的垫圈材料

介 质	最大工作压力/kPa	最高工作温度/℃	垫 圈 材 料
水、中性盐溶液	196.133	120	浸渍纸板
	588.399	60	软橡胶
	980.665	150	软橡胶
	4903.325	300	石棉橡胶

续表

介 质	最大工作压力/kPa	最高工作温度/℃	垫 圈 材 料
水蒸气	147.1	110	石棉纸、夹石墨的石棉纸
	196.133	120	石棉板与纤维质垫片
	1471	200	浸渍石棉纸板
	3922.66	300	石棉橡胶
空气	588.399	60	中等硬度和弹性的橡胶
	980.665	150	耐热橡胶

2. 螺纹连接

管路中螺纹连接大多用于自来水管路、一般生活用水管路和机器润滑油管路中。管路的这种连接方法可以拆卸，但没有法兰连接那样方便，密封可靠性也较低。因此，使用压力和使用温度不宜过高。螺纹连接的管材大多采用水煤气管。

3. 焊接连接

焊接连接是一种不可拆的连接结构，它是用焊接的方法将管道和各管件、阀门直接连成一体的。这种连接密封非常可靠，结构简单，便于安装，但给清洗、检修工作带来不便。焊缝焊接质量的好坏，将直接影响连接强度和密封质量。为保证焊缝质量，可用 X 光拍片和试压方法检查。

4. 其他连接

除上述常见的三种连接外，还有承插式连接、填料函式连接、简便快接式连接等。

（三）**管道符号**

管道符号包括管道中流体介质的代号，管路连接符号和管件符号等，其表示方法分别见表 3-77、表 3-78、表 3-79。

国际上现已普遍采用设备数据表的形式作为采购设备的技术文件，我国正在逐步推广之中。

表 3-77 流体介质代号

流 体 名 称	水	蒸 汽	物 料	压 缩 空 气
代号	W	S	P	A

注：按国际规范采用英文的第一个字母。

表 3-78 管路连接符号（摘自 GB/T 50001—2010）

名 称	法兰堵盖	法兰连接	管道丁字上接	管道丁字下接	管道交叉	管 堵
符 号						

名 称	活接头	盲 板	三通连接	四通连接	弯折管
符 号					

表 3-79　　管件和阀件符号（摘自 GB/T 50001—2010）

管件			
管件名称	符号	管件名称	符号
Y形除污器		存水弯 2	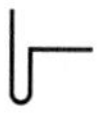
波纹管		存水弯 3	
挡墩	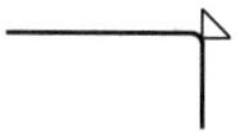	短管 1	
方形地漏 1	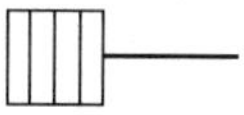	短管 2	
方形地漏 2		短管 3	
方形伸缩器	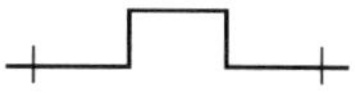	喇叭口 1	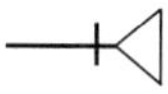
放回流污染止回阀	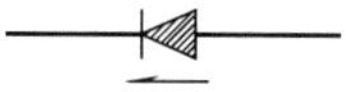	喇叭口 2	
刚性防水套管	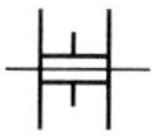	偏心异径管	
管道固定支架		弯头 1	
管道滑动支架	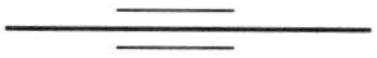	弯头 2	
减压孔板	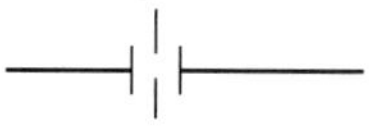	弯头 3	
可曲挠橡胶接头		斜三通 1	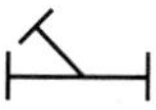
立管检查口		斜三通 2	
毛发聚集器——平面	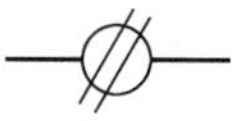	排水漏斗——平面	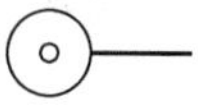
毛发聚集器——系统		排水漏斗——系统	
存水弯 1		清扫口——平面	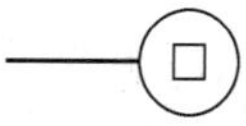

续表

管 件			
管件名称	符号	管件名称	符号
清扫口——系统		乙字管	
柔性防水套管		异径管1	
套管伸缩器		异径管2	
通气帽——成品		异径管3	
通气帽——铝丝球		浴盆排水件1	
吸气阀		浴盆排水件2	
雨水斗——平面	YD-	正三通1	
雨水斗——系统	YD-	正三通2	
圆形地漏1		正三通3	
圆形地漏2		正四通1	
自动冲洗水箱1		正四通2	
自动冲洗水箱2		正四通3	
斜四通		转动接头	

续表

阀		件	
管 件 名 称	符 号	管 件 名 称	符 号
弹簧安全阀1		球阀	
弹簧安全阀2		三通阀	
底阀1		疏水器	
底阀2		四通阀	
电磁阀		温度调节阀	
电动阀		吸水喇叭口——平面	
蝶阀		吸水喇叭口——系统	
浮球阀——平面		消声止回阀	
浮球阀——系统		旋塞阀——平面	
隔膜阀		旋塞阀——系统	
减压阀		压力调节阀	
角阀		延时自闭冲洗阀	
截止阀——DN<50		波动阀	
截止阀——DN≥50		闸阀	
平衡锤安全阀		止回阀	
气闭隔膜阀		自动排气阀——平面	
气动阀		自动排气阀——系统	
气开隔膜阀			

（四）管路的支架和补偿

1. 管路的支架

管路支架是用来支撑和固定管路用的。有用钢结构和钢筋混凝土结构的。管架又有室外管架和室内管架之别。一般室外管较长，而且要穿越马路和厂房等，需架空或敷设地沟，往往把许多管路集中到专门用来支撑管路的管架上，有的像栈桥一样。而室内的管路一般利用厂房的墙壁、柱子、楼板以及机器设备的本身构件来支撑、吊挂和固定管路。

外管架的结构型式很多，常见的有独立式管架，如丁字架、十字架、悬臂式、梁架式、桁架式、悬杆式、悬索式以及拱桥式等，见图 3-21。

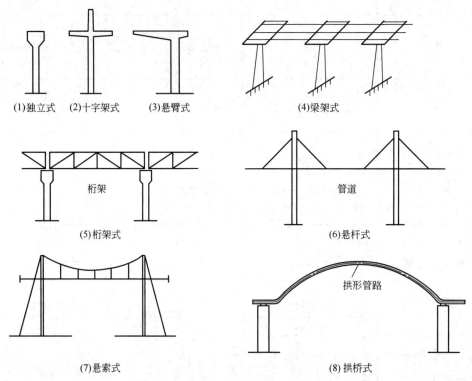

(1)独立式　(2)十字架式　(3)悬臂式　(4)梁架式

(5)桁架式　(6)悬杆式

(7)悬索式　(8)拱桥式

图 3-21　外管架示意图

室内管路支架主要结构有：吊架式、悬臂式、三角支撑、夹柱式支架、立柱式支架等（见图 3-22）。此外，对有振动的管道可用弹簧式和夹持式管架，对有热伸长的管路采用滑动（滚动）式支架（见图 3-23）。

管架设置主要考虑因素是管路的负荷，即包括管子的自重、管内物料以及其他附件、保温、防腐重量等。有的大口径管路还往往为小管路的支架，所以，把这些重量都应考虑在内。两个管架之间的距离决定于管路在两管架间的管路挠度不应超过规定限度，一般挠度不应超过 0.1DN。支架设置中另一个要考虑的因素是管路的冷热伸缩对管架的作用力和管路的转弯处对支架的作用，以及管内介质的脉动作用力、风载荷等。这些力如果得不到固定或合理的补偿就可能导致管路的损坏，直接威胁安全生产。所以，严格地讲，管架设置要经详细的设计计算。

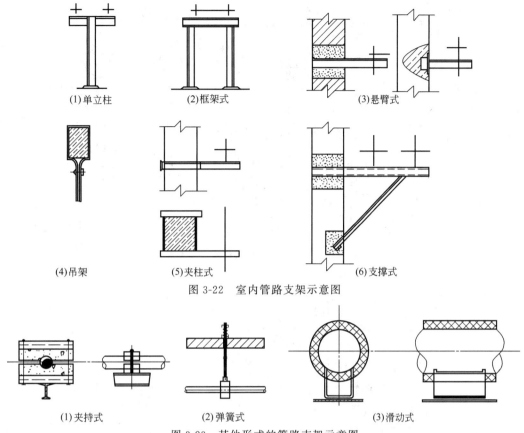

(1)单立柱　　(2)框架式　　　　　(3)悬臂式

(4)吊架　　　(5)夹柱式　　　　　(6)支撑式

图 3-22　室内管路支架示意图

(1)夹持式　　　　(2)弹簧式　　　　　(3)滑动式

图 3-23　其他形式的管路支架示意图

内外管路敷设在支架上，大部分是用管托和管卡来固定（或支撑）的。根据不同需要现已逐渐系列化了。常见的管托有：焊接型滑动固定、导向管托、高压管托、固定挡板及导向板、低温管路用滑动固定管托等，如图 3-24 所示。

常用的管卡有：圆钢管卡、导向管卡、扁钢管卡等，如图 3-25 所示。

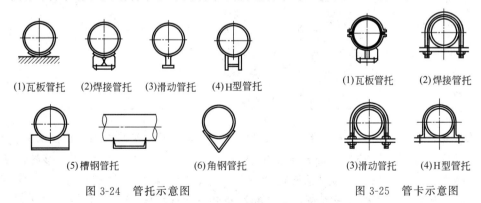

(1)瓦板管托　(2)焊接管托　(3)滑动管托　(4)H型管托

(5)槽钢管托　　　　(6)角钢管托

图 3-24　管托示意图

(1)瓦板管托　　(2)焊接管托

(3)滑动管托　　(4)H型管托

图 3-25　管卡示意图

常用的管吊有：焊接型（平管、弯管、主管等）管吊、卡箍型管吊、吊于管子上的管吊以及型钢吊架等。此外，还有用于防震管路的弹簧管吊、管托等各种结构，如图 3-26 所示。

153

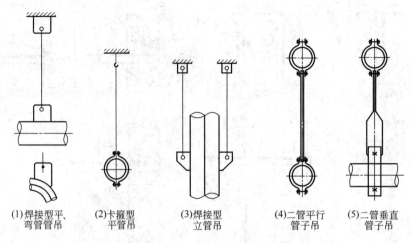

图 3-26　管吊示意图

2. 管路的补偿

管路在输送热介质液体时（如蒸汽、冷凝水、过热水等）要受到热膨胀，对此应考虑管路的热伸长量的补偿问题。管路受热伸长量可按下式计算：

$$\Delta L = \alpha L(t_1 - t_2) \quad (m)$$

式中　　ΔL——热伸长量，m

α——材料线膨胀系数（见表 3-80）

L——管路长度，m

t_1——输送介质的温度，K

t_2——管路安装时空气的温度，K

表 3-80　　　　　　　　　　　　各种材料的线膨胀系数

管子材料	α 值/ [m/ (m・k)]	管子材料	α 值/ [m/ (m・k)]
镍钢	13.1×10^{-6}	铁	12.35×10^{-6}
镍铬钢	11.7×10^{-6}	铜	15.96×10^{-6}
碳素钢	11.7×10^{-6}	铸铁	11×10^{-6}
不锈钢	10.3×10^{-6}	青铜	18×10^{-6}
铝	8.4×10^{-6}	聚氯乙烯	7×10^{-6}

从计算公式可以看出，管路的热伸长量 ΔL 与管长、温度差的大小成正比关系。在直管中的弯管处可以自行补偿一部分伸长的变形，但对较长的管路往往是不够的，所以，须设置补偿器来进行补偿。如果达不到合理的补偿，则管路的热伸长量会产生很大的内应力，甚至使管架或管路变形损坏。常见的补偿器有"Ⅱ"型、"Ω"型、"波型"、"填料型"等几种（如图 3-27 所示），其中"波型"补偿器使用在管径较大的管路中，"Ⅱ"型和"Ω"型补偿器制作比较方便，在蒸汽管路中采用较为普遍。而"填料型"大多用于铸铁管路和其他脆性材料的管路。

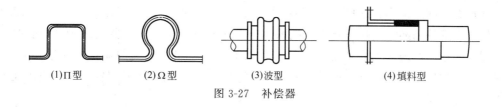

(1)Π型　　　　(2)Ω型　　　　(3)波型　　　　(4)填料型

图 3-27　补偿器

十、管路的保温及标志

（一）管路的保温

管路保温的目的是使管内介质在输送过程中，不冷却、不升温，也就是不受外界温度的影响而改变介质的状态。管路保温有采用保温材料包裹管外壁的方法。管路保温常采用导热性差的材料作保温材料。常用的有毛毡、石棉、玻璃棉、矿渣棉、珠光砂及其他石棉水泥制品等。管路保温层的厚度要根据管路介质热损失的允许值（蒸汽管道每米热损失许用范围见表 3-81）和保温材料的导热性能通过计算来确定（见表 3-82、表 3-83）。

表 3-81　　　　　　　　　　蒸汽管道每米热损失允许范围　　　　　单位：$J/(m \cdot s \cdot K)$

公称直径（DN）/mm	管内介质与周围介质的温度差/K				
	45	75	125	175	225
25	0.570	0.488	0.473	0.465	0.459
32	0.671	0.558	0.521	0.505	0.497
40	0.750	0.621	0.568	0.544	0.528
50	0.775	0.698	0.605	0.565	0.543
70	0.916	0.775	0.651	0.633	0.594
100	1.163	0.930	0.791	0.733	0.698
125	1.291	1.008	0.861	0.798	0.750
150	1.419	1.163	0.930	0.864	0.827

表 3-82　　　　　　　　　　部分保温材料的导热系数　　　　　　　单位：$J/(m \cdot s \cdot K)$

名　　称	导热系数	名　　称	导热系数
聚氯乙烯	0.163	软木	0.041～0.064
聚苯乙烯	0.081	锅炉煤渣	0.186～0.302
低压聚乙烯	0.291	石棉板	0.116
高压聚乙烯	0.254	石棉水泥	0.349
松木	0.070～0.105		

表 3-83　　　　　　　　　　管道保温厚度之选择　　　　　　　　　单位：mm

保温材料的导热系数 / [$J/(m \cdot s \cdot K)$]	蒸汽温度/K	管道直径（DN）			
		～50	70～100	125～200	250～300
0.087	373	40	50	60	70
0.093	473	50	60	70	80
0.105	573	60	70	80	90

注：在 263～283K 范围内一般管径的冷冻水（盐水）管保温采用 50mm 厚聚乙烯泡沫塑料双合管。

在保温层的施工中，必须使被保温的管路周围充分填满，保温层要均匀、完整、牢固。保温层的外面还应采用石棉水泥抹面，防止保温层开裂。在有些要求较高的管路中，保温层外面还需缠绕玻璃布或加铁皮外壳，以免保温层受雨水侵蚀而影响保温效果。随着科学技术的发展，外保温现已普遍采用铝-塑复合材料，既防雨水侵蚀，又有美观大方、施工便捷的优点。

（二）管路的标志

食品工厂生产车间需要的管道较多，一般有水、蒸汽、真空、压缩气和各种流体、物料等管道。为了区分各种管道，往往在管道外壁或保温层外面涂有各种不同颜色的油漆。油漆既可以保护管路外壁不受环境大气影响而腐蚀，同时也用来区别管路的类别，使我们醒目地知道管路输送的是什么介质，这就是管路的标志。这样，既有利于生产中的工艺检查，又可避免管路检修中的错乱和混淆。现将管路涂色标志列于表3-84中。

表 3-84　　　　　　　　　　　　　　管路涂色标志

序　号	介质名称	涂　色	管道注字名称	注字颜色
1	工业水	绿	上水	白
2	井水	绿	井水	白
3	生活水	绿	生活水	白
4	过滤水	绿	过滤水	白
5	循环上水	绿	循环上水	白
6	循环下水	绿	循环回水	白
7	软化水	绿	软化水	白
8	清净下水	绿	净下水	白
9	热循环水（上）	暗红	热水（上）	白
10	热循环回水	暗红	热水（回）	白
11	消防水	绿	消防水	红
12	消防泡沫	红	消防泡沫	白
13	冷冻水（上）	淡绿	冷冻水	红
14	冷冻回水	淡绿	冷冻回水	红
15	冷冻盐水（上）	淡绿	冷冻盐水（上）	红
16	冷冻盐水（回）	淡绿	冷冻盐水（回）	红
17	低压蒸汽＜1.3MPa	红	低压蒸汽	白
18	中压蒸汽 1.3～4.0MPa	红	中压蒸汽	白
19	高压蒸汽 4.0～12.0MPa	红	高压蒸汽	白
20	过热蒸汽	暗红	过热蒸汽	白
21	蒸汽回水冷凝液	暗红	蒸汽冷凝液（回）	绿
22	废弃的蒸汽冷凝液	暗红	蒸汽冷凝液（废）	黑
23	空气（工艺用压缩空气）	深蓝	压缩空气	白
24	仪表用空气	深蓝	仪表空气	白
25	真空	白	真空	天蓝
26	氨气	黄	氨	黑
27	液氨	黄	液氨	黑
28	煤气等可燃气体	紫	煤气（可燃气体）	白
29	可燃液体（油类）	银白	油类（可燃液体）	黑
30	物料管道	红	按管道介质注字	黄

十一、管路设计及安装

（1）在进行管路设计时，应具有下列资料

① 工艺流程图；

② 车间平面布置图和立面布置图；

③ 重点设备总图，并表明流体进出口位置及管径；

④ 物料计算和热量计算（包括管路计算）资料；

⑤ 工厂所在地地质资料（主要是地下水位和冻结深度等）；

⑥ 地区气候条件；

⑦ 厂房建筑结构；

⑧ 其他（如水源、锅炉房蒸汽压力和水压力等）。

（2）管路设计应完成下列图纸和说明书

① 管路配置图：包括管路平面图和重点设备管路立面图、管路透视图；

② 管路支架及特殊管件制造图；

③ 施工说明，其内容为施工中应注意的问题，各种管路的坡度，保温的要求，安装时不同管架的说明等。

（3）管路设计及安装的一般原则　正确的设计和敷设管道，可以减少基建投资、节约管材以及保证正常生产。管道的正常安装，不但使车间布置得整齐美观，而且对操作的方便、检修的难易、经济的合理性、甚至生产的安全都起着极大的作用。

要正确地设计管道，必须根据设备布置进行考虑。以下几条原则，供设计管路时参考。

① 管道应平行敷设，尽量走直线，少拐弯，少交叉，以求整齐美观、便捷；

② 并列管道上的管件与阀件应错开安装；

③ 在焊接或螺纹连接的管道上应适当配置一些法兰或活管接，以便安装拆卸和检修；

④ 管道应尽可能沿厂房墙壁安装，管与管间及管与墙间的距离，以能容纳活管接和法兰以及进行检修为度（见表3-85）。

表 3-85　　　　　　　　　　**管道离墙的安装距离**　　　　　　单位：mm

DN	25	40	50	80	100	125	150	200
管中心离墙距离	120	150	150	170	190	210	230	270

⑤ 管道离地的高度以便于检修为准，但通过人行道时，最低点不得小于2m，通过公路时，不得小于4.5m，与铁路铁轨面净距不得小于6m，通过工厂主要交通干线一般标高为5m；

⑥ 管道上的焊缝不应设在支架范围内，与支架距离不应小于管径，但至少不得小于200mm，管件两焊口间的距离也同此；

⑦ 管道穿过墙壁时，墙壁上应开预留孔，过墙时，管外加套管。套管与管子的环隙间应充满填料，管道穿过楼板时也相同。套管长度应长于楼面上、下各50mm以上，以

防工人误操作时将水或物料流到楼下，或污染楼下天花板；

⑧ 管子应尽量集中敷设，在穿过墙壁和楼板时，更应注意；

⑨ 穿过墙壁或楼板间的一段管道内避免有焊缝；

⑩ 阀件及仪表的安装高度主要考虑工人操作方便和安全。下列数据供参考：阀门（球阀、闸阀及旋塞等）1.2m，安全阀2.2m，温度计1.5m，压力表1.6m；

如阀件安装位置较高时，一般管道标高以能用手柄启闭阀门为宜。

⑪ 坡度：气体及易流动物料的管道坡度一般为3/1000～5/1000，黏度较大物料的坡度一般≥1%；

⑫ 管道各支点间的距离是根据管子所受的弯曲应力来决定，并不影响所要求的坡度（见表3-86）。有关热损失和保温层厚度可按表3-82和表3-83中的数据来计算；

表 3-86 管道跨距 单位：mm

管外径		32	28	50	60	76	89	114	133
管壁厚		3.0	3.0	3.5	3.5	4.0	4.0	4.5	4.5
无保温	直管	4.0	4.5	5.0	5.5	6.5	7.0	8.0	9.0
	弯管	3.5	4.0	4.0	4.5	5.0	5.5	6.0	6.5
保温	直管	2.0	2.5	2.5	3.0	3.5	4.0	5.0	5.0
	弯管	1.5	2.0	2.5	3.0	3.0	3.5	4.0	4.5

⑬ 输送冷流体（冷冻盐水等）管道与热流体（如蒸汽）管道应相互避开；

⑭ 管道应避免经过电机或配电板的上空，以及两者的邻近；

⑮ 一般的上、下水管及废水管宜采用埋地敷设，埋地管道的安装深度应在冰冻线以下；

⑯ 地沟底层坡度不应小于2/1000，情况特殊的可用1/1000；

⑰ 地沟的最低部分应比历史最高洪水位高500mm；

⑱ 真空管道应采用球阀，因球阀的流体阻力小；

⑲ 压缩空气可从空压机房送来，而真空最好由本车间附近装置的真空泵产生，以缩短真空管道的长度。用法兰连接可保证真空管道的密封性；

⑳ 长距离输送蒸汽的管道在一定距离处安装疏水器，以排除冷凝水；

㉑ 陶瓷管的脆性大，作为地下管线时，应埋设于离地面0.5m以下。

（4）管路布置图 管路布置图又称作管路配置图，是表示车间内外设备，机器间管道的连接和阀件、管件、控制仪表的安装情况的图样。施工单位根据管道布置图进行管道、管道附件及控制仪表等的安装。

管路布置图是根据车间平面布置图及设备图来进行设计绘制，它包括管路平面图、管路立面图和管路透视图。在食品工厂设计中一般只绘制管路平面图和透视图。管路布置图的设计程序是根据车间平面布置图，先绘制管路平面图，而后再绘制管路透视图。厂房若为多层建筑，须按层次（如一楼、二楼、三楼等）或按不同标高分别绘制平面图和透视图，必要时再绘制立面图，有时立面图还需分若干个剖视图来表示。剖切位置在平面图上用罗马字明显地表示出来。而后用Ⅰ-Ⅰ剖面、Ⅱ-Ⅱ剖面等绘制立面图。图样比例可用1：20、1：25、1：50、1：100、1：200等。在手工绘制管路图时，设备和建筑物用细实线画出简单的外形或结构，而管线不管粗细，均用粗实线的单线绘制；也有将较大直径的管道用双线表示，其线型的粗细与设备轮廓线相同。在用计算机 AutoCAD 绘图时，用不同的层或用不同的颜色来表示所要画的管路。管线中管道配件及控制仪表，应按规定符号表示。管路平面图上的设备编号，应与车间平面布置图一致。在图上还应标明建筑物地面或楼面的标高，建筑物的跨度和总长、柱的中心距、管道内的介质及介质压力、管道规格、管道标高、管道与建筑物之间在水平方向的尺寸，管道间的中心距、管件和计量仪器的具体安装位置等主要尺寸。有些尺寸也可在施工说明书上加以说明。尺寸标注方式是：水平方向的尺寸引注尺寸线，单位为 mm，高度尺寸可用标高符号或引出线标注，单位为 m。

① 管道布置图的基本画法

a. 不相重合的平行管线的画法见图 3-28。

b. 上下重合（或前后重合）的平行管线，在投影重合的情况下一般有两种表示方法：以前表示比较多的是在管线中间断出一部分，中间这一段表示下面看不见的管子，而两边长的代表上面的管子，这种表示方法已很少使用，因为假设有 4～5 根甚至更多的管子重合在一起，那就不大好表示了；另一种表示方法是重合部分只画一根管线，而用引出线自上而下或由近而远地将各重合管线标注出来。这种表示方法较为方便、明确，故在食品工厂设计中用得较多（图 3-29）。

c. 立体相交的管路画法：离视线近的能全部看见的画成实线，而离视线远的则在相交部位断开（图 3-30）。

d. 90°弯头向上、弯头向下；三通向上、三通向下的画法见表 3-78。

② 管路图的标注方法及涵义：在管路图中的各条管道都应标注出管道中的介质及其压力、管道的规格和标高，这样便于管路的安装施工。现将管路的标注方法举例示于图 3-31 中。

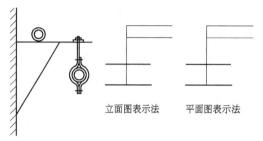

图 3-28　不相重合的平行管线画法

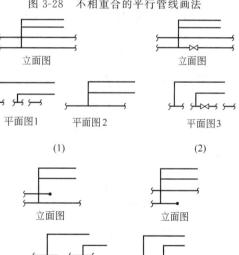

图 3-29　重叠管路的表示方法

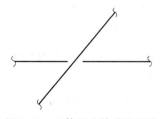

图 3-30　立体相交管路的画法

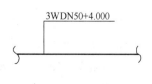

图 3-31　管路标注

其中"3"表示介质压力大小，其单位为 Pa，本例中"3"代表介质压力为 3×10^5 Pa（0.3MPa）；"W"代表管道中的介质为水（W 是水的代号）；"DN50"表示公称直径为 50mm 的管子，"＋4.000"表示管子的标高为正 4m。所以，本例管路标注的含义为：公称直径为 50 的管路中，通过 3×10^5（0.3MPa）压力的自来水，离标高为"0"的地坪的安装高度为 4m。

有了管路布置图的基本画法和标注方法，就可以把我们的设计思想、设计意图通过图纸的形式表示出来，由施工人员进行施工安装。那么，管路平面图和管路透视图又如何画呢？我们用一个简单的例子来加以说明。

【例】 有一水管管路由车间北面进入东北墙角，车间外管道埋地敷设，其标高为 $-0.5m$。进车间后沿东北墙角上升，到了 3m 处有一个三通，一路沿东墙朝南敷设，另一路向上至 4m 处有一弯头沿北墙向西。在向西管路的一个地方，再接一个三通，一路向南，而后有一弯头向下，一路继续沿北墙向西，而后也有一弯头向下。在沿东墙朝南管路的一个地方，也有一个三通，一路向西并有一弯头向下，一路继续向南墙边有一弯头沿南墙向西，然后有一弯头使管道向北，经一定距离，而后管道向下，在离地坪 2.5m 处有一弯头使管道向东，最后又有一弯头，使管道向下，试做管路平面图和管路透视图。

做管路平面图前必须先用细实线画出车间平面布置图，而后再根据设备和工艺的需要来进行设计。管路必须用粗实线表示。举例中没有车间平面布置图。为做图方便，所以先画一长方形，以表示车间平面，而后再根据文字叙述的设计意图进行绘制，并将管路标注清楚，最后得出如图 3-32 所示的管路平面图。

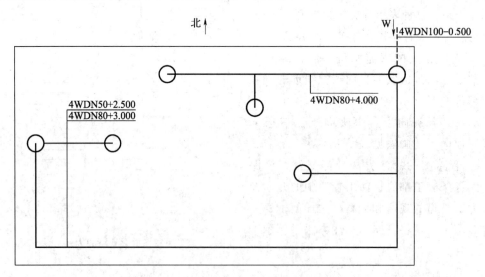

图 3-32　管路平面图

有了管路平面图，就可画管路透视图。所谓管路透视图，也就是管路的空间立体图。一般情况下，管路透视图上不画设备，更不画房屋的轮廓线。

管路透视图既然是立体图，那么图中就有 x、y、z 三根立体坐标轴（见图 3-33）。一般都把房屋的高度方向看做 y 轴，房屋开间方向（即房屋长）看做 x 轴，房屋的进深方向

（即房屋的宽）看做 z 轴。在做管路透视图时，z 轴方向可与 x 轴成 $45°$，也可以成 $30°$ 或 $60°$，其投影反映实长（即变形系数取 1）。所谓变形系数，即轴测单位长度与实长的比值，对于 z 轴的管线，变形系数也有 $1/2$、$1/3$ 或 $3/4$ 的。对于画管路透视图的初学者，可取变形系数为 1。在画管路透视图时，可先将车间的长、宽、高按比例画成一个立体空间，而后根据管路的高度和靠哪垛墙走，就顺着进行绘制，然后擦去车间立体空间轮廓线，即得管路透视图。根据图 3-32 的管路平面图，按上述方法绘制便得到图 3-34 的管路透视图。

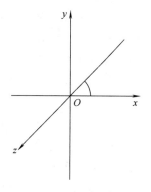

图 3-33 透视图坐标轴

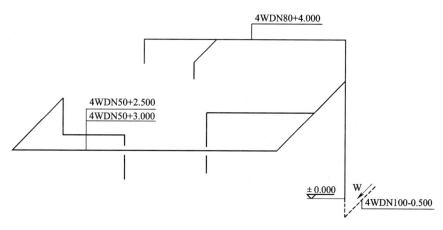

图 3-34 管路透视图

思考题

1. 什么是产品方案？

2. 在制定产品方案时应做到哪"四个满足"、哪"五个平衡"？

3. 确定班产量考虑的因素有哪些？

4. 食品工厂确定主要产品工艺流程的原则有哪几点？

5. 简述食品工厂确定工艺流程需注意的五个方面。

6. 食品工厂工艺流程的论证是在什么基础上进行的？工艺流程论证包括哪几方面的内容？

7. 为什么要进行物料计算（即物料计算的目的）？

8. 物料计算包括哪几个方面的内容？

9. 简述物料计算的方法。

10. 简述影响包装食品品质的因素。

11. 什么是包装材料？简述食品包装材料的种类。

12. 简述食品对包装材料的性能要求。

13. 食品工厂所使用的设备有哪四种类型？

14. 简述食品工厂生产车间设备选择的原则。

15. 简述食品工厂生产车间设备选择的注意要点。

16. 什么是劳动生产率？

17. 按自动化程度高、低，食品工厂是如何确定基本工人数的？

18. 什么是生产车间平面布置图？

19. 什么是生产车间立剖面图？

20. 食品工厂对地坪有哪些特殊要求？

21. 食品工厂对内墙面有什么要求？

22. 食品工厂生产车间供人流出入使用的门有什么要求？

23. 采光系数的定义是什么？

24. 食品工厂对楼盖有什么要求？

25. 楼盖构造的组成有哪些？

26. 楼梯的形式有哪些？

27. 基本模数是多少毫米？用什么符号表示？

28. 单层厂房开间（柱距）的扩大模数取多少？

29. 多层厂房开间（柱距）的扩大模数取多少？

30. 单层厂房跨度（进深）≤18m 时扩大模数取多少？

31. 单层厂房跨度（进深）＞18m 时扩大模数取多少？

32. 多层厂房跨度（进深）扩大模数取多少？

33. 概述食品工厂生产车间建筑特点。

34. 简述在布置食品工厂生产车间时要遵循的原则。

35. 简述食品工厂生产车间工艺布置的方法与步骤。

36. 食品工厂用水、用汽各包括哪些方面？估算用量有哪些方法？

37. 什么是公称直径？举例说明。

38. 试绘出表示管路的五种连接符号。

39. 管路附件包括哪些部件？它们各有何用？

40. 管路连接包括哪些内容？目前采用较多的连接方式有哪几种？

41. 分别写出管道中 4 个不同流体介质的代号。

42. 为什么要设计管路支架？为什么还要设置管路补偿器？并列举出常见的管路补偿器。

43. 为什么要进行管路保温？对管路保温层有哪些要求，以保证保温效果？

44. 简述食品工厂管路标志中水、蒸汽、真空、压缩空气各用什么颜色表示？

45. 简述食品工厂管路的标注方法及含义。

46. 试述管路设计的具体步骤和具体要求。

第四章 辅 助 部 门

学习指导

了解食品工厂辅助部门的主要内容,如原料接收站、中心试验室、化验室、各种仓库的面积计算及要求、工厂运输和机修车间等几个方面的一般内容。

从工厂组成的角度来说,除生产车间(物料加工所在的场所)以外的其他部门或设施,都可称为辅助部门,就其所占的空间大小来说,它们往往占着整个工厂的大部分。对食品工厂来说,仅有生产车间是无法生产的,还必须有足够的辅助设施,这些辅助设施可分为三大类。

(1)生产性辅助设施 主要包括:原材料的接收和暂存;原料、半成品和成品检验;产品、工艺条件的研究和新产品的试制;机械设备和电气仪器的维修;车间内外和厂内外的运输;原辅材料及包装材料的贮存;成品的包装和贮存等。

(2)动力性辅助设施 主要包括:给水排水、锅炉房或供热站、供电和仪表自控、采暖、空调及通风、制冷站、废水处理站等。

(3)生活性辅助设施 主要包括:办公楼、食堂、更衣室、厕所、浴室、医务室、托儿所(哺乳室)、绿化园地、职工活动室及单身宿舍等。

以上三大部分属于工厂设计中需要考虑的基本内容。此外,尚有职工家属宿舍、子弟学校、技校、职工医院等,一般作为社会文化福利设施,可不在食品工厂设计这一范畴内,但也可考虑在食品工厂设计中,以上三大类辅助部门的设计,依其工程性质和工作量大小来决定专业分工。通常第一类辅助设施主要由工艺设计人员考虑,第二类辅助设施则分别是由相应的专业设计各自承担,第三类辅助设施主要由土建设计人员考虑。因此,本章作为工艺设计的继续,着重叙述生产性辅助设施。

第一节 工艺设计应向协同设计的相关专业提交的有关资料

由于工艺专业在总体设计工作中占主导地位,所以有责任向协同设计的相关专业提供配合设计的条件和要求,作为这些专业设计的依据,以期在工艺设计正式开展设计作业的同时,协同设计的相关专业也可以开展平行设计作业。

在初步设计阶段和施工图阶段,工艺专业向协作专业提供的资料列于表4-1和表4-2。

表 4-1　　　　　　　　工艺专业向协作专业提供的资料清单（初步设计）

序　号	资料名称	资料内容	协作单位
1	主要技术经济指标	（1）技术操作数据、工艺参数 （2）原、辅包装等材料、动力消耗 （3）产成品、副产品产量 （4）成品率、提取率 （5）其他	项目工程师、技术经济设计专业、预概算专业
2	工艺、生产流程图		项目工程师、自控仪表、土建、供电、供冷、空压、给排水、采暖通风、供热、预概算等专业
3	工艺、设备布置平、立面图		
4	设备、电动机一览表		
5	设备荷载和设备最大件资料	（1）设备本体重 （2）设备内物料重 （3）拖动功率 （4）转动方向 （5）本车间最大件的重量和尺寸 （6）其他	土建专业
6	弱电、通信、电声、光报警联络等要求	（1）电话 （2）对讲话筒 （3）音响报警 （4）红、绿灯电铃信号 （5）其他	供电专业
7	热力供汽	（1）蒸汽质量 （2）用汽定额 （3）用汽量（平均、最大） （4）冷凝水水质、水量及回收方式 （5）蒸汽负荷曲线	供热专业
8	耗冷资料	（1）用冷参数 （2）用冷地点 （3）耗冷量（平均、最大）	供冷专业
9	压缩空气	（1）用气地点 （2）用气压力、温度、干燥和净化要求 （3）用气量（平均、最大）	空压专业
10	特殊照明要求	车间操作点特殊照明要求	供电专业
11	给排水资料	（1）水质 （2）水压 （3）用水量（平均、最大） （4）进车间进水点 （5）车间排水水质、水量及排出点	给排水专业
12	暖通资料	（1）车间采暖点及要求 （2）车间夏季降温点及要求 （3）车间排除粉尘点及要求 （4）车间排除浊空气或有害气体点及要求 （5）车间排湿热点及要求 （6）特殊温湿度调节用房及具体要求	采暖通风专业
13	生活及服务用房资料	工作场所为生产服务的用房要求，如最大班人数，岗位就餐人数，质量检验室布置和分析桌、柜等尺寸，卫生工程和室内供排水设施等	土建专业 供、排水专业

续表

序 号	资料名称	资料内容	协作单位
14	人员配置资料	车间或工段的岗位操作人员、技术人员、管理人员，按每个操作班开列	技术经济专业
15	预概算专业资料	(1) 安装材料汇总估算 (2) 工器具需用量 (3) 备品备件资料 (4) 化验、检测仪器资料	预概算专业
16	全厂运输量资料	(1) 原材料量 (2) 成品量 (3) 副产品、联产品量 (4) 五金配件 (5) 维修材料等	总图运输专业或厂内运输专业
17	自控仪表资料	(1) 自动控制要求和安装点 (2) 仪表安装点和控制室位置 (3) 其他要求	自控专业

表 4-2　　　　　　　工艺专业向协作专业提供的资料清单（施工图设计）

序 号	资料名称	资料内容	协作单位
1	主要设备基础图及荷载资料	(1) 设备基础定位 (2) 地脚螺栓留孔 (3) 预埋件定位 (4) 设备荷重（自重、物料重） (5) 电机功率及运转方向 (6) 防震要求等 用图纸并在图上标注，供土建出基础施工图、留孔图、预埋件图等用	土建专业
2	个别设备和特殊构筑物资料图	(1) 单独设备基础标高，二次浇灌混凝土厚度，基础地脚螺丝留孔或预埋件，荷重数据 (2) 设备定位和基础位置关系 (3) 混凝槽、池等构筑物详图 供土建出车间设备基础布置图、留孔或预埋件图用，供土建出特殊构筑物土建图用	土建专业
3	生产工艺流程系统资料图和自控器要求	提供仪表专业具体布置自控器和仪表安装点，出自控仪表系统图	自控仪表专业
4	中心实验室、车间化验室布置详图资料和仪器清单	供土建设计、卫生工程设计和修正概算或施工预算用	土建专业、预概算专业、给、排水专业
5	修正概算资料	供预概算专业作修正概算或施工预算用	预概算专业
6	室外管线支架资料	管线、管径、重量，有无保护层及其排列布置，提供土建出管架施工图用	土建专业
7	非标准设备制造图基础资料	供汇总材料修正概算，供电动力配电，土建基础施工图	预概算专业、土建专业、供电专业
8	其他更改资料		有关协同设计专业

第二节 原料接收站

生产过程中的第一环节是原料的接收。原料的接收，大多数设在厂内，也有的需要设在厂外，不论厂内厂外都需要一个适宜的卸货验收计量、及时处理、车辆回转和容器堆放的场地，并配备相应的计量设施（如地磅、电子秤）、容器和及时处理配套设备（如制冷系统）。由于食品原料品种繁多，性状各异，它们对接收站的要求也不同。但无论哪一类原料，对原料的基本要求是一致的：原料应新鲜、清洁、符合加工工艺的规格要求；应未受微生物、化学物和放射性物质的污染（如无农残污染等）；定点种植、管理、采收，建立经权威部门认证验收的生产基地（无公害食品、有机食品、绿色食品原料基地），以保证加工原料的安全性，这是现代化食品加工厂必须配套的基础设施。现举一些代表性的产品分述如下。

一、肉类原料

食品生产中使用的肉类原料，不得使用非正规屠宰加工厂或没有经过专门检验合格的原料。因此，不论是冻肉或新鲜肉，来厂后首先检查有无检验合格证，然后再经地磅计量校核后进库贮藏。

二、水产原料

水产品容易腐败，其新鲜度对食品的质量影响很大，对原料要进行新鲜度、农药残留等污染物的标准化检验；新鲜鱼进厂后必须及时采取冷却保鲜措施。常用的有加冰保鲜法，或散装，或装箱，其用冰量一般为鱼重的40%～80%，保鲜期3～7d，冬天还可延长。此法的实施，一是要有非露天的场地；二是要配备碎冰制作设施。另一种适用于肉质鲜嫩的鱼虾、蟹类的保鲜法，是冷却海水保鲜法，其保鲜效果远比加冰保鲜法好。此法的实施需设置保鲜池和制冷机，使池内海水（可将淡水人工加盐至2.5～3.0°Bé）的温度保持在-1.5～-1℃。保鲜池的大小按鱼水比例7∶3、容积系数0.7考虑。

三、水果原料

有些水果肉质娇嫩，加工的新鲜度要求特别高，如杨梅、葡萄、草莓、荔枝、龙眼等。这些原料进厂后，在检验合格的基础上，及时对它们进行分选和尽快进入生产车间，减少在外停留时间，特别要避免雨淋日晒。因此，最好放在有助于保鲜而又进出货方便的原料接收站内。

另一些水果，如苹果、柑橘、桃、梨、菠萝等进厂后不要求及时加工，相反刚采收的原料还要经过不同程度的后熟期（如洋梨还需要人工催熟），以改善它们的质构和风味。因此，它们进厂后，或进常温仓库暂贮存，或进冷风库作较长期贮藏。

在进库之前，要进行适当的挑选和分级，也要考虑有足够的场地。

四、蔬 菜 原 料

蔬菜原料因其品种、性状相差悬殊，可接收的要求情况比较复杂。它们进厂后，除需进行常规及安全性验收、计量以外，还得采取不同的措施，如考虑蘑菇类蔬菜护色的护色液的制备和专用容器。由于蘑菇采收后要求立即护色，此蘑菇接收站一般设于厂外，蘑菇的漂洗要设置足够数量的漂洗池。芦笋采收进厂后应一直保持其避光和湿润状态。如不能及时进车间加工，应将其迅速冷却至 4～8℃，并保持从采收到冷却的时间不超过4h，以此来考虑其原料接收站的地理位置。青豆（或刀豆）要求及时进入车间或冷风库或在阴凉的常温库内薄层散堆，当天用完；番茄原料由于季节性强，到货集中，生产量大，需要有较大的堆放场地。若条件不许可，也可在厂区指定地点或路边设垛，上覆油布防雨淋日晒。

五、收 奶 站

收奶站一般也设在厂外奶源比较集中地区。收奶站的收奶半径宜在 10～20km，新收的原料乳必须在 12h 内运送到厂。收奶站必须配备制冷设备和牛奶冷却设备，使原料乳冷却至 4℃以下。收奶站以每日收两次奶，日收奶量 20t 以下为宜。随着乳制品加工技术和规模的发展，收奶半径有的在几十千米甚至 100km 以上，这主要视交通状况、运输能力来确定。

第三节 中心试验室

食品工厂设置中心试验室的目的，总的来说是为了工厂更新产品、改进加工技术、增加技术储备，从而获取较佳的经济效果。中心试验室的功能相当于小型研究所，但它能更紧密结合本厂的生产实际，所起的作用更为明显。

一、中心试验室的任务

（一）供加工用的原料品种的研究

同一名称的果蔬原料，不一定所有的品种都能进行加工，如柑橘、桃、番茄这些人们常见的果蔬。它们有的品种只宜鲜吃，不宜加工；有的虽可加工，但品质不佳；有的品种虽佳，但经种植多年后，品质退化，这都需要对原有品种进行定向改良或培育出新型品种。定向改良和培育新品种的工作，要与农业部门协作进行，厂方着重进行产品加工性状的研究，如成分的分析测定和加工性能的试验等，目的在于鉴别改良后的效果，并指出改良的方向。

（二）制定符合本厂实际的生产工艺

食品生产过程是一个多工序组合的复杂过程。每一个工序又各涉及若干工艺条件。为要找到一条最适合于本厂实际的工艺路线，往往要进行反复的试验摸索。凡本厂未批量投产和制定定型工艺的产品，在投入车间生产之前，都需经过小样试制，而不能完全照搬外厂的工艺直接投产。这是因为同一种原料，产地不同，季节不同，其性质和加工特性往往差异较大。再者，各厂的设备条件、工人的熟练程度、操作习惯等也不尽相同。就罐头而言，它的产品花色繁多，按部颁标准编号的就有六七百种之多，每个厂一年中生产的品种都是有限的，为了适应市场需求情况的变化和原料构成情况的变化，需不断更换产品品种，因此，对这些即将投产的品种，先通过小样试验，制定出一套符合本厂实际的工艺，是非常必要的。

（三）开发新产品

近年来，新的食品门类不断涌现，如婴儿食品、老年食品、运动员食品、功能性食品、疗效食品、保健食品等，这些新兴的食品门类，现在还不够充实，需要做大量艰苦的开发工作。

（四）其他

中心试验室的任务还包括原辅材料综合利用的研究，新型包装材料的试用研究，某些辅助材料的自制，三废治理工艺的研究等。此外，中心试验室还应随时掌握国内外的技术发展动态，搜集整理先进的技术资料，并综合本厂的实际加以推广应用。

二、中心试验室的装备

中心试验室一般由研究工作室、分析室、保温室、细菌检验室、样品间、资料室及试制工场等组成。如罐头厂的中心试验室在仪器方面，除配备一定数量的常用仪器外，最好能配备一套罐头中心温度测定仪和自动模拟杀菌装置。在设备方面，可配备一些小型设备，如小型夹层锅、手动封罐机、小型压力杀菌锅以及电冰箱、真空泵、空压机等，动力装接容量大体为 DN50 的水管、DN40 的蒸汽管、20kW 左右的电源，并需事先留有若干电源插座。中心试验室在厂区中的位置，原则上应在生产区内，单独或毗邻生产车间，或合并在由楼房组成的群体建筑内均可。总之，要与生产联系密切，并使水、电、汽供应方便。

第四节 化 验 室

人们习惯上称食品厂的检验部门为化验室。它的职能是对产品和有关原材料进行卫生监督和质量检查，确保这些原辅材料和最终产品符合国家卫生法和有关部门颁发的质量标准或质量要求。

一、化验室的任务及组成

化验室的任务可按检验对象和项目来划分。其检验对象以罐头食品工厂为例一般有：原料检验、半成品检验、成品检验、镀锡薄板及涂料的检验、其他包装材料检验、各种添加剂检验、水质检验及环境监测等；其检验项目一般有：感官检验、物理检验、化学检验及微生物检验等。

化验室的组成一般是按检验项目来划分的，它分为：感官检验室（可兼作日常办公室）、物理检验室、化学检验室、空罐检验室、精密仪器室、细菌检验室［包括预备室（即消毒清洗间）、无菌室、细菌培养室、镜检室等］及贮藏室等。

二、化验室的装备

化验室配备的大型用具主要有双面化验台、单面化验台、药品柜、支承台、通风橱等。有关常用仪器及设备参阅表 4-3。

表 4-3 化验室常用仪器及设备

名 称	型 号	主 要 规 格
普通天平	TG601	最大称重 1000g，感量 5mg
普通电子天平	TG602	最大称重 200g，感量 1mg
精密电子天平	TG328A	最大称重 200g，感量 0.1mg
微量电子天平	WT_2A	最大称重 20g，感量 0.01mg
水分快速测定仪	SC69-02	最大称重 10g，感量 5mg
电热鼓风干燥箱	101-1	工作室 350mm×450mm×450mm，温度：10～300℃
电热恒温干燥箱	202-1	工作室 350mm×450mm×450mm，温度：室温～300℃
电热真空干燥箱	DT-402	工作室 350mm×400mm，温度：(室温＋10)～200℃
超级恒温器	DL-501	温度范围低于 95℃
霉菌试验箱	MJ-50	温度 (29±1)℃；湿度 97%±2%
离子交换软水器	PL-2	树脂 31kg，流量 1m³/h
去湿机	JH-0.2	除水量 0.2kg/h
自动电位滴定计	ZD-1	测量 pH 范围 0～14；0～1400mV
火焰光度计	630-C	钠 10mg/kg，钾 10mg/kg
比色计	JGB-1	有效光密度范围 0.1～0.7
携带式酸度计	29	测量 pH 范围 2～12
酸度计	HSD-2	测量 pH 范围 0～14
生物显微镜	L3301	总放大 30～1500 倍
中量程真空计	ZL-3 型	交流便携式，测量范围 0.13～13.3Pa
箱式电炉	SRJX-4	功率 4kW，工作温度 950℃
高温管式电阻炉	SRJX-12	功率 3kW，工作温度 1200℃
马福电炉	RJM-2.8-10A	功率 2.8kW，工作温度 1000℃
电冰箱	LD-30-120	温度 －30～－10℃
电动搅拌器	立式	功率 25W，200～3200r/min
高压蒸汽消毒器		内径 ϕ600mm×900mm，自动压力控制 32℃
标准生物显微镜	2X	放大倍数 40～1500 倍
光电分光光度计	72	波长范围 420～700nm
光电比色计	581-G	滤光片 420nm、510nm、650nm
阿贝折射仪	37W	测量范围 ND：1.3～1.7
手持糖度计	TZ-62	测量范围 0～50%，50%～80%
旋光仪	WXG-4	旋光测量范围 ±180℃

续表

名 称	型 号	主 要 规 格
小型电动离心机	F-430	转速 2500～5000r/min
手持离心转速表	LZ-30	转速测量范围 30～12000r/min
旋片式真空泵	2X	极限真空度 $1.3×10^{-2}$Pa
旋片式真空泵	2X-3	极限真空度 $6.7×10^{-2}$Pa，抽气速度 4L/s
蛋白质快速测定仪		
测汞仪		
投影仪		
气相色谱		
手提插入式温度计		$-50～20℃，0～150℃$

表中所列供选用时参考。此外，有条件的还可补充下列仪器设备：组织捣碎机、气相色谱仪、洛氏硬度计、窗式空调器、紫外线灯等。

三、化验室对土建的要求

化验室可为单体建筑，也可合并在技术管理部门。在建筑上要求通风、采光良好，卫生整洁。平面布置以物理检验、化学分析室为主体。清洗消毒及培养基制备等小间应考虑机械排气方便，一般置于下风向。精密仪器间不宜受阳光直射。无菌室的要求比较特殊，一般需要设立两道缓冲走道，在走道内设紫外线消毒。为防止高温季节工作室闷热，应安装空调器。由于用电仪器较多，在四周墙壁上应多设电源插座。

第五节　仓　　库

食品工厂是物料流量较高的一种企业，仅原辅材料、包装材料和成品这三种物料，其总量就等于成品净重的 3～5 倍，而这些物料在工厂的停留时间往往以星期或月为单位计算。因此，食品厂的仓库在全厂建筑面积中往往占有比生产车间更大的比例。作为工艺设计人员，对仓库问题要有足够的重视。如果考虑不当，工厂建筑投产后再找地方扩建仓库，就很可能造成总体布局紊乱，以致流程交叉或颠倒。一些老厂之所以觉得布局较乱，问题就出在仓库与生产车间的关系未能处理好。尽管现在有较好的物流系统，工厂本身也希望尽量减少仓库面积，减少原料、半成品、产品在厂内的存放时间，但建厂设计中不可忽略对仓库的设计，尤其在设计新厂时，务必要对仓库问题给予全面考虑，在食品工厂设计中，仓库的容量和在总平面中的位置一般由工艺人员考虑，然后提供给土建专业。

一、食品工厂仓库设置的特点

（一）负荷的不均衡性

特别是以果蔬产品为主的食品厂，由于产品的季节性强，大忙季节各种物料高度集中，仓库出现超负荷，淡季时，仓库又显得空余，其负荷曲线呈剧烈起伏状态。

（二）贮藏条件要求高

总的说要确保食品卫生，要求防蝇、防鼠、防尘、防潮，部分贮存库要求低温、恒温、调湿及气调装置。

（三）决定库存期长短的因素较复杂

特别是生产出口产品为主的食品厂，成品库存期长短常常不决定于生产部门的愿望，而决定于市场上的销售渠道是否畅通。食品进行加工的目的之一就是调整市场的季节差，所以产品在原料旺季加工，淡季销售甚至于全年销售应是一种正常的调节行为，这也是造成需较大容量成品库的一个重要原因。

二、仓库的类别

食品工厂仓库的名目繁多，主要有：原料仓库（包括常温库、冷风库、高温库、气调保鲜库、冻藏库等）；辅助材料库（存放糖、油、盐及其他辅料）；保温库（包括常温库和37℃恒温库）；成品库（包括常温库和冷风库）；马口铁仓库（存放马口铁）；空罐仓库（存放空罐成品和底盖）；包装材料库（存放纸箱、纸板、塑料袋、商标纸等）；五金库（存放金属材料及五金器件）；设备工具库（存放某些工具及器具）。此外，还有玻璃瓶及箱、框堆场、危险品仓库等。

三、仓库容量的确定

对某一仓库的容量，可按下式确定：

$$V = WT(\text{t})$$

式中　V ——仓库应该容纳的物料量，t

　　　W ——单位时间（日或月）的物料量

　　　T ——存放时间（日或月）

这里，单位时间的物料量应包括同一时期内，存放同一库内的各种物料的总量。食品工厂的生产是不均衡的，所以，W 的计算一般以旺季为基准，可通过物料衡算求取，而存放时间 T 则需要根据具体情况合理地选择确定。现以几个主要仓库为例，加以说明。

（1）原料仓库的容量，从果蔬加工的生产周期角度考虑，一般有 2～3d 的贮备量即可，但食品原料大多来源于初级农产品，农产品有很强的季节性，有的采收期很短，原料进厂高度集中，这就要求仓库有较大的容量，但究竟要确定多大的容量，还得根据原料本身的贮藏特性和维持贮藏条件所需的费用，以及是否考虑增大班产规模等，做综合分析比较后确定，不能一概而论。

（2）一些容易老化的蔬菜原料，如芦笋、蘑菇、刀豆、青豆类，它们在常温下耐贮藏的时间是很短的，对这类原料库存时间 T 只能取 1～2d，即使使用高温库贮藏（其中蘑菇不宜冷藏），贮藏期也只有 3～5d。对这类产品，较多地采用增大生产线的生产能力和增开班次来解决。

（3）另一些果蔬汁原料比较耐贮藏，存放时间 T 可取较大值，如苹果、柑橘、梨及番茄类，在常温条件下，可存放几天到十几天，如果采用高温库贮藏，在进库前拣选处理得好，可存放 2~3 月，然而，存放时间越长，损耗就越大，动力消耗也越多，在经济上是否合理，通过经济分析决定一个合理的存放时间。但需注意的是，以果蔬加工为主的食品工厂，在确定高温库的容量时，要仔细衡算其利用率，因为果蔬原料贮藏期短，季节性又强，库房在一年中很大一部分时间可能是空闲的。一种补救办法是吸收社会上的贮存货源（如蛋及鲜果之类），以提高库房的利用率。

（4）在冻藏库贮存冻结好的肉禽和水产原料，其存放时间可取 30~45d，冻藏库的容量可根据实践经验，直接按年生产规模的 20%~25% 来确定。

（5）包装材料的存放时间一般可按 3 个月的需要考虑，并以包装材料的进货是否方便来增减，如建在远离海港或铁路地区的食品工厂或乳品工厂。包装材料的进货次数最少应考虑半年的存放量，以保证生产的正常进行。此外，如前所述，由于生产计划的临时变更，事先印好的包装容器可能积压下来，一直要到来年才能继续使用。在确定包装材料的容量时，对这种情况也要做适当的考虑。同时还应考虑到工厂本身的资金多少来具体确定包装材料的一次进货量。

（6）成品库的存放时间与成品本身是否适宜久藏及销售半径长短有关，如乳品工厂的瓶装或塑料袋装消毒牛奶或酸奶等产品，在成品库中仅停留几个小时，而奶粉则可按 15~33d 考虑，饮料可考虑 7~10d。至于罐头成品，从生产周期来说，有 1 个月的存放期就够了，但因受销售情况等外界因素的影响，宜按 2~3 个月的量或全年产量的 1/4 来考虑。

四、仓库面积的确定

仓库容量确定以后，仓库的建筑面积可按下式确定。

$$F = F_1 + F_2 = \frac{V}{d \cdot K} + F_2 \quad (\text{m}^2)$$

式中　F——仓库建筑面积，m^2

　　　F_1——仓库库房建筑面积，m^2

　　　F_2——仓库辅助用房建筑面积（如楼梯间、电梯间、生活间等），m^2

　　　d——单位库房面积可堆放的物料净重，kg/m^2

　　　K——库房面积利用系数，一般可取 0.6~0.65

关于 d 值的求取，进一步说明如下。

（1）单位库房面积储放的物料量系指物料净重，没有计入包装材料重量。同样的物料，同样的净重，因其包装形式不同，所占的空间也随之不同。比如用某一果蔬原料箱装和用笋筐装，其所占的空间就不一样。即使同样是箱装，其箱子的形状和充满度也有关系，所以，在计算时，要根据实际情况而定。

（2）货物的堆放高度与地面或楼板承载能力及堆放方法有关。楼板承重能力也给货物堆放高度以相应的限制。在确定楼板负荷时，应按毛重计。在楼板承重能力许可情况下，机械堆装要比人工堆装装得更高，如铲车托盘，可使物料堆高至 3.0~3.5m，人工则只能堆到 2.0~2.5m。

总之，单位库房面积可堆放的物料净重决定于物料的包装方式、堆放方法以及地面或楼板的承载能力，在理论计算出基础数据后，应参照实测数据或经验数据来进行修正。

五、食品工厂仓库对土建的要求

（1）果蔬原料库　果蔬原料的贮藏，一般用常温库，可采用简易平房，仓库的门要方便车辆的进出，库温视物料对象而定，耐藏性好的可以在冰点以上附近，库内的相对湿度以 85%～90% 为宜（如需要，对果蔬原料还可以采用气调贮藏、辐射保鲜、真空冷却保鲜等）。由于果蔬原料比较松散娇嫩，不宜受过多的装卸折腾。果蔬原料的贮存期短，进出库频繁，故高温库一般以建成单层平房或设在多层冷库的底层为宜。

（2）肉禽原料库　肉禽原料的冻藏库温度为 $-18～-15℃$，相对湿度为 95%～100%，库内采用排管制冷，避免使用冷风机，以防物料干缩。

（3）成品库　要考虑进出货方便，地坪或楼板要结实，每平方米要求能承受 1.5～2.0t 的荷载，为提高机械化程度，可使用铲车。托盘堆放时，需考虑附加荷载。

（4）马口铁仓库　因负荷太大，只能设在多层楼房底层，最好是单独的平房。地坪的承载能力宜按 $10～12t/m^2$ 考虑。为防止地坪下陷，造成房屋开裂，在地坪与墙柱之间应设沉降缝。如考虑堆高超过 10 箱时，则库内应装设电动单梁起重机，此时单层高应满足起重机运行和起吊高度等的要求。

（5）空罐及其他包装材料仓库　要求防潮、去湿、避晒，窗户宜小不宜大。

库房楼板的设计荷载能力，随物料容重而定，物料容重大的，如罐头成品库之类，宜按 $1.5～2t/m^2$ 考虑，容重小的如空罐仓库，可按 $0.8～1t/m^2$ 考虑。介于这两者之间的按 $1.0～1.5t/m^2$ 考虑。如果在楼层使用机动叉车，由土建设计人员加以核定。

六、仓库在总平面布置中的位置

仓库在全厂建筑面积中占了相当大的比例，那么它们在总平面中的位置就要经过仔细考虑。生产车间是全厂的核心，仓库的位置只能是紧紧围绕这个核心合理地安排。但作为生产的主体流程来说，原料仓库、包装材料库及成品仓库显然也属于总体流程图的有机部分。工艺设计人员在考虑工艺布局的合理性和流畅性时，决不能只考虑生产车间内部，应把基点扩大到全厂总体上来，如果只求局部合理，而在总体上不合理，所造成的矛盾或增加运输的往返，或影响到厂容厂貌，或阻碍了工厂的远期发展，因此，在进行工艺布局时，一定要通盘全局地考虑。

第六节　工　厂　运　输

将工厂运输列入设计范围，是因为运输设备的选型，与全厂总平面布局、建筑物的结构形式、工艺布置及劳动生产率均有密切关系。工厂运输是生产机械化、自动化的重要环节。

在计算运输量时，应注意不要忽略包装材料的重量。比如罐头成品的吨位和瓶装饮料的吨位都是以净重计算的，它们的毛重要比净重大得多，前者等于净重的 1.35～1.4

倍，后者（以 250mL 汽水为例）等于净重的 2.3～2.5 倍。

下面简单介绍一下常用的运输设备，供选择。

一、厂 外 运 输

进出厂的货物，大多通过公路或水路（除特殊情况外，现已很少用水路）。公路运输视物料情况，一般采用载重汽车，而对冷冻食品要采用保温车或冻藏车（带制冷机的保温车），鲜奶原料最好使用奶槽车。运输工具现在大部分食品工厂仍是自己组织安排，但已逐步由有实力的物流系统来承担。

二、厂 内 运 输

厂内运输主要是指车间外厂区的各种运输，由于厂区道路较窄小，转弯多，许多货物有时还直接进出车间，这就要求运输设备轻巧、灵活，装卸方便，常用的有电瓶叉车、电瓶平板车、内燃叉车以及各类平板手推车、升降式手推车等。

三、车 间 运 输

车间内运输与生产流程往往融为一体，工艺性强，如输送设备选择得当，将有助于生产流程更加完美。下面按输送类别并结合物料特性介绍一些输送设备的选择原则。

（1）垂直输送 生产车间采用多层楼房的形式时，就必须考虑物料的垂直运输。垂直运输设备最常见的是电梯，它的载重量大，常用的有 1t、1.5t、2t，轿箱尺寸可任意选用 2m×2.5m、2.5m×3.5m、3m×3.5m 等，可容纳大尺寸的货物甚至整部轻便车辆，这是其他输送设备所不及的。但电梯也有局限性，如：它要求物料另用容器盛装；它的输送是间歇的，不能实现连续化；它的位置受到限制，进出电梯往往还得设有较长的输送走廊；电梯常出故障，且不易一时修好，影响生产正常进行。因此在设置电梯的同时，还可选用斗式提升机、金属磁性升降机、真空提升装置、物料泵等（详见第三章第四节）。

（2）水平输送 车间内的物料流动大部分呈水平流动，最常用的是带式输送机。输送带的材料要符合食品卫生要求，用得较多的是胶带或不锈钢带、塑料链板或不锈钢链板，而很少用帆布带。干燥粉状物料可使用螺旋输送机。包装好的成件物品常采用滚筒输送机，笨重的大件可采用低起升电瓶铲车或普通铲车。此外，一些新的输送方式也在兴起，输送距离远，且可以避免物料的平面交叉等。

（3）起重设备 车间内的起重设备常用的有电动葫芦、手拉葫芦、手动或电动单梁起重机等。

第七节 机 修 车 间

一、机修车间的任务

食品工厂的设备有：定型专业设备、非标准专业设备和通用设备。机修车间的任务是维修保养所有设备，少数大型工厂有能力的也可制造非标准专业设备。维修工作量很大的是专业设备和非标准设备的制造与维修保养。由于非标准设备制造比较粗糙，工作环境潮湿，腐蚀性大，故每年都需要彻底维修。此外，罐头工厂的空罐及有关模具的制造，通用设备易损件的加工等，工作量也很大。所以，食品工厂一般都配备相当的机修力量。

二、机修车间的组成

中小型食品工厂一般只设厂一级机修，负责全厂的维修业务。

大型食品工厂可设厂部机修和车间保全两级机构。厂部机修负责非标准设备的制造和较复杂的设备的维修，车间保全则负责本车间设备的日常维护。

机修车间一般由机械加工、冷作及模具锻打等几部分组成。

铸件一般通过外协作解决，作为附属部分，机修车间还包括木工间和五金仓库等。

三、机修车间常用设备

机修车间的常用设备如表 4-4 所示。

表 4-4　　　　　　　　　　　　　　机修车间常用设备

型号名称	性 能 特 点	加工范围/mm	总功率/kW
普通车床 C6127	适于车削各种旋转表面及公英制螺纹，结构轻巧，灵活简便	工件最大直径 $\phi270$ 工件最大长度 800	1.5
普通车床 C616	适用于各种不同的车削工作，本机床床身较短，结构紧凑	工件最大直径 $\phi320$ 工件最大长度 500	4.75
普通车床 C620A	精度较高，可车削 7 级精度的丝杆及多头蜗杆	工件最大直径 $\phi400$ 工件最大长度 750～2000	7.625
普通车床 CQ6140A	可进行各种不同的车削加工，并附有磨铣附件，可磨内外圆铣链槽	工件最大直径 $\phi400$ 工件最大长度 1000	6.34
普通车床 C630	属于万能性车床，能完成各种不同的车削工作	工件最大直径 $\phi650$ 工件最大长度 2800	10.125
普通车床 CM6150	属精密万能车床，只许用于精车或半精车加工	工件最大直径 $\phi500$ 工件最大长度 1000	5.12
摇臂钻床 Z3025	具有广泛用途的万能型机床，可以钻、扩、镗、铰、攻丝等	最大钻孔直径 $\phi25$ 最大跨距 900	3.125
台式钻床 ZQ4015	可钻、扩、铰孔加工	最大钻孔直径 $\phi15$ 最大跨距 193	0.6
圆柱立式钻床	属简易型立式钻床，易维护，体小轻便，并能钻斜孔	最大钻孔直径 $\phi15$ 最大跨距 400～600	1.0
单柱坐标镗床 T4132	可加工孔距相互位置要求极高的零件，并可做轻微的铣削工作	最大加工孔径 $\phi60$	3.2
卧式镗床 T616	适用于中小型零件的水平面、垂直面、倾斜面及成型面等	最大刨削长度 500	4.0
牛头刨床 B665	适用于中小型零件的水平面、垂直面、倾斜面及成型面等	最大刨削长度 650	3.0

续表

型号名称	性能特点	加工范围/mm	总功率/kW
弓锯床 G72	适用于各种断面的金属材料切断	棒料最大直径 φ200	1.5
插床 B5020	用于加工各种平面、成型面及链槽等	工件最大加工尺寸 480×200（长×高）	3.0
万能外圆磨床 M120W	适用于磨削圆柱形或圆锥形工件的外圆、内孔端面及肩侧面	最大磨削直径 φ200 最大磨削长度 500	4.295
万能升降台铣床 57-3	可用圆片铣刀和角度成型端面等铣刀加工	工作台面尺寸 240×810	2.325
万能工具铣床 X8126	适于加工刀具、夹具、冲模、压模以及其他复杂小型零件	工作台面尺寸 270×700	2.295
万能刀具磨床 MQ6025	用于刀磨切削工具、小型工件以及小平面的磨削	最大直径 φ250 最大长度 580	0.75
卧轴距台磨床 M7120A	用于磨削工件的平面、端面和垂直面	磨削工件最大尺寸 630×200×320	4.225
轻便龙门刨床 BQ2010	用于加工垂直面、水平面、倾斜面以及各式导轨和 T 型槽等	最大刨削宽厚 1000 最大刨削长度 3000	6.1
落地砂轮机 S3SL-350	作为磨削刀刃具使用，对小零件进行磨削去毛刺等	砂轮直径 φ350	1.5
焊接变压器 BX$_1$-330	焊接 1～8mm 低碳钢板	电流调节范围 160～450A	21.0
焊接发电机 AX-320-1	使用 φ3～7mm 光焊条可焊接或堆焊各种金属结构及薄板	电流调节范围 45～320A	12

四、机修车间对土建的要求

机修车间对土建的要求比较常规。如果设备较多且较笨重，则厂房应考虑安装行车。

机修车间在厂区的位置应与生产车间保持适当的距离，使它们既不互相影响而又互相联系方便。锻打设备则应安置在厂区的偏僻角落为宜，要考虑噪声对厂区的影响，但更主要的是要考虑噪声对周围环境不能有影响，尤其是居民区附近，这是环境设计中必须要考虑的问题。

思考题

1. 食品工厂的辅助部门分为哪几类，各包括哪些内容？
2. 无论哪一类原料，食品工厂对原料的基本要求有哪些？
3. 食品工厂设置中心试验室的目的是什么？
4. 简述中心试验室的组成单位和任务。
5. 简述化验室设计的要求。
6. 食品工厂的仓库总体上有哪几大类？在仓库设计时对土建有何要求？

第五章　工厂卫生安全及全厂性的生活设施

学习指导

掌握食品工厂的最低卫生要求和常用的卫生消毒方法，从食品卫生角度对非工艺设计提出要求，了解并很好地理解全厂性的生活设施所包括的内容及其面积计算的原则和方法。

第一节　工　厂　卫　生

食品卫生安全是涉及消费者身体健康的大问题，也是一个关系到市场准入、外贸产品出口的国际性规范和工厂经济效益的重要问题。

为防止食品在生产加工过程中的污染，在工厂设计时，一定要在厂址选择、总平面布局、车间布置及相应的辅助设施等方面，严格按照 GMP、HACCP、QS 等的标准规范和有关规定的要求，进行周密的考虑。如果在设计时考虑不周，造成先天不足，则建厂后再行改造就更麻烦了。许多老的食品工厂在卫生设施方面跟不上日益严格的卫生要求，前几年大部分已做了改造，但还有一些正面临着改造的繁重任务。因此，在进行新的食品工厂设计时，一定要严格按照国际、国家颁发的卫生安全标准、规范执行。

自我国加入世界贸易组织（WTO）后，食品进出口贸易正逐年加大，食品标准必须与国际标准接轨，这就要求工艺设计师在进行工厂设计时的理念以及依照的规范要和国际上通行的设计规则标准接轨，下面从食品工厂设计的角度，介绍有关食品工厂对卫生的要求、规定及常用的消毒方法。

绿色食品、有机食品生产中对原料、工艺、设备、包装、贮运、销售等环节中的特殊要求，详见绿色食品、有机食品的具体规范。

一、食品厂、库卫生要求

（一）厂、库环境卫生

（1）厂、库周围不得有能污染食品的不良环境。同一工厂不得兼营有碍食品卫生的其他产品。

（2）工厂生产区和生活区要分开。生产区建筑布局要合理。

（3）厂、库要绿化，道路要平坦、无积水，主要通道应用水泥、沥青或石块铺砌，防止尘土飞扬。

（4）工厂污水应经处理后才能排放，排放水质应符合国家环保要求。

（5）厂区厕所应有冲水、洗手设备和防蝇、防虫设施。其墙裙应砌白色瓷砖，地面要易于清洗消毒，并保持清洁。

（6）垃圾和下脚废料应在远离食品加工车间的地方集中堆放，必须当天清理出厂。

（二）厂、库设施卫生

（1）食品加工专用车间必须符合下列条件

① 车间面积必须与生产能力相适应，便于生产顺利进行；

② 车间的天花板、墙壁、门窗应涂刷便于清洗、消毒、并不易脱落的无毒浅色涂料；

③ 车间内光线充足，通风良好，地面平整、清洁，应有洗手、消毒、防蝇防虫设施和防鼠措施；

④ 必须设有与生产能力适相应的、易于清洗、消毒、耐腐蚀的工作台、工器具和小车。禁用竹木器具；

⑤ 必须设有与车间相接的、与生产人数相适应的更衣室（每人有衣柜）、厕所和工间休息室。车间进出口处设有不用手开关的洗手及消毒设施；

⑥ 必须设有与生产能力相适应的辅助加工车间、冷库和各种仓库。

（2）加工肉类罐头、水产品、蛋制品、乳制品、速冻蔬菜、小食品类车间还应符合下列要求

① 车间的墙裙应砌 2m 以上（屠宰车间 3m 以上）白色瓷砖，顶角、墙角、地角应是弧形，窗台是坡形；

② 车间地面要稍有坡度，不积水，易于清洗、消毒，排水道要通畅；

③ 要有与车间相接的淋浴室，在车间进出口处设靴、鞋消毒池及洗手设备。

（3）肉类加工厂还必须具备下列条件

① 厂区分设人员进出、成品出厂与畜禽进厂、废弃物出厂 2～3 个门。在畜禽进厂处，应设有与门宽相同，长 3m、深 10～15cm 的车轮消毒池。应设有畜禽运输车辆的清洗、消毒场所和设施；

② 有相适应的水泥地面的畜禽待宰圈，并有饮水设备和排污系统；

③ 有便于进行清洗、消毒的病畜禽隔离间、急宰间和无害处理间；

④ 有与生产能力相适应的屠宰加工、分割、包装等车间；

⑤ 有副产品加工专用车间；

⑥ 有专门收集并能及时处理消化道内容物、粪便和不供食用的下脚料场地。

（三）加工卫生

（1）同一车间不得同时生产两种不同品种的食品。

（2）加工后的下脚料必须存放在专用容器内，及时处理，容器应经常清洗、消毒。

（3）肉类、罐头、水产品、乳制品、蛋制品、速冻蔬菜、小食品类加工用容器不得接触地面。在加工过程中，做到原料、半成品和成品不交叉污染。

（4）冷冻食品工厂还必须符合下列条件

① 肉类分割车间，须设有降温设备，温度不高于 20℃；

② 设有与车间相连接的、相应的预冷间、速冻间、冻藏库。

a. 预冷间温度为 0～4℃。

b. 速冻间温度在 −25℃ 以下，冻制品中心温度（肉类在 48h 内，禽肉在 24h 内，水产品在 14h 内）下降到 −15℃ 以下。

c. 冻藏库温度在 −18℃ 以下，冻制品中心温度在 −15℃ 以下。冻藏库应有温度自动记录装置和水银温度计。

（5）罐头加工还必须符合下列条件

① 原料前处理与后工序应隔离开，不得交叉污染；

② 装罐前空罐必须用 82℃ 以上的热水或蒸汽清洗消毒；

③ 杀菌须符合工艺要求，杀菌锅必须热分布均匀，并设有自动计温计时装置；

④ 杀菌冷却水应加氯处理，保证冷却排放水的游离氯含量不低于 0.5mg/kg；

⑤ 必须严格按规定进行保（常）温处理，库温要均匀一致。保（常）温库内应设有自动记录装置。

二、食品工厂设计中一些比较通行的具体做法

（一）厂址

厂区周围应有良好的卫生环境，厂区附近（300m 内）不得有有害气体、放射性源、粉尘和其他扩散性的污染源。厂址不应设在受污染河流的下游和传染病医院附近。

（二）厂区总平面布局

（1）总平面的功能分区要明确，生产区（包括生产辅助区）不能和生活区互相穿插。如果生产区中包含有职工宿舍，两区之间要设围墙隔开。

（2）原料仓库、加工车间、包装间及成品库等的位置须符合操作流程，不应迂回运输。原料和成品，生料和熟料不得相互交叉污染。

（3）污水处理站应与生产区和生活区有一定的距离，并设在下风向。废弃物化制间应距生产区和生活区 100m 以外的下风向。锅炉房应距主要生产车间 50m 以外的下风向，锅炉烟囱应配有消烟除尘装置。

（4）厂区应分别设人员进出、原料进厂、成品出厂和废弃物出厂的大门，也可将人员进出门与成品出厂门设在同一位置，而隔开使用，但垃圾和下脚料等废弃物不得与成品在同一个门内出厂。

（三）厂区公共卫生

（1）厂里排水要有完整的、不渗水的、并与生产规模相适应的下水系统。下水系统要保持畅通，不得采用明沟排水。厂区地面不能有污水积存。

（2）车间内厕所一般采用蹲式，便于水冲，不易堵塞，女厕所可考虑少量坐式。厕所内要求有不用手开关的洗手消毒设备，厕所应设于走廊的较隐蔽处，厕所门不得对着生产工作场所。

（3）更衣室应设符合卫生标准要求的更衣柜，每人一个，鞋帽与工作服分格存放（更衣柜大小宜为 500mm×400mm×1800mm）。

（4）厂内应设有密闭的粪便发酵池和污水无害处理设施。

（四）车间卫生

（1）车间的前处理、整理装罐及杀菌三个工段应明确加以分隔，并确保整理装罐工段的严格卫生。

（2）与物料相接触的机器、输送带、工作台面、工器具等，均应采用不锈钢材料制作。车间内应设有对这些设备及工器具进行消毒的措施。冻肉的解冻吊架（道轨和滑车）也宜采用不锈钢材料制造。

（3）人员和物料进口处均应采取防虫、防蝇措施，结合具体情况可分别采用灭虫灯、暗道、风幕、水幕或缓冲间等。车间应配备热水及温水系统供设备和人员卫生清洗用。

（4）实罐车间的窗户应是双层窗（常温车间一玻一纱，空调房间为双层玻璃），窗柜材料宜采用透明坚韧的塑钢门或不锈钢门。

（5）车间天花板的粉刷层应耐潮，不应因吸潮而脱落。

（6）楼地面坡度 1.5%～2%，不管地坪还是楼面均应做排水明沟，沟断面以宽×深＝300mm×150mm 为好，以便排水通畅，并易于清扫，楼板结构应保证绝对不漏水，明沟排水至室外应做水封式排水口。

（7）车间的电梯井道应防止进水、电梯坑宜设集水坑排水，各消毒池也应设排水漏斗。

（五）个人卫生设施和卫生间

食品工厂应当配有个人卫生设施，以保证个人卫生保持适当的水平并避免沾染食品。这些设施应当包括：

（1）适当的合乎卫生的洗手和干手工具，包括洗手池、消毒池和热水、冷水（或者适当温度的水）供应；

（2）卫生间的设计应满足适当的卫生要求；

（3）完善的更衣设施。这些设施选址要适当，设计要合理；

（4）保持适当水平的个人清洁。

食品操作者应保持优良的个人清洁卫生，在适当的场所，要穿戴防护性工作服、帽和鞋。患有割伤、碰伤的工作人员，若允许他们继续工作，则应将伤口处用防水敷料包扎。

当个人的清洁可能影响食品安全性时，工作人员一定要洗手，例如在下述情况下：

① 食品处理工作开始时；

② 去卫生间后；

③ 在操作处理食品原料或其他任何被污染的材料后，此时若不及时洗手，就可能会污染其他食品。一般情况下，应避免他们再去处理即食食品。

不能保证良好清洁卫生的人员，患有某些疾病或身体状况不好的人员以及举止行为不当的人员都可能污染食品或将疾病传染给食品消费者。

被查明或被怀疑患有某种疾病或携带某种病源的人员可能会通过食品将疾病传染给他人，如果认为这些人可能会对食品造成污染，就应禁止他们进入食品加工处理区。任何上述人员都应立即向有关管理部门报告病情或病症。

如果食品操作人员出现病床性或流行病情疾病征兆时，应进行医疗检查。

工作人员有疾病或受伤情况，应向有关管理部门报告，以便进行必要的医疗检查或者考虑将其调离与食品处理有关的岗位。应报告的情况包括：黄疸，腹泻，呕吐，发烧，伴有发烧的喉痛，可见性感染皮肤损伤（烫伤、割伤、碰伤等），耳、眼或鼻中有流出物。

（5）个人行为举止和工作方法适当　从事食品操作工作的人员应抑制那些可能导致食品污染的行为，例如，吸烟、吐痰、咀嚼或吃东西、在无保护食品前打喷嚏或咳嗽。

如果个人佩带物，如珠宝首饰、手表、饰针或其他类似物品可能对食品的安全性和适宜性带来危害，就应禁止工作人员佩带或携带这些物品进入食品加工区内。进入食品加工区的操作人员不得留长指甲、不得涂指甲油、不得用化妆品以及香水等。

进入食品生产、加工和操作处理区的参观人员，在适当的情况下应穿戴防护性工作服，并遵守食品工厂对个人卫生的要求。

三、常用的卫生消毒方法

（一）漂白粉溶液

适用于无油垢的工器具、操作台、墙壁、地面、车辆、胶鞋等。使用浓度为 0.2%～0.5%。

（二）氢氧化钠溶液

适用于有油垢沾污的工器具、墙壁、地面、车辆等。使用浓度为 1%～2%。

（三）过氧乙酸

过氧乙酸是一种新型高效消毒剂，适用于各种器具、物品和环境的消毒。使用浓度为 0.04%～0.2%。

（四）蒸汽和热水消毒

适用于棉织物、空罐及重量小的工具的消毒。热水温度应在 82℃ 以上。

（五）紫外线消毒

适用于加工、包装车间的空气消毒，也可用于物料、辅料和包装材料的消毒，但应考虑到紫外线的照射距离、穿透性、消毒效果以及对人体的影响等。

（六）臭氧消毒

适用于加工、包装车间的空气消毒，也可用于物料、辅料和包装材料的消毒，但应考虑到对设备的腐蚀、营养成分的破坏以及对人体的影响等。

第二节　全厂性的生活设施

本节所讲的全厂性的生活设施包括办公室、食堂、更衣室、浴室、厕所、托儿所、医务室等设施。对某些新设计的食品工厂来说，这些设施中的某些可能是多余的，但作为工艺设计师应全面了解并掌握这些基本数据。

一、办　公　楼

1. 办公楼用房组成

办公楼应布置在靠近人流出入口处，其面积与管理人员数及机构的设置情况有关。

行政及技术管理的机构按厂的规模，根据需要设置。

2. 办公楼建筑面积的估算可采用下式

$$F = \frac{G \times K_1 \times A}{K_2} + B$$

式中　F——办公楼建筑面积，m^2

G——全厂职工总人数，人

K_1——全厂办公人数比，一般取 $8\% \sim 12\%$

K_2——建筑系数，$65\% \sim 69\%$

A——每个办公人员使用面积，$5 \sim 7m^2/$人

B——辅助用房面积，根据需要决定

二、食　　堂

食堂在厂区中的位置，应靠近工人出入口处或人流集中处。它的服务距离以不超过 $600m$ 为宜。

（1）食堂座位数的确定

$$N = \frac{M \times 0.85}{CK}$$

式中　N——座位数

M——全厂最大班人数

C——进餐批数

K——座位轮换系数，一、二班制为 1.2

（2）食堂建筑面积的计算

$$F = \frac{N(D_1 + D_2)}{K}$$

式中　F——食堂建筑面积

N——座位数

D_1——每座餐厅使用面积，$0.85 \sim 1.0m^2$

D_2——每座厨房及其他面积，$0.55 \sim 0.7m^2$

K——建筑系数，$82\% \sim 89\%$

三、更　衣　室

为适应卫生要求，食品工厂的更衣室宜分散，附设在各生产车间或部门内靠近人员进出口处。

更衣室内应设个人单独使用的三层更衣柜，衣柜尺寸 $500mm \times 400mm \times 1800mm$，以分别存放衣物鞋帽等，更衣室使用面积按固定工总人数 $1 \sim 1.5m^2/$人计。对需要二次更衣的车间，更衣间面积应加倍设计计算。

四、浴　　室

从食品卫生角度来说，从事直接生产食品的工人上班前应先淋浴。据此，浴室多应

设在生产车间内与更衣室、厕所等形成一体，特别是生产肉类产品、乳制品、冷饮制品、蛋制品等车间的浴室，应与车间的人员进口处相邻接，厂区也需设置浴室。浴室淋浴器的数量按各浴室使用最大班人数的 6%～9% 计，浴室建筑面积按每个淋浴器 5～6m² 估算。

五、厕　　所

食品工厂内较大型的车间，特别是生产车间的楼房，应考虑在车间内设厕所，以利于生产工人的方便卫生。

厕所便池蹲位数量应按最大班人数计，男每 40～50 人设一个，女每 30～35 人设一个，厕所建筑面积按 2.5～3m²/蹲位估算。

六、婴儿托儿所

婴儿托儿所应设于女工接送婴儿顺路处，并应有良好的卫生环境。托儿所面积的确定按下式：

$$F = MK_1K_2$$

式中　　F——托儿所面积，m²

　　　　M——最大班女工人数

　　　　K_1——授乳女工所占比例，取 10%～15%

　　　　K_2——每个床位所占面积，以 4m² 计

七、医　务　室

工厂医务室的组成及面积见表 5-1。

表 5-1　　　　　　　　　　工厂医务室的组成及面积

部门名称	职工人数		
	300～1000	1000～2000	2000 以上
候诊室	1 间	2 间	2 间
医疗室	1 间	3 间	4～5 间
其他	1 间	1～2 间	2～3 间
使用面积	30～40m²	60～90 m²	80～130 m²

第三节　有关规范举例——速冻食品工厂良好操作规范（GMP）

（一）目的与适用范围

本规范规定了出口速冻蔬菜在加工、冷冻、包装、检验、贮存和运输等过程中有关机构与人员、工厂的建筑和设施、设备以及卫生、加工工艺及产品卫生与质量管理等遵循的良好操作条件，以确保产品安全卫生，品种质量符合进口国要求。

本规范适用于速冻蔬菜的生产加工。

（二）定义

良好操作规范（GMP），是指食品加工厂在加工生产食品时从原料接收、加工制造、包装运输等过程中，采取一系列措施，使之符合良好操作条件，确保产品合格的一种安全、卫生的质量保证体系。

- 原料　是指用来加工速冻蔬菜的菜类。
- 杂质　是指在加工过程中除原料之外，混入或附着于原料、成品或包装材料上的物质。
- 恶性杂质　是指有碍食品卫生安全的杂质。如毛发、蚊蝇、其他昆虫等。
- 饮用水　是指适合于人类食用的安全卫生的自来水。
- 清洗　是指用自来水除去尘土、残屑、污物或其他可能污染食品的不良物质的操作。
- 消毒　是指用符合食品卫生的化学药品或物理方法有效地杀死有害微生物，但不影响食品品质和安全的适当处理方法。
- 批　是指用特定文字、数字或符号等，表示在某一特定时间、特定场所所产生特定数量的产品。
- 清洁作业区　是指精加工及内包装车间等清洁度要求高的作业区域。
- 准清洁作业区　是指粗加工及外包装车间等清洁度要求次于清洁作业区的区域。
- 一般作业区　是指清洁度要求低于准清洁区的作业区域。

作　业　区	清洁度区分	作　业　区	清洁度区分
原料粗加工车间（清洗）	准清洁作业区	冷藏库、物料仓库	一般作业区
精加工车间、速冻、包装车间	清洁作业区		

- 速冻　其冻结对象迅速通过最大冰晶区，形成域为$-5\sim-1℃$，然后结冻平衡温度保持在$-18℃$。
- 挂冰衣品　冻结后加水挂冰的产品。
- 漂烫（杀青）　为抑制蔬菜中酶的活性而用沸水或蒸汽进行适宜的加热处理过程。
- 机械伤　由于加工处理不当，产品受到物理性的伤害。
- 病虫伤　产品由于病虫的侵害引起的损伤。
- 褐斑　产品由于去根、荚、茎、枝、叶或修削后加工不及时，氧化产生的褐色点。
- 结块　数个以上单体粘连在一起。
- 风干　冷冻原因造成表面脱水现象。
- 沥水　用自然斜度或模具挤压或用离心方法去除叶片间多余表面水的工序。
- 断条　产品条茎在冷冻之后包装、运输、装卸过程中造成的机械性断裂，使条茎长度缺少1/3以上。

（三）厂区环境、厂房及设施

1. 厂区环境

（1）加工厂不得建在易受生物、化学、物理性污染源污染的地区，工厂四周环境应保持清洁，避免成为污染源。

（2）厂区内主要通道铺设水泥或沥青路面，空地应绿化，以防尘土飞扬而污染食品。

车间及其构造物附近不能有害虫滋生地。

（3）厂区内不得有足以产生不良气味、有毒有害气体、烟尘及危害食品卫生的设施。厂区同生活区分开。

（4）厂区内有适当的排水系统，车间、仓库、冻藏库周围不得有积水，以免造成渗漏，形成脏物而成为污染食品的区域。

（5）厂区内卫生间应有冲水，非手动开关洗手，卫生间的门窗不能直接对着加工或贮存产品的区域。卫生间保持清洁卫生，通风良好，具备纱窗等防蝇、防虫设施。墙壁、地面易清洗消毒。

（6）废弃物应有固定存放地点并及时清除。

（7）厂区内建有生产必需的辅助设施。

2. 厂房

（1）厂房应按加工产品工艺流程需要及卫生要求合理布置（包括车间、冷库、化验室、更衣室、厕所等）。

（2）厂房各项建筑物应坚固耐用，易于维修，易于清洁，所用材料不应对产品产生污染。

（3）使用性质不同的场所之间应予以适当隔离。

3. 设施

（1）车间设施 车间面积应与生产量相适应，并按加工工艺流程合理布局，分原料粗加工车间和精加工车间，并有足够的使用空间，按工序清洁度要求不同给予隔离。

车间地面应用无毒、坚固、防水、耐磨、耐腐蚀、便于消毒及水清洗的浅色的铺面材料建筑；地面平坦并有一定坡度，排水、通风等出口处应设有防止有害动物侵入的装置。

车间天花板应用无毒、能防水、浅色的不脱落的涂料或材料构筑；车间墙壁应用无毒、平滑、易清洗、不透水的浅色材料；建筑的梁、柱、墙角、地角、顶角应有适当弧度（半径应在 3cm 以上）。

车间门窗应以平滑、易清洗、不透水、耐腐蚀的坚固材料制作，并设有防虫蝇装置（如水幕、窗纱等）。车间窗台与水平面呈 45°角。

车间内设置的各种管道应用防锈材料制成，不同管道应有明显颜色区别，供水龙头应有连续的编号。

（2）照明设施 厂内各处应装备适当的采光或照明设施，车间照明应使用防爆安全型设施，以防破裂时污染产品。

照明设施的亮度应满足加工人员的正常需要，其照明不低于 220lx，检验台上方照明度不低于 540lx，所使用光源应不至于改变食品色泽。

（3）通风设施 加工、包装车间应通风良好，配有换气设施或空气调节设施，以防室内温度过高，并保持室内空气新鲜。

排气口应装有防止害虫侵入的装置，进气口装有空气过滤装置，两边均易于拆卸、清洗或更换。室内空气调节，进排气或使用风扇时，空气流向应从高清洁区向低度清洁区，以防止空气对产品、包装材料造成污染。

（4）供水设施 厂区应提供各部门所需之充足水量，必要时设有贮水设备。使用地下水源应与污染源（如化粪池等）保持适当距离，以防止污染。

贮水池（塔或槽）应以无毒，不污染水质的材料建成，并应有防止污染的措施。

采用非自来水者，应设净化池或消毒设备。

（5）更衣设施　应设有与车间相连接的更衣室，更衣室面积与加工人员数相适应（每人占有面积不少于 $0.5m^2$），男女更衣室应分开，室内应有适当照明，且通风良好。内设挂衣架、柜及工作服消毒设施。更衣室内设有厕所（每 25～30 人设一便池）、淋浴间，其门应能自动关闭。

（6）洗手消毒设施　车间总出入口应设置独立的洗手消毒间，其建筑材料与上述车间地面的要求相同。

洗手间内设置足够数量的洗手设备（每 25 人设一洗手池，每 50 人设一消毒盆）并备有清洁剂、消毒剂和干手设备，设有靴鞋池，池深足以浸没鞋面，并设有可照半身以上的镜子。

水龙头应采用非手动关闭阀，以防止已清洗或消毒过的手再度污染。洗手池应以不锈钢或瓷质材料建成，其设计和结构应不易藏污纳垢，并易于清洗消毒。

（7）冷库设施　冷库应装设可正确指示库内温度的温度计或温度测定自动记录仪、自动温度报警装置。保证速冻蔬菜在运输和贮藏过程中温度在 −18℃ 以下。冻藏库门设有风幕装置，以备开门时防止外部高温影响。

（8）厕所设施　卫生间应有冲水、洗手、防虫设施。卫生间内墙壁、地面、天花板应用不透水、易清洗消毒、不易积垢的材料建成。卫生间内应设置洗手消毒设施、还应有良好的排气和照明设施。

（四）加工设备

操作台、工器具和输送带等，应用无毒、无味、坚固、不生锈、易清洁消毒、耐腐蚀的材料制作，与产品接触的设备表面应平滑，无凹陷或裂缝。

盛放食品的容器、工器具不能接触地面，废弃物应有专门容器存放，必要时加贴标志并应及时处理。

设置在车间一旁的废弃物容器必须经常清洗、消毒防止污染工厂或周围环境。废弃物严禁堆积在工作区域内，盛放废弃物的容器应易清洗、消毒，不允许与盛放产品的容器混淆。

车间内禁止使用木（竹）制品。设备与设备之间应排列有序，各工序所用设备和容器不得混用，以免交叉污染。工厂应配备适当的检验设备，以备对原料、半成品等进行监控检验。用于测定、控制或记录的仪器应齐全、运转正常，并定期校正。

（五）组织机构

工厂应设有生产管理机构和质量、安全卫生控制机构，负责"良好操作规范"的设计、实施、监督和检查等。

生产管理机构负责按质量标准或客户要求组织安排全厂的生产。质量、卫生控制机构应做好以下几项工作。

（1）负责制定产品质量标准，并执行质量管理工作，其负责人有权停止生产或出货。

（2）负责从原料到加工成品的全部质量和卫生控制，保证加工出的产品优质、安全。

（3）对加工人员和检验人员按所制定的计划进行培训，并向培训合格人员发证。

（4）监督检查全厂执行卫生管理的情况。

（六）人员要求

1. 健康要求

（1）直接接触蔬菜加工人员每年至少进行一次健康检查，必要时做临时健康检查，检查合格后方可上岗。

（2）凡患有以下疾病之一者，应调离蔬菜加工岗位。化脓性或渗出性皮肤病、疥疮等传染性创伤患者；手外伤者；肠道传染病或肠道传染病病菌携带者；活动性肺结核或传染性肝炎患者；其他有碍食品卫生的疾病。

2. 卫生要求

（1）直接接触蔬菜加工人员应保持高度个人清洁，遵守卫生规则，进车间必须穿着清洁卫生的白色工作服、鞋靴，配戴工作帽和口罩，头发不得外露。

（2）进入车间须经消毒间，用清洁剂洗净后经消毒盆消毒，再经清洁水冲洗，必要时经干手器干燥。鞋靴也需在消毒池内消毒。

（3）禁止将个人衣物或其他个人物品（包括饰物、手表等）带入车间，禁止在车间内饮食及吸烟。不得留长指甲、染指甲油、不得涂抹化妆品。

（4）生产操作中如需戴手套者，可使用乳胶手套，但必须保持清洁卫生，必要时定期消毒，禁止使用线手套。

（5）车间设有专职卫生员，负责监督检查进入车间人员衣着和消毒情况。

3. 知识要求

（1）生产管理、质量、安全卫生控制部门负责人应具备相应专业知识和实际工作经验。

（2）感官检验员和安全卫生控制人员应具备实际工作经验，并经专业培训合格后方可上岗。

（3）化验室人员应具备相应专业知识，并经专业培训合格后方可上岗。

（七）加工工艺管理

1. 《加工工艺书》的制定和执行

（1）工厂应制定《加工工艺书》，由生产部门主办，同时征得质量、安全卫生管理部门认可，修订执行。

（2）《加工工艺书》内容包括：原料规格要求、工艺流程、操作规程、成品品质规格和安全卫生等要求，包装、标签、贮存等要求及规定。

（3）应教育和培训加工人员按《加工工艺书》执行。

2. 原辅料要求

（1）原料应新鲜、清洁、无污染。

（2）原料应未受微生物、化学物和放射性等污染。

（3）对受微生物、化学物、放射性物污染的蔬菜原料应单独存放并退货。

（4）加工用水（冰）应符合 GB 5749—2006《生活饮用水水质标准》和 GB 4600—

1984《人造冰》的要求。

3.《出口速冻蔬菜加工工艺书》

（1）原料验收

① 所采用的原料应符合工艺要求所需的品种、成熟度、新鲜度，色泽形状良好，大小均匀。

② 原料要求无污染，农残、微生物等指标应符合食品卫生标准规定。

③ 原料包装、运输、贮存过程中要求无污染、无损坏、无腐烂变质，修整过的原料应尽快加工。

④ 筛选原料的工具应保持清洁卫生，定时洗涮消毒；原料应轻取轻放，不得野蛮操作。

（2）挑选整理

① 严格按不同品种的工艺要求切割、整修、挑选、分级，使块形、长度、粗细等形态要求符合标准。

② 除去杂质，剔除不合格品。

③ 工器具要班前、班后清洗消毒，保持清洁。使用机械，班前做好检查、调试工作，以保证产品质量。

（3）漂洗　经验收合格的半成品置容器中带流水冲洗，洗净尘土，除去杂质，每次清洗的数量不宜过多，以彻底洗净泥沙。应使水不断溢出，以便去除漂浮异物。

（4）漂烫（杀青）

① 接上道工序半成品后，要及时漂烫加工，不得积压，避免产品色泽变化。用夹层锅漂烫时需不断翻动，用漂烫机漂烫时，上料要均匀，目的在于使其受热均匀。

② 严格按工艺要求进行操作，根据不同品种、不同客户要求，调节浸烫水温和浸烫时间，保持产品原有色泽，营养成分不受到破坏。

③ 注意，每次漂烫蔬菜数量不宜过多，保证漂烫均匀，漂烫用水要充足。以保证放入蔬菜后水温迅速恢复到规定温度。

④ 漂烫设备定时清洗，遗留物要清理干净，防止腐烂变质，造成污染。漂烫用水定时更换，不使其影响产品色泽。

（5）冷却

① 漂烫后迅速将蔬菜放在自来水中降温，然后置于冰中，快速冷却，使产品迅速降至10℃以下，以防变色。

② 冷却的同时进行清洗，进一步去净杂质。冷却水必须清洁，应经常更换，应迅速冷却，蔬菜不宜在冷水中长时间浸泡。

③ 冷却用器械不得对产品色泽造成影响。

（6）速冻

① 速冻设备由专人操作，定期检查保养，及时处理机械故障，保障生产顺利进行。

② 进入速冻机的半成品摆放要厚度适宜，均匀一致，确保冷冻效果。

③ 根据速冻品种的不同，准确调节传送速度，确保冷冻效果。

④ 速冻机生产时，机内温度-35℃以下，速冻库温-30℃以下，速冻后产品温度达

－15℃以下。

（7）挂冰衣

① 对块茎、豆类等的产品浸入 0℃的冰水中 2～3s，迅速提出，振荡除去多余的水分，使产品表面光亮、均匀、圆滑。

② 成品包装前，质检科应对产品质量进行感观指标和微生物检验，若不符合规定要求，一概不得进入包装工序。

（8）包装

① 封口前严格称重，标准重量要求误差在±1%，重量不合格均按不合格产品处理。

② 包装必须在专用的清洁卫生的车间内进行，严禁在不卫生的环境中进行。

③ 包装用品使用前均需严格检查，凡有水湿、霉变、虫蛀、破碎或污染等现象不得使用，大盒外要正确印刷上包装品名、规格、日期、批次、代号及级别标准标记，要求清楚、正确。

（9）金属探测　产品应用金属探测器进行检测，发现问题立即解决，大包装在称重前，小包装品可在封口后通过金属探测器。

（10）冻藏

① 包装完毕的产品，应及时入库，分垛存放，以免温度回升而影响产品质量。

② 冻藏库应保持库内清洁，无异味，产品的码放要有条理，按生产日期、批次分别存放，码垛整齐，标记清楚，垛底有垫板，要求高 10cm 以上。垛与垛之间要留一定的空隙，以便通风制冷，保持温度平衡。

③ 货垛离墙 20cm、离顶棚 50cm、距冷气排管 40～50cm，垛间距 15cm，库内通道大于 2m。在出口产品库内不得存放其他有异味物品，要专库专存。

④ 冻藏库温－18℃以下，保持恒定，每 2h 检查记录库温 1 次。

（八）包装和标记

1. 包装

产品包装必须在封闭的包装间内进行，包装间内温度保持在 0～10℃。

（1）包装用塑料袋、纸箱（盒）应清洁卫生、无毒、无霉变、无异味，并经性能验证合格。包装物应设专库存放，保持清洁卫生，并应采取措施防止灰尘等物质污染包装物。凡有水湿、霉变、虫蛀、破碎或污染等现象不得投入使用。

（2）所用塑料袋、纸箱（盒）应设计尺寸合理、大小适中。

（3）包装材料在使用前需预冷至 10℃以下，纸箱底部和上部要粘牢并用胶带封好。包装应完整、牢固，适于长途运输。

2. 标记

（1）包装的标记应符合 GB 7718—2011《预包装食品标签通则》的规定。

（2）包装的商标根据客户要求印刷。

（九）品质安全卫生管理

1.《品质标准书》的制定及内容

（1）《品质标准书》由工厂质量检验部门制定，并经过生产部门认可后，遵照执行。

（2）《品质标准书》的内容应包括本段中"原料品质管理""加工过程中半成品的品

质管理"和"成品的品质管理"。

（3）原料品质管理

①《品质标准书》中应制定原料的品质标准、检验项目、验收标准、抽样及检验方法等。

② 发现原料不符合标准，停止运进车间。

③ 记录原料验收结果。

（4）加工过程半成品的品质管理

①《品质标准书》应按出口合同规定制定速冻蔬菜加工半成品的检验项目、验收标准、抽样标准、抽样及检验方法等。

② 按《出口速冻蔬菜加工工艺书》中规定，控制各加工工艺点。

③ 加工中品质管理结果发现异常现象时，应迅速追查原因，并切实加以纠正后才能继续生产。

④ 记录半成品检验结果。

（5）成品的品质管理

① 依据出口合同规定的速冻蔬菜质量标准。

② 每批速冻蔬菜检验合格后方可入冻藏库。

③ 速冻成品经检验不合格者不得出口，应单独存放，并设有标记，以示区别。

④ 成品发运出厂后，顾客提出疑问或发现品质有问题，应立即采取妥善的补救措施。

⑤ 记录成品检验结果及反馈和处理情况。

2.《卫生标准操作规程》的制定及内容

（1）《卫生标准操作规程》由工厂卫生管理机构制定并执行，经生产部门认可后遵照执行。

（2）《卫生标准操作规程》的内容包括环境卫生、车间卫生、个人卫生、冷藏及运输卫生管理等。

（3）工厂根据《卫生标准操作规程》的内容制定检查计划，规定检查项目及周期，并建立记录。

（4）环境卫生管理

① 厂区应设有专人负责每日清扫、洗刷，保持清洁，地面应保持良好维修、无破损、不积水、不起尘埃。

② 厂区内禁止堆放不必要的器材、物品。草木要定期修剪和拔除，防止蝇、蚊等有害动物滋生。禁止饲养畜禽。

③ 厂区内设有防鼠设施，并有图标，每日检查一次。

④ 排水沟应随时保持畅通，不得淤积、阻塞。废弃物、下脚料及时处理，必要时消毒清洗。

⑤ 厂区厕所应每日打扫两次，并消毒。

（5）车间卫生管理

① 车间各设施随时保持完整，如有破损应立即修补。

② 消毒间卫生每日打扫，消毒池中消毒水每日更换两次。

③ 更衣室（包括厕所）设卫生值日制度，每日打扫，保持清洁。

④ 一切接触产品的设施、设备、工器具在每日生产前和生产后必须进行有效地清洗，必要时予以消毒，消毒后彻底清洗。

⑤ 加工所用之水应定期化验，每年一次由卫生监督部门进行全项目检验，工厂每月进行一次微生物检验，每日一次有效氯浓度的测定。

（6）人员卫生管理　按本节"（六）人员要求"中的有关规定执行。

（7）冻藏及运输卫生管理

① 冻藏库内必须保持清洁卫生，货物按批摆放整齐，禁止产品接触地面。

② 冻藏库内禁止存放带异味商品及卫生不良的产品。

③ 运输车（船）集装箱工具必须实施定期消毒与清洗。

④ 设有各种卫生执行记录、检查记录和纠偏记录。

（十）冻藏与运输管理

1. 冻藏

冷却排管上的霜应定期清除，保持最少积霜，以防止污染产品包装。

（1）冻藏库应保持清洁、卫生，产品按不同等级、规格、批次分别堆放，货垛之间及货与库顶、库墙间应有 30～50cm 空隙。垛底板不低于 10cm。

（2）冻藏库温度保持在 －20℃ 以下，并尽量保持稳定，库内备有温度自动记录仪。

（3）禁止未包装之冻品与包装成品、原料及成品同贮一库，同一库内不能存放其他异味商品，做到专库专用。

（4）定期检查产品，如有异状及时处理。

（5）经长途运输之冷冻成品需经验收合格方可入冻藏库，冻品中心温度高于 －18℃ 时，禁止直接入库冻藏，经检验，品质正常的需经速冻将中心温度降至 －18℃ 后，方可入冻藏库。

（6）各冻藏库应有存货记录及存放部位示意图。

2. 运输

运输工具必须是清洁、卫生、无异味、干燥的冻藏车（船）集装箱。

（十一）记录档案

1. 工厂建立资料及其内容

（1）管理手册；

（2）良好操作规范（GMP）和卫生标准操作规程（SSOP）；

（3）HACCP 计划手册；

（4）检验方法；

（5）加工工艺书；

（6）品质标准书；

（7）生产设备、仪器一览表，使用说明及维护、保养和操作规程。

2. 记录及处理

（1）记录

① 卫生执行记录；

② 卫生检查记录及纠偏记录；

③ HACCP 计划记录（监控记录、纠偏记录、验证记录）；

④ 产品质量状况、进口国及国外反应档案、质量信息反馈及处理记录；

⑤ 品质控制人员（包括检验员）填写品质控制日记及检验记录；

⑥ 计量仪器校正记录；

⑦ 记录人及记录核对人应在记录上签字，如有修改，应有修改人在文字附近签名。

（2）记录处理　各种记录应保存 3 年。

（十二）质量信息反馈及处理

工厂应建立"质量信息反馈及处理"制度，对出现的质量问题有专人查找原因，及时加以纠正。

经检验不合格的产品不准发运出厂，如有发现有害人体健康的安全卫生项目不合格时，对已出厂的产品，应予以迅速追回，同时厂方就买方做出妥善处理。

对存在的质量问题及处理结果应做好详细记录，并及时上报当地出入境检验检疫局。

思考题

1. 简述食品厂、库环境卫生要求。

2. 简述食品加工专用车间必须符合的卫生条件。

3. 简述食品工厂的加工卫生要求。

4. 简述食品工厂的厂区卫生要求。

5. 简述食品工厂生产车间的卫生要求。

6. 简述食品工厂对生产工人的卫生要求。

7. 全厂性的生活设施包括哪些方面？简述各设施的面积计算原则和方法。

第六章 公 用 系 统

了解并很好地理解食品工厂给排水、供电及自控、供汽、采暖与通风、制冷等方面的内容。

第一节 概 述

一、公用系统的主要内容

公用系统是指与全厂各部门、车间、工段有密切关系的,为这些部门所共有的一类动力辅助设施的总称。对食品工厂来说,这类设施一般包括给排水、供电、供汽、制冷、暖风等5项工程。食品工厂设计中,这5项工程分别由5个专业工种的设计人员承担。当然,不一定每个整体项目设计都包括上述5项工程,还需按工厂的规模而定。在一般情况下,给水排水、供电和仪表、供气这三者不管工厂规模大小都得具备,而制冷和采暖通风两项则不一定。小型厂由于投资和经常性费用高等原因一般不设冷库;车间的采暖和空调,就当地的气象情况不一定每个项目都得具备;至于扩建性质的工程项目,上述5项公用工程就更不一定都同时具备了。

公用工程的专业性较强,各有其内在深度。本章仅从工艺设计人员需要掌握的有关公用工程设计的基本原理及基本规范的角度,对公用工程的设计做简单的介绍。

二、公用工程区域的划分

上述5项公用工程是在设计院内部按专业的性质划分的,这是设计院的内部分工。此外,从设计的外部分工还常常涉及到工程的区域划分。公用工程按区域可划分为厂外工程、厂区工程和车间内工程。

(一)厂外工程

给排水、供电等工程中水源、电源的落实和外管线的敷设,牵涉的外界因素较多,如与供电局、城市规划局、市政工程局、环保局、自来水公司、消防处、质量监督部门、卫生监督部门、环境监测以及农业部门等都有一定的关系。与这些部门的联系,最好先由筹建单位进行一段时间的工作，初步达成供水、供电、环保等意向性协议，在这些问题初步落实之后，再开展设计工作。

由于厂外工程属于市政工程性质，一般由当地专门的市政规划设计或施工部门负责设计比较切合当地实际，专业设计院一般不承担厂外工程的设计。

厂外工程的费用比较高，在决定厂址时，要考虑到这一因素。如果水源、电源离所选定的厂址较远，则要增加较大的投资，显得不合理，食品工厂一般都属于中小型企业，其厂外管线的长度最好能控制在 2～3km 范围内。

（二）厂区工程

厂区工程是指在厂区范围内、生产车间以外的公用设施，包括给排水系统中的水池、水塔、水泵房、冷却塔、外管线、消防设施；供电系统中的变配电所、厂区外线及路灯照明；供热系统的锅炉房、烟囱、煤场及蒸汽外管线；制冷系统的冷冻机房及外管线；环保工程的污水处理站及外管线等。这些工程的设计一般由负责整体项目的专业设计院的有关设计小组分别承担。

（三）车间内工程

车间内工程主要是指有关设备及管线的安装工程，如风机、水泵、空调机组、电气设备及制冷设备的安装，包括水管、汽管、冷冻管、风管、电线、照明等。其中水管和汽管由于和生产设备关系十分密切，他们的设计一般由工艺设计人员担任，其他仍归属专业工种承担。

三、对公用系统的要求

（一）满足生产需要

这一点很重要，也比较复杂。因为食品生产的很大一个特点是季节的不均匀性相当突出，公用设施的负荷变化非常明显。因此，要求公用设施的容量对负荷的变化要有足够的适应性。如何才能具备这种适应性？不同的公用设施有不同的原则，例如，对供水系统，只有把供水能力，按高峰季节各产品的小时需要总量，来确定它的设计能力，才认为是具备了足够的适应性。如果供水量满足不了高峰季节的生产需要，往往造成原料的积压或延长加工时间，从而对产品质量带来巨大的损失，这种损失很可能是无法弥补的。至于供水能力较大，在淡季时是否造成浪费，这一点并不重要，因为水的计费只跟实际消耗量有关，淡季用量少可少付费。对供电和供汽设施，如果具有适应负荷变化的特性，则需要考虑组合式结构，是指不要搞单一变压器或单一的锅炉，而设置多台变压器或锅炉，以便有不同的能力组合，适应不同的负荷。如何决定合理的组合，最好要根据全年的季节变化画出负荷曲线，以求得最佳组合。

（二）符合卫生安全要求

食品生产中，原材料或半成品不可避免地要和水、蒸汽等直接或间接接触。因此，要求生产用水的水质必须符合卫生部规定的生活饮用水卫生标准。直接用于食品的蒸汽应不含有危害健康或引起污染食品的物质。氨制冷剂对食品安全卫生是有害的，氨蒸发系统应严防泄漏。

公用设施在厂区的位置是影响工厂环境卫生的重要因素。如锅炉的型号、烟囱的高度、运煤、出灰的通道、污水处理站的位置、污水处理的工艺流程等，是否选择得当，都与工厂的环境卫生有密切关系，其具体要求详见有关章节。

（三）运行可靠、费用经济

所谓运行可靠，是指供应的数量和质量要有可靠而稳定的参数。例如，水的数量固然要保障，但水的质量更为重要。在自己制水的系统中，原水的水质往往随季节的变化而波动较大，一般秋冬季水质较好，春夏季水质较差，洪水期更差。也有的地方，水源流量小，秋冬枯水期污染物质的浓度增大，水质反比春夏季差。这就要根据具体情况，采取各种相应措施，使最后送到生产车间的水质始终符合食品生产的水质要求。又如供电，有些地方电网供电可能经常出现局部停电现象，将影响到生产的正常秩序。这就应该考虑是否该自备电源（工厂自行发电），以摆脱被动局面。

参数的稳定也非常重要。如水压、水温、电流、电压、蒸汽压力、冷库或空调的温度、湿度等。如果参数不稳定，轻则影响生产的正常进行，重则造成安全事故和重大损失。

所谓经济性，就是投资少、收效高。这就要求设计人员在进行设计时，要正确地收集和整理设计原始资料，进行多方案的比较，避免贪大求洋。还得注意各部门和全厂的关系，近期的一次性投资和长期的经常性费用的关系。从而使设计达到投资最少，经济效益最好。

第二节 给 排 水

一、设计内容及所需的基础资料

（一）设计内容

整体项目的给排水设计包括：取水及净化工程、厂区及生活区的给排水管网、车间内外给排水管网、室内卫生工程、冷却循环水系统、消防系统等。

（二）设计所需基础资料

就整体设计而言，给排水设计大致需要收集如下资料：

（1）各用水部门对水量、水质、水温的要求及负荷的时间曲线；

（2）建厂所在地的气象、水文、地质资料，特别是取水河、湖的详细水文资料（包括原水水质分析报告）；

（3）引水、排水路线的现状及有关的协议或拟接进厂区的市政自来水管网状况；

（4）厂区和厂区周围地质、地形资料（包括外沿的引水、排水路线）；

（5）当地废水排放和公安消防的有关规定；

（6）当地管材供应情况。

二、食品工厂对水质的要求

不同的用途，有不同的水质要求。

食品工厂水的用途可分为：一般生产用水、特殊生产用水、冷却用水、生活用水和消防用水等。

一般生产用水和生活用水的水质要求符合生活饮用水标准。特殊生产用水是指直接构成某些产品组分的用水和锅炉用水。这些用水对水质有特殊要求，必须在符合《生活饮用水卫生标准》基础上给予进一步处理。现将各类用水水质标准的某些项目指标列于表 6-1 中。

表 6-1 各类用水水质标准

项　　目	生活饮用水	清水类罐头用水	饮料用水	锅炉用水
pH	6.5～8.5			＞7
总硬度（以 $CaCO_3$ 计）/（mg/L）	＜250	＜100	＜50	＜0.1
总碱度/（mg/L）			＜50	
铁/（mg/L）	＜0.3	＜0.1	＜0.1	
酚类/（mg/L）	＜0.05	无	无	
氧化物/（mg/L）	＜250		＜80	
余氯/（mg/L）	0.5	无		

以上特殊用水，一般由工厂自设一套进一步处理系统，处理的方法有精滤、离子交换、电渗析、反渗透等，视具体情况分别选用。

冷却水（如制冷系统的冷却用水）和消防用水，在理论上，其水质要求可以低于生活饮用水标准，但在实际上，由于冷却用水往往循环使用，用量不大，为便于管理和节省一些投资，大多食品工厂并不另设供水系统。

三、水　　源

水源的选择，应根据当地的具体情况进行技术经济比较后确定。在有自来水的地方，一般优先考虑采用自来水。如果工厂自制水，则尽可能首先考虑地面水。各种水源的优缺点比较见表 6-2。

表 6-2 各种水源的优缺点比较

水源类别	优　　点	缺　　点
自来水	技术简单，一次性投资省，上马快，水质可靠	水价较高，经常性费用大
地下水	可就地直接取用，水质稳定，且不易受外部污染。水温低，且基本恒定。一次性投资不大，经常费用小	水中矿物质和硬度可能过高，甚至有某种有害物质。抽取地下水会引起地面沉降
地面水	水中溶解物少，经常性费用低	净水系统技术管理复杂，构筑物多，一次性投资大，水质水温随季节变化大

四、全厂性用水量的计算

（一）生产用水量

生产用水包括工艺用水、锅炉用水和制冷机房冷却用水。

工艺用水量的估算见第三章工艺设计部分。

锅炉用水可按锅炉蒸发量的 1.2 倍计算，小时变化系数取 1.5。

制冷机的冷却水循环量取决于热负荷和进出水温差。一般情况下，取 $t_2 \leqslant 36℃$，$t_1 \leqslant 32℃$。冷却循环系统的实际耗水量，即补充水量可按循环量的 5% 计。

（二）生活用水量

生活用水量的多少与当地气候，人们的生活习惯以及卫生设备的完备程度有关。

根据食品工厂的特点，生活用水量相对生产用水量小得多。在生产用水量不能精确计算的情况下，生活用水量可根据最大班人数按下式估算：

$$生活最大小时用水量＝（最大班人数×70)/1000（m^3/h)$$

（三）消防用水量

食品工厂的室外消防用水量为 $10\sim75L/s$，室内消防用水量以 $22.5L/s$ 计。由于食品工厂的生产用水量一般都较大，在计算全厂总用水量时，可不计消防用水量，在发生火警时，可通过调整生产和生活用水来加以解决。

五、给　水　系　统

（一）自来水给水系统（见图 6-1）

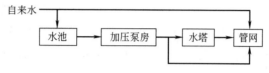

图 6-1　自来水给水系统示意图

（二）地下水给水系统（见图 6-2）

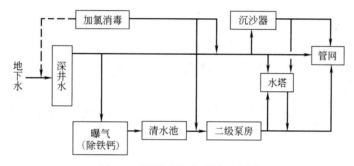

图 6-2　地下水给水系统示意图

（三）地面水给水系统（见图 6-3）

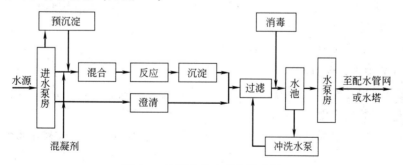

图 6-3　地面水给水系统示意图

六、配　水　系　统

水塔以下的给水系统统称为配水系统。小型食品工厂的配水系统，一般采用枝状管网。大中型厂生产车间，一个车间的进水管往往分几路接入，故多采用环状管网，以确保供水正常。

管网上的水压必须保证每个车间或建筑物的最高层用水的自由水头不小于 $6\sim8m$，对于水压有特殊要求的工段或设备，可采取局部增压措施。

室外给水管线通常采用铸铁管埋地敷设，管径的选择应恰到好处，太大了浪费管材，太小了压头损失大，动力消耗增加，为此，管内流速应控制在经济合理的范围内（常用管道流速表参见第三章）。对于管道的压力降一般控制在 $50\text{mmH}_2\text{O}^*/100m$ 之内为宜。

七、冷却水循环系统

食品工厂的制冷机房、车间空调机房及真空蒸发工段等常需要大量的冷却水。为减少全厂总用水量，常设置冷却水循环系统和可降低水温的装置，如冷却池、喷水池、自然通风冷却塔和机械通风冷却塔等。为提高效率和节省用地，广泛采用机械通风冷却塔（其代表产品有圆形玻璃钢冷却塔），这种冷却塔具有冷却效果好、体积小、重量轻、安装使用方便，且只需补充循环量的 $5\%\sim10\%$ 的新鲜水，这对水源缺乏或水费较高且电费不变的地区，特别适宜。

八、排 水 系 统

（一）排水量计算

食品工厂的排水量普遍较大，排水中包括生产废水、生活污水和雨水。

生产废水和生活污水，根据国家环境保护法，需经过处理达到排放标准后才能排放（排放标准和废水处理详见第七章）。

生产废水和生活污水的排放量可按生产和生活最大小时给水量的 $85\%\sim90\%$ 计算。

雨水量按下式计算。

$$W=q\varphi F \quad (\text{kg/s})$$

式中　W——雨水量，kg/s

　　　q——暴雨强度，$\text{kg}/(\text{s}\cdot\text{m}^2)$（可查阅当地有关气象、水文资料）

　　　φ——径流系数，食品工厂一般取 $0.5\sim0.6$

　　　F——厂区面积，m^2

（二）有关排水设计要点

工厂安全卫生是食品工厂的头等要事，而排水设施和排水效果的好坏又直接关系到工厂安全卫生面貌的优劣，工艺设计人员对此应有足够的注意。

（1）生产车间的室内排水（包括楼层）宜采用无盖板的明沟，或采用带水封的地漏，明沟要有一定的宽度（$200\sim300mm$）、深度（$150\sim400mm$）和坡度（$>1\%$），车间地坪的排水坡度宜为 $1.5\%\sim2.0\%$。

（2）在进入明沟排水管道之前，应设置格栅，以截留固体杂物，防止管道堵塞，垂直排水管的口径应比计算选大 $1\sim2$ 号，以保持排水通畅。

注：＊$1\text{mmH}_2\text{O}=9.80665\text{Pa}$。

（3）生产车间的对外排水口应加设防鼠装置，宜采用水封窨井，而不用存水弯，以防堵塞。

（4）生产车间内的卫生消毒池、地坑及电梯坑等，均需考虑排水装置。

（5）车间的对外排水尽可能考虑清浊分流，其中对含油脂或固体残渣较多的废水（如肉类和水产加工车间），需在车间外，经沉淀池撇油和去渣后，再接入厂区下水管。

（6）室外排水也应采用清浊分流制，以减少污水处理量。

（7）食品工厂的厂区污水排放不得采用明沟，而必须采用埋地暗管，若不能自流排出厂外，得采用排水泵站进行排放。

（8）厂区下水管也不宜用渗水材料砌筑，一般采用混凝土管，其管顶埋设深度一般不宜小于0.7m。由于食品工厂废水中含有固体残渣较多，为防止淤塞，设计管道流速应大于0.8m/s，最小管径不宜小于150mm，同时每隔一段距离应设置窨井，以便定期排除固体污物。

九、消 防 系 统

食品工厂的建筑物耐火等级较高，生产性质决定其发生火警的危险性较低。食品工厂的消防给水宜与生产、生活给水管合并，室外消防给水管网应为环形管网，水量按15L/s考虑，水压应保证当消防用水量达到最大且水枪布置在任何建筑物的最高处时，水枪充实水柱仍不小于10m。

室内消火栓的配置，应保证两股水柱每股水量不小于2.5L/s，保证同时到达室内的任何部分，充实水柱长度不小于7m。

第三节 供电及自控

一、食品工厂供电及自控的内容和所需基础资料

（一）设计内容

整体项目的供电及自控设计包括：厂区变配工程，厂区供电外线，车间内设备供电，厂区及室内照明，生产线、工段或单机的自动控制，电器及仪表的修理等。

（二）设计所需基础资料

（1）全厂用电设备清单和用电要求；

（2）供用电协议和有关资料，给电电源及其有关技术数据，供电线路进户方位和方式、量电方式及量电器材划分，供电费用，厂外供电器材供应的划分等；

（3）自控对象的系统流程图及工艺要求。

二、供电要求及相应措施

（1）有些食品工厂如罐头工厂、饮料工厂、乳品工厂等生产的季节性强，用电负荷变化大，因此，大中型厂宜设2台变压器供电，以适应负荷的剧烈变化。

（2）食品工厂的机械化水平提高，用电设备逐年增加，因此，要求变配电设施的容量或面积要留有一定的余地。

（3）食品工厂的用电性质属于三类负荷，一般采取单电源供电，但由于停电将很可能导致大量食品的变质和报废，故供电不稳定的地区而又有条件时，可采用双电源供电。

（4）为减少电能损耗和改善供电质量，厂内变电所应接近或毗邻负荷高度集中的部门。当厂区范围较大，必要时可设置主变电所及分变电所。

（5）食品生产车间水多、汽多、湿度高，所以，供电管线及电气应考虑防潮。

三、负 荷 计 算

食品工厂的用电负荷计算一般采用需要系数法：

$$P_j = K_x P_e \quad \text{(kW)}$$

$$Q_j = P_j \, \mathrm{tg}\varphi \quad \text{(kW)}$$

$$S_j = P_j / \cos\varphi = \sqrt{P_j^2 + Q_j^2} \quad \text{(kW)}$$

式中 P_j——最大计算有功负荷，kW

         K_x——用电设备的需要系数

         P_e——用电设备的装接容量之和，kW

         Q_j——最大计算无功负荷，kW

         S_j——最大计算查负荷，kW

$\cos\varphi$，$\mathrm{tg}\varphi$——用电负荷的平均自然功率因素及其正切值

表 6-3 是若干食品工厂的用电技术数据。

表 6-3　　　　　　　　　　**食品工厂用电技术数据**

车间或部门		需要系数 K_x	$\cos\varphi$	$\mathrm{tg}\varphi$
乳制品车间		0.6～0.65	0.75～0.8	0.75
实罐车间		0.5～0.6	0.7	1.0
番茄酱车间		0.65	0.8	0.75
空罐车间	一般	0.3～0.4	0.5	1.73
	自动线	0.4～0.5		
	电热	0.9	0.95～1.0	0.33
冷冻机房		0.5～0.6	0.75～0.8	0.88～0.75
冷库		0.4	0.7	1.0
锅炉房		0.65	0.8	0.75
照明		0.8	0.6	1.33

计算出全厂用电负荷后，便可确定变压器的容量，一般考虑变压器的容量为 1.2 倍于全厂总计算负荷。

四、供电系统

供电系统要和当地供电部门一起商议确定，要符合国家有关规程，安全可靠，运行方便，经济节约。

按规定，装接容量在 250kW 以下者，供电部门可以低压供电，超过此限者应为高压供电。变压器容量为 320kW 以上者，须高压供电高压量电，320kW 及以下者为高压供电低压量电。特殊情况，具体商议。

当采用两台变压器供电时，在低压侧应该有联络线。

五、变配电设施及对土建的要求

变配电设施的土建部分为适应生产的发展，应留有适当的余地，变压器室的面积可按放大 1～2 级来考虑，高低压配电间应留有备用柜屏的地方（参阅表 6-4）。

表 6-4　　　　　　　　　　变配电设施对土建的要求

项　　目	低压配电间	变 压 器 室	高压配电间
耐火等级	三级	一级	二级
采光	自然	不需采光窗	自然
通风	自然	自然或机械	自然
门	允许木质	难燃材料	允许木质
窗	允许木质	难燃材料	允许木质
墙壁	抹灰刷白	刷白	抹灰刷白
地坪	水泥	抬高地坪，采用下进风	水泥
面积	留备用屏位	宜放大 1～2 级	留备用柜位
层高/m	>3.5	4.2～6.3	架空线时≥5

注：（1）高压电容器原则上单间设置，数量较少时，允许装在高压配电间；

（2）低压电容器原则上装在低压配电间。

变配电设施应尽可能避免独立建筑，一般可附在负荷集中的大型厂房内，但其具体位置，要求设备进出和管线进出方便，避免剧烈震动，符合防火安全要求和阴凉通风。

六、厂区外线

供电的厂区外线一般采用低压架空线，也有采用低压电缆的，线路的布置应保证路程最短，不迂回供电，与道路和构筑物交叉最少。架空导线一般采用 LJ 型铝绞线。建筑物密集的厂区布线应采用绝缘线。电杆一般采用水泥杆，杆距 30m 左右，每杆装路灯 1 盏。

七、车间配电

食品工厂生产车间多数环境潮湿，温度较高，有的还有酸、碱、盐等腐蚀介质，是典型的湿热带型电气条件。因此，食品工厂生产车间的电器设备应按湿热带条件选择。

车间总配电装置最好设在一单独小间内，分配电装置和启动控制设备应防水汽、防腐蚀，并尽可能集中于车间的某一部分。原料和产品经常变化的车间，还要多留供电点，以便设备的调换或移动，机械化生产线则应设专用的自动控制箱。

八、照　明

车间和其他建筑物的照明电源应与动力线分开，并应留有备用回路。

生产照明过去普遍采用日光灯。当车间的空间净高超过 6m 时，现在普遍采用高压水银灯或碘钨灯。当采用高压水银灯时，必须与至少相同容量的白炽灯混用。大面积车间的照明灯具的开关宜分批集中控制。潮湿和水汽大的工段，应考虑防潮措施。

食品工厂各类车间或工段的最低照明度要求，按我国现行能源消费水平，大致如表6-5 所规定。

表 6-5　　　　　　　　　　食品工厂最低照明要求

部　门　名　称		光　源	最低照度/lx
主要生产车间	一般	日光灯	100~120
	精细操作工段	日光灯	150~180
包装车间	一般	日光灯	100
	精细操作工段	日光灯	150
原料库、成品库		白炽灯或日光灯	50
冷库		防潮灯	10
其他仓库		白炽灯	10
锅炉房、水泵房		白炽灯	50
办公室		日光灯	60
生活辅助间		日光灯	30

九、建筑防雷和电气安全

食品工厂的烟囱、水塔和多层厂房的防雷等级属于第三类。这类建筑物是否安装防雷装置，可参考表6-6。

表 6-6　　　　　　　　　　建筑防雷参考高度

分　区	年雷电日数/d	建筑物需考虑防雷的高度/m
轻雷区	小于 30	高于 24
中雷区	30~75	平原高于 20，山区高于 15
强雷区	75 以上	平原高于 15，山区高于 12

电气设备的工作接地，保持接地和保护接零的接地电阻应不大于 4Ω，三类建筑防雷的接地装置与电气设备的接地装置可以共用。自来水管路或钢筋混凝土基础也可作为接地装置。

十、仪表控制和自动调节

（一）概述

随着经济的发展和科技水平的提高，食品工厂生产中要求进行仪表控制和自动调节的场合已很普遍，控制和调节的参数或对象主要有温度、压力、液位、流量、浓度、相对密度、称量、计数及速度调节等。如罐头杀菌的温度自控、浓缩物料的浓度自控、饮料生产中的自动配料、奶粉生产中的水分含量自控以及供汽、制冷系统的控制和调节等。

自控设计的主要任务是：根据工艺要求及对象的特点，正确选择监测仪表和自控系统，确立检测点、位置和安装方式，对每个仪表和调节器进行检验和参数鉴定，对整个系统按"全部手动控制→局部自动控制→全部自动控制"的步骤运行。

（二）自控设备的选择

一个自控调节系统的功能装置主要有三个：

参数测量和变送→显示和调节→执行调节

（一次仪表）　（二次仪表）（执行机构）

一次仪表和二次仪表设备的选择，此处从略，下面着重介绍与工艺关系密切的执行机构——调节阀的选择。

1. 气动薄膜调节阀

气动薄膜调节阀是气动单元组合仪表的执行机构，再配用电气转换器后，也可作为电动单元组合仪表的执行机构，它的优点是结构简单、操作可靠、维修方便、品种较全、防火防爆等，其缺点是体积较大、比较笨重。

2. 气动薄膜隔膜调节阀

气动薄膜隔膜调节阀适用于有腐蚀性、黏度高及有悬浮颗粒的介质的控制调节。

3. 电动调节阀

电动调节阀是以电源为动力，接受统一信号 $0\sim10mA$ 或触点开关信号，改变阀门的开启度，从而达到对压力、温度、流量等参数的调节。电动调节阀可与 DF-1 型和 DFD-09 型电动操作器配合，做自动⇔手动的无扰动切换。

4. 电磁阀

电磁阀是由交流或直流电操作的二位式电动阀门，一般有二位二通、二位三通、二位四通及三位四通等。电磁阀只能用于洁净气体及黏度小、无悬浮物的液体管路中，如清水、油及压缩空气、蒸汽等。

交流电磁阀容易烧坏，重要管路应用直流电磁阀，但要另配一套直流电源，比较麻烦。

5. 各型调节阀的选择

在自控系统中，不管选用哪种调节阀，都必须选定阀的公称直径或流通能力"C"。产品说明中所列的"C"值，是指阀前后压差为 9.8×10^4Pa，介质密度为 $1g/cm^3$ 的水，每小时流过阀门的体积（m^3）。但在实际使用中，由于阀门前后压差是可变的，因而流量也是可变的。设 C 为调节阀流通能力，Q 为液体体积流量（cm^3/s，m^3/h），F 为调节阀接管截面积（cm²），Δp 为阀前后压差（Pa），ρ 为液体的密度（g/cm³），则：

$$C=\frac{Q}{\sqrt{\dfrac{\Delta p}{\rho}}} \text{ 或 } Q=C\times\sqrt{\frac{\Delta p}{\rho}}$$

由上可见，当 Δp 和 ρ 一定时，相对于最大流量 Q_{max}，有 C_{max}；相对于 Q_{min}，有 C_{min}。根据工艺要求的最大流量 Q_{max}，选择适当的调节阀，使阀的流通能力 $C>C_{max}$，同时查调节阀的特性曲线，确定阀门在 C_{max} 和 C_{min} 时对应的开度，一般使最小开度不小于 10%，最大阀门开度不大于 90%。

调节阀除了选定通径，流量能力及特性曲线外，还要根据工艺特性和要求，决定采用电动还是气动，气开式还是气闭式，并要满足工作压力、温度、防腐及清洗方面的要求。

电动调节阀仅使用于电动单元调节系统，气动调节阀既适用于单元调节系统，也适用于电动调节系统，故应用较广。

调节阀的选择，还要注意在特殊情况下如停电、停气时的安全性。如电动调节阀，在停电时，只能停在此位；而气动调节阀，在停气时，能靠弹簧恢复原位。又如气开阀在无气时为关闭状态，气闭阀在无气时为开启状态。因此，对不同的工艺管道，要选择不同的阀门。如锅炉进水，就只能选气闭式或电动式，而对于连续浓缩设备的蒸气调节阀，只能选用气开式。

（三）自控系统与电子计算机的应用

食品工程自动控制可分为开环控制和闭环控制两大类。开环控制的代表是顺序控制，它是通过预先决定了的操作顺序，一步一步自动地进行操作的方法。顺序控制有按时间的顺序控制和按逻辑的顺序控制。传统的顺序控制装置都是时间继电器和中间继电器的组合。随着计算机技术和自动控制技术的发展，新型的可编程序控制器（PC）已开始大量应用于顺序控制。闭环控制的代表是反馈控制，当期望值与被控制量有偏差时，系统判定其偏差的正负和大小，给出操作量，使被控制量趋向期望值。

1. 顺序控制

顺序控制主要应用在食品机械的自动控制。许多食品与包装机械具有动作多、动作的前后顺序分明、按预定的工作循环动作等，因而顺序控制对食品与包装机械的自动化是非常适宜的。

尽管食品机械品种繁多，但从自动控制角度分析，其操作控制过程不外乎是一些断续开关动作或动作的组合，它们按照预定的时间先后顺序进行逐步开关操作。这种机械操作的自动控制就是顺序控制。由于它所处理的信号是一些开关信号，故顺序控制系统又称为开关量控制系统。

随着生产的发展和电子技术的进步，顺序控制装置的结构和使用的元器件不断改进和更新。在我国食品机械设备中，目前使用着各种不同电路结构的顺序控制装置或开关量控制装置如下所示：

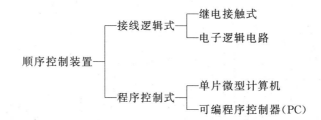

2. 反馈控制

反馈控制系统的组成如图 6-4 所示，它由控制装置和被控对象两大部分组成。对被控对象产生控制调节作用的装置称为控制装置。

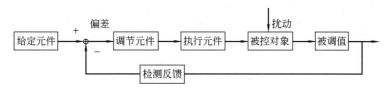

图 6-4　反馈控制系统的组成

一般控制装置包括下面一些元件。

（1）检测反馈元件　检测反馈元件的任务是对系统的被控量进行检测，并把它转换成适当的物理量后，送入比较元件。

（2）比较元件　比较元件的作用是将检测反馈元件送来的信号与给定输入进行比较而得出两者的差值。比较元件可能不存在一个具体的元件，而只有起比较作用的信号联系。

（3）调节元件　调节元件的作用是将比较元件输出的信号按某种控制规律进行运算。

（4）执行元件　执行元件是将调节元件输出信号转变成机构运动，从而对被控对象施加控制调节作用。

被控对象是指接受控制的设备或过程。

3. 过程控制

过程控制是以温度、压力、流量、液位等工业过程状态量作为被控制量而进行的控制。在过程控制系统中，一般采用生产过程仪表控制。由于自动化仪表规格齐全，且成批大量生产，质量和精度保证，造价低，这些都为过程仪表控制提供了方便。生产过程仪表控制系统是由自动化仪表组成的，即用自动化仪表的各类产品作为系统的各功能元件组成系统，组成原理仍是闭环反馈系统，其组成的原则性方块图如图 6-5 所示。它是由检测仪表、调节器、执行器、显示仪表和手动操作器等所组成，其中检测仪表、调节器、执行器此三类仪表属于闭环的组成部分，而显示仪表、手动操作器是闭环外的组成部分，它不影响系统的特性。

4. 最优控制

最优控制是自动控制生产过程的最优化问题。所谓最优化，是指在一定具体条件下，完成所要求工作的最好方法。最优控制是电子计算机技术大量应用于控制的必然产物。最优控制是控制系统在一定的具体条件下，使其目标函数具有极值的最优化问题。实现

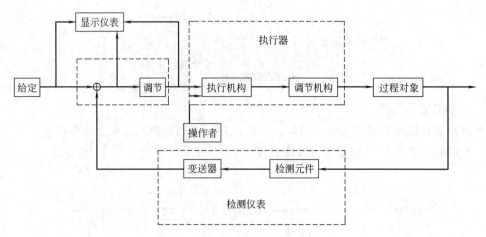

图 6-5　过程控制组成的原则性方块图

最优化方法很多，有专著论述最优控制的优化方法。常用方法是变分法、最大值原理法和动态规划法等。最小二乘法就是一种最优化方法，它常用于离散型的数据处理和分析，也常被其他优化方法所吸收。

5. 计算机控制

计算机控制是使用数字电子计算机，实现过程控制的方法。计算机控制系统由计算机和生产过程对象两大部分组成，其中包括硬件和软件。硬件是计算机本身及其外围设备；软件是指管理计算机的程序以及过程控制应用程序。硬件是计算机控制的基础，软件是计算机控制系统的灵魂。计算机控制系统本身是通过各种接口及外部设备与生产过程发生关系，并对生产过程进行数据处理及控制。

（1）可编程序控制器（PLC）　是一种用作生产过程控制的专用微型计算机。可编程序控制器是由继电器逻辑控制发展而来，所以它在数字处理、顺序控制方面具有一定的优势。随着微电子技术、大规模集成电路芯片、计算机技术、通信技术等的发展，可编程序控制器的技术功能得到扩展，在初期的逻辑运算功能的基础上，增加了数值运算、闭环调节功能。运算速度提高、输入输出规模扩大，并开始与网络和工业控制计算机相连。可编程序控制器构成的自动控制系统已成为当今工业发达国家自动控制的标准设备。可编程序控制器已成为当代工业自动化的主要支柱之一。可编程序控制器的基本组成采用典型的计算机结构，由中央处理单元（CPU）、存储器、输入输出接口电路、总线和电源单元等组成，其结构如图 6-6 所示。它按照用户程序存储器里的指令安排，通过输入接口采入现场信息，执行逻辑或数值运算，进而通过输出接口去控制各种执行机构动作。

① 中央处理单元：CPU 在 PLC 控制系统中的作用类似于人的大脑。它按照生产厂家预先编好的系统程序接收并存储从编程器键入的用户程序和数据；在执行系统程序时，按照预编的指令序列用扫描的方式接收现场输入装置的状态或数据，并存入用户存储器的输入状态表或数据寄存器中；诊断电源、PLC 内部各电路状态和用户编程中的语法错误；进入运行状态后，从存储器逐条读取用户程序，经过命令解释后按指令规定的任务

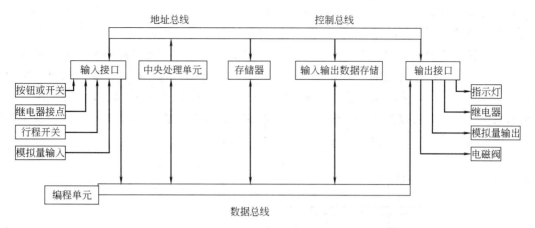

图 6-6 可编程序控制器基本组成结构图

产生相应的控制信号，去控制有关的控制电路，分时执行数据的存取、传送、组合、比较和变换等工作，完成用户程序中规定的运算任务；根据运算结果，更新有关标志位和输出状态寄存器表的内容，最后根据输出状态寄存器表的内容，实现输出控制、打印或数据通信等外部功能。

② 存储器：PLC 的存储器分为两个部分：一是系统程序存储器，另一是用户程序存储器。系统程序存储器是由生产 PLC 的厂家事先编写并固化好的，它关系到 PLC 的性能，不能由用户直接存取更改。其内容主要为监控程序、模块化应用功能子程序、命令解释和功能子程序的调用管理程序和各种系统参数等。用户程序存储器主要用来存储用户编制的梯形图，输入输出状态，计数、定时值以及系统运行所必要的初始值。

③ I/O 接口模板：PLC 机提供了各种操作电平和驱动能力的输入/输出接口模板。如输入/输出电平转换、电气隔离、串/并行变换、数据转送、A/D 或 D/A 变换以及其他功能控制等。通常这些模板都装有状态显示及接线端子排。这些模板一般都插入模板框架中，框架后面有连接总线板。每块模板与 CPU 的相对插入位置或槽旁 DIP 开关的位置，决定了 I/O 的各点地址号。除上述一般 I/O 接口模板外，很多类型的 PLC 还提供一些智能模板。例如通信控制模板、高精度定位控制、远程 I/O 控制、中断控制、ASCⅡ/BAS-IC 操作运算和其他专用控制功能模板。

④ 编程器及其他选件：编程器是编制、编辑、调试、监控用户程序的必备设备。它通过通信接口与 CPU 联系，完成人机对话。编程器有简易型和智能型两种，一般简易型的键盘采用命令语句助记符键，而智能型常采用梯形图语言键。前者只能联机编程，而后者则还可以脱机编程。很多 PLC 机生产厂利用个人计算机改装的智能编程器，备有不同的应用程序软件包。它不但可以完成梯形图编程，还可以进行通信联网，具有事务管理等功能。PLC 也可以选配其他设备，例如盒式磁带机、打印机、EPROM 写入器、彩色图形监控系统、人机接口单元等外部设备。

（2）集散控制系统（DCS）　在一个大型企业里，大量信息靠一台大型计算机集中完成过程控制及生产管理的全部任务是不恰当的。同时，由于微型计算机价格的不断下降，人们就将集中控制和分散控制协调起来，取各自之长，避各自之短，组成集散控制系统。这样既能对各个过程实施分散控制，又能对整个过程进行集中监视与操作。集散控制系统把顺序控制装置，数据采集装置，过程控制的模拟量仪表，过程监控装置有机地结合在一起，利用网络通信技术可以方便地扩展和延伸，组成分级控制。系统具有自诊断功能，及时处理故障，从而使可靠性和维护性大大提高。如图 6-7 所示的是集散控制系统的基本结构，它由面向被控过程的现场 I/O 控制站、面向操作人员的操作站、面向管理员的工程师站以及连接这三种类型站点的系统网络所组成。

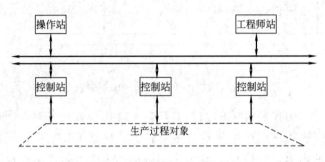

图 6-7　集散控制系统基本结构图

① 现场 I/O 控制站：是完成对过程现场 I/O 处理并实现直接数字控制（DDC）的网络节点，主要功能有三个：a. 将各种现场发生的过程量（温度、压力、流量、液位等）进行数字化，并将这些数字化后的量存在存储器中，形成一个与现场过程量一致的、能一一对应的、并按实际运行情况，实时地改变和更新的现场过程量的实时映象；b. 将本站采集到的实时数据通过网络传送到操作员站、工程师站及其他现场 I/O 控制站，以便实现全系统范围内的监督和控制，同时现场 I/O 控制站还可接收由操作员站、工程师站下发的命令，以实现对现场的人工控制或对本站的参数设定；c. 在本站实现局部自动控制、回路的计算及闭环控制、顺序控制等，这些算法一般是一些经典的算法，也可下装非标准算法、复杂算法。现场 I/O 控制站多由可编程序控制器或单片微机组成。

② DCS 的操作员站：是处理一切与运行操作有关的人机界面 HMI 功能的网络节点，其主要功能就是为系统的运行操作人员提供人机界面，使操作员可以通过操作员站及时了解现场运行状态、各种运行参数的当前值、是否有异常情况发生等。并可通过输入设备对工艺过程进行控制和调节，以保证生产过程的安全、可靠、高效、高质。

操作员站的主要人机界面设备在计算机输出方面是彩色 CRT，在计算机输入方面则为工业键盘和光标控制设备（鼠标器或轨迹球）。

在 CRT 上，能显示生产过程的模拟流程图，其中标有各关键数据、控制参数及设备的当前实时状态。通过操作键盘，对给定值、操作输出值、PID 参数、报警设定值进行调整。能显示报警窗口，以倒排时间顺序的方式列出所有生产过程出现的异常情况。具有灵活方便的画面调用方法，大大方便操作员的画面切换操作，而且直观简单，不需记忆特殊的操作规则。还可以将给定值、测量值、输出值等各种参量的变化趋势以及历史趋势用曲线表示出来，在同一个坐标系中可显示多个数据的趋势曲线，有助于操作员对比分析各个有关数据，掌握生产过程的运行情况。

③ 工程师站是对 DCS 进行离线配置、组态工作和在线系统监督、控制、维护的网络节点。其主要功能是提供对 DCS 进行组态、配置工作的工具软件（即组态软件），并在 DCS 在线运行时实时地监视 DCS 网络上各个节点的运行情况，使系统工程师可以通过工程师站及时调整系统配置和一些系统参数的设定，使 DCS 随时处在最佳的工作状态下。

（3）质量体系实时监测的 ERP 系统　食品工业近年来有了很大的发展，各企业都十分重视企业管理，尽管有的做得很好，但整体上与世界水平相比仍处于起步的发展阶段，尤其是在质量管理方面，真正达到 ISO 9001（2000 版）质量标准的企业并不多。随着企业规模的不断扩大，旧的管理模式已不能适应这一变化，应运而生的 ERP（Enterprise Resource Planning）目前在国内食品企业中应用的尚不多见。ERP 意为企业资源计划，它建立在信息技术的基础上，利用现代企业先进管理思想，全面地集成了企业的资源信息，为企业提供决策、计划、经营、控制和业绩评估的全方位、系统化的管理平台。在重视食品安全的今天，结合质量体系思想的实时监测的食品企业 ERP 系统的核心（以下简称质量 ERP）是质量管理科学、计算机技术、传感器与检测技术结合的产物，是一种软硬件结合的网络化管理系统。它除了自动检测、实时误差报警提示、转换、计算、分析、描绘、存储、打印等单机功能，还将面向对象、信息集成、专家系统、关系数据库管理系统、图形系统等结合在一起，并以科学的质量管理的思想内涵、标准数据处理方法，与食品生产和检验工艺相结合，从而使质量控制落实到每一个过程，协调一个食品生产或检测过程的多种环节，并对其中的各个环节进行全面量化和质量监控。通过这个管理平台，可以为生产与检验过程的高效和科学运作以及各类信息的保存、交流和加工提供平台，更好地促进用户的贯标工作（图 6-8 是乳品工厂 ERP 系统）。

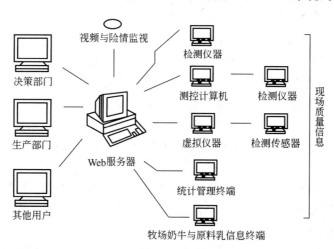

图 6-8　乳品工厂 ERP 系统图

① 实现技术与系统功能：质量 ERP 的实现技术对带通讯接口的智能化检测仪器；传统的测控计算机；以及在计算机为硬件平台，对检测功能建模后形成相应软件并存于机内软件库，在总线槽内插入模块化硬件接口卡，并在测试对象与模块卡接口之间接入传感器，将多种检测功能集成在一个"软功能库"中，将多种仪器的控制面板软件化后集

成于"软控件库"中并通过软装配、软调试，最后形成一个在计算机协调下的多功能的虚拟仪器。如图 6-8 所示的质量 ERP 是一种采用客户端/服务器体系结构，基于 ASP. NET 技术的网络系统，协调并管理着智能化检测仪器、测控计算机、虚拟仪器和以人工检测的数据输入与分析加工的统计管理终端。后三种计算机终端用户无需在 PC 机上安装任何质量 ERP 的应用程序，如同浏览网页一样使用系统提供的功能。XML 数据由嵌套的标记元素组成，标记包含了对文档存储形式和逻辑的描述，XML 实现了网络数据的结构化、智能化和互操作性，是一个与平台无关、与软件厂商无关的统一数据格式标准。XML 技术、分布式处理技术大大提高了系统的可靠性和处理能力，使系统真正实现了代码和数据的分离，为系统维护和升级提供了极大的便利，系统可根据软件用户需求，在技术上真正实现无限扩展。基于 ASP. NET 的质量 ERP 还整合了诸多其他互联网应用技术，用户可以在组织内部网上任何一台计算机上直接访问系统，并可实现远程监测与控制，如果系统与 Internet 连接，用户可以在全球任何一个地方访问系统。分布式的系统结构，除了很容易实现系统功能的扩展外，还可通过网络技术和硬件检测器为第三方软件、设备提供接口。

质量 ERP 的系统功能在核心质量管理上，具有以下功能：

a. 操作方便，网页方式的简洁页面，如同浏览网页般友好的用户界面。

b. 安全的系统、安全的数据，系统采用多层结构设计，用户界面、逻辑处理、信息采集、数据存储各层的分离技术实现了系统和数据的真正安全。

c. 完善的管理功能，系统提供了完善的企业部门、用户权限及检测项目管理、仓储管理。

d. 融入 ISO 9001 标准的管理功能与数据处理功能。

e. 现场的质量数据与视频监测、险情报警。

f. 灵活的专家系统与远程诊断功能。

g. 充分的可扩展性，系统通过最先进的网络技术，提供了统一的数据处理编程接口，使得与目前和将来各种检测仪器的接口开发成为系统扩展的一部分。

h. 简单快速的升级维护，只要将服务器接入 Internet，就可以进行远程维护和系统升级。

i. 定制报告模板，以各种各样图文混排的不同文件格式的报告来满足管理者与用户的需要。

② 设计思想：质量管理体系是"在质量方面指挥和控制组织的管理体系，包含为实施质量管理所需的组织结构、程序、过程和资源"。体系中过程是一组将输入转化为输出的相互关联或相互作用的活动。程序是为进行某项活动或过程所规定的途径。质量 ERP 内涵的质量管理思想就是：在分析、确定顾客明确或隐含的要求的基础上，对"产品与服务"的实现过程和支持过程所形成的过程网络实施控制。即通过识别与体系相关的过程，确定过程的相互作用关系，明确运行机制并确保过程有效运行和受控，运用"策划—实施—检查—处置"方法，旨在保证过程控制的有效性、实现质量的持续改进、增加顾客的满意程度。如图 6-9 所示，ISO 9001 标准规定程序文件至少应包括"应形成文件的 6 个程序"，根据实际情况，还应考虑融入下列程序：

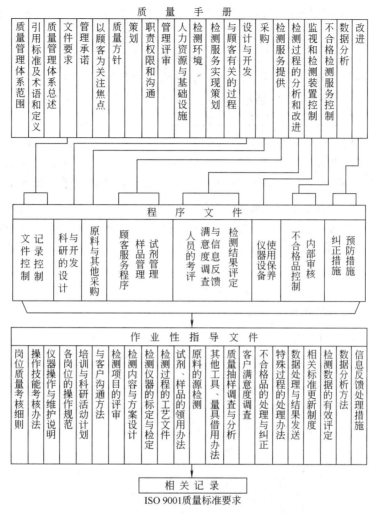

图 6-9 ISO 9001 标准规定的质量管理体系图

　　a. 科研的设计与开发程序：从合同的评审、签订、任务下达、任务实施、任务验证到最终的验收确认，整个都在系统中进行监控，在各环节都有显著提示并及时处理，保证过程的顺利实施。顾客服务程序：满足顾客要求的各过程中与顾客及时沟通的方法与措施。

　　b. 样品管理程序：样品管理包括将样品在分析之前取出一部分作为留存样品，并将有关样品性质、样品量、保存条件以及保存地点等描述信息记录到系统中，可方便地查询。

　　c. 试剂管理程序：详细记录试剂与标准物的档案与规定贮藏、保管措施。包括名称、供应厂商、成分、含量或纯度、出厂编号、出厂日期、存放条件、有效期，使用保管人员、设备及相关遵守条件等，并对到期的试剂能给予明确的警示。

　　d. 采购程序：与采购过程有关的一切活动的运作程序，包含原料收集与辅料、添加剂采购两方面。其关键是评价原料基地或农户提供合格原料的能力，选择原料供方的决策机制与验证方法（甚至落实到每个品种的资料的分析），原料检验方法，原料检验人员资格评定要求等内容。

质量 ERP 还应强调相关记录，其中重要的有：不合格品检验记录、纠正措施、预防措施、追溯过程、产品实现策划、记录校准的依据、检测装置检定与有效性评价等。从上可知，整个软件系统的构架是以 ISO 9001 标准要求为基础框架，不按照规定检验程序进行，就不能通过质量 ERP 进行数据处理，会在系统中产生报警信号，留下不良记录。

③ 软件构架：软件构架高度抽象地描述了软件系统的结构，包括系统元素的描述、元素之间的交互、用于指导元素复合的模式和这些模式的约束，各数据库元素间的逻辑关系。构件是组成构架的基本元素，是对系统应用功能的实现，我们把构件看成一个黑盒子，构件封装了功能性，有着自己的内部状态信息，构件的实现是异质的（可以用多种语言实现），构件的这些特性使得一些通用构件可以很容易被使用，构件的开发可见图6-10。构架风格是指能够标志一类构架的功能性特征的集合，一种构架风格代表了一种软件设计成分进行组织的特定模式。质量 ERP 系统构架的特色是以 ISO 9001 标准为通用的构架，即 ISO 9001 标准要求的质量手册部分，这是以质量为宗旨的质量 ERP 的思想体现。嵌于其上基本构件是 ISO 9001 标准的必须具有的 6 个程序，以及带有共性程序的通用构件，待开发构架是一些用户所需的符合体系要求的程序。子构件是与相关程序配套的具体操作的作业性指导书，以及体系中的相关记录。

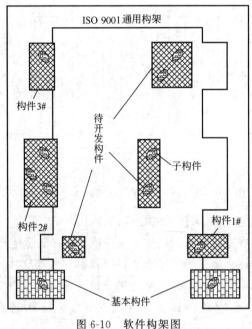

图 6-10　软件构架图

第四节　供　　汽

一、食品工厂的用汽要求

食品工厂使用蒸汽的部门主要有生产车间（包括原料处理、配料、热加工、成品杀菌等）和辅助生产车间（如综合利用、罐头保温库、试制室、洗衣房、浴室、食堂等）。

用汽压力，除以蒸汽作为热源的热风干燥、高温油炸、真空熬糖等要求较高的压力 $[(8\sim10)\times10^5\,\mathrm{Pa}]$ 之外，其他用汽压力大都在 $7\times10^5\,\mathrm{Pa}$ 以下，有的只要求 $(2\sim3)\times10^5\,\mathrm{Pa}$。因此，在使用时需经过减压，以确保用汽安全。

由于食品工厂生产的季节性较强，用汽负荷波动较大，为适应这种情况，食品厂的锅炉台数不宜少于 2 台，并尽可能采用相同型号的锅炉。

二、锅炉容量的确定

锅炉的额定容量 Q，可按下式确定：

$$Q=1.15(0.8Q_c+Q_s+Q_z+Q_g)$$

式中　Q——锅炉额定容量，t/h

Q_c——全厂生产用的最大蒸汽耗量，t/h

Q_s——全厂生活用的最大蒸汽耗量，t/h

Q_z——锅炉房自用蒸汽量，t/h（一般取 5%～8%）

Q_g——管网热损失，t/h（一般取 5%～10%）

三、锅炉房在厂区的位置

近年来，我国锅炉用燃料正在由烧煤逐步转向烧油，这主要是为了解决大气污染的问题，但目前仍有不少工厂在烧煤，为此本节对锅炉房的要求以烧煤锅炉为基准进行介绍。烧煤锅炉烟囱排出的气体中，含有大量的灰尘和煤屑。这些尘屑排入大气以后，由于速度减慢而散落下来，造成环境污染。同时，煤堆场也容易对环境带来污染。所以，从工厂的角度考虑，锅炉房在厂区的位置应选在对生产车间影响最小的地方，具体要满足以下要求：

（1）应设在生产车间污染系数最小的上侧或全年主导风向的下风向；

（2）尽可能靠近用汽负荷中心；

（3）有足够的煤和灰渣堆场；

（4）与相邻建筑物的间距应符合防火规程安全和卫生标准；

（5）锅炉房的朝向应考虑通风、采光、防晒等方面的要求。

四、锅炉房的布置和对土建的要求

锅炉机组原则上应采用单元布置，即每只锅炉单独配置鼓风机、引风机、水泵等附属设备。烟囱及烟道的布置应力求使每只锅炉的抽力均匀并且阻力最小。烟囱离开建筑物的距离，应考虑到烟囱基础下沉时，不致影响锅炉房基础。锅炉房采用楼层布置时，操作层楼面标高不宜低于 4m，以便出渣和进行附属设备的操作。

锅炉房大多数为独立建筑物，不宜和生产厂房或宿舍连接在一起。在总体布置上，锅炉房不宜布置在厂前区或主要干道旁，以免影响厂容整洁，锅炉房属于丁类生产厂房，其耐火等级为 1～2 级。锅炉房应结合门窗位置，设有通过最大搬运体的安装孔。锅炉房操作层楼面荷重一般为 $1.2t/m^2$，辅助间楼面荷重一般为 $0.5t/m^2$，载荷系数取 1.2。在安装震动较大的设备时，其门向外开。锅炉房的建筑不采用砖木结构，而采用钢筋混凝土结构，当屋面自重大于 $120kg/m^2$ 时，应设汽楼。

五、锅炉的选择

锅炉型式的选择，要根据全厂用汽负荷的大小、负荷随季节变化的曲线、所要求的蒸汽压力以及当地供应燃料的品质，并结合锅炉的特性，按照高效、节能、操作和维修方便等原则加以确定。

食品工厂应特别避免采用沸腾炉和煤粉炉，因为这两种型式的锅炉容易造成煤屑和尘土的大量飞扬，影响卫生。按我们现行能源政策，用汽负荷曲线不平稳的食品工厂搞余热发电是不可取的。

食品工厂用的锅炉燃烧方式应优先考虑链条炉排为佳。

六、烟囱及烟道除尘

锅炉烟囱的口径和高度首先应满足锅炉的通风。即：烟囱的抽力应大于锅炉及烟道的总阻力。其次，烟囱的高度还应满足大气环境保护及卫生的要求。烟尘与二氧化硫在烟囱出口处的允许排放量与烟囱的高度相关，见表 6-7。

表 6-7　　　　　　　　烟囱高度与烟尘及 SO_2 的允许排放量

烟囱高度/m		30	35	40	45	50
允许排放量/（kg/h）	烟尘	16	25	35	50	100
	二氧化碳	82	100	130	170	230

烟囱的材料以砖砌为多，它取材容易，造价较低，使用期限长，不需经常维修。但若高度超过 50m 或在震级 7 级以上的地震区，最好采用钢筋混凝土烟囱。

锅炉烟气中带有飞灰及部分未燃尽的燃料和二氧化硫，这不但给锅炉机组受热面及引风机造成磨损，而且增加大气环境污染。为此，在锅炉出口与引风机之间应装设烟囱气体除尘装置。一般情况下，可采用锅炉厂配套供应的除尘器。但要注意，当采用湿式除尘器时，应避免由于产生废水而导致公害转移的现象。

七、锅炉的给水处理

锅炉属于特殊的压力容器。水在锅炉中受热蒸发成蒸汽，原水中的矿物质则留在锅炉中形成水垢。当水垢严重时，不仅影响到锅炉的热效率，而且将严重地影响到锅炉的安全运行。因此，锅炉制造工厂一般都结合生产锅炉的特点，提出了给水的水质要求，见表 6-8。

一般自来水均达不到上述要求，需要因地制宜地进行软化处理。处理的方法有多种。所选择的方法必须保证锅炉的安全运行，同时又保证蒸汽的品质符合食品卫生要求。水管一般采用炉外化学处理法。炉内水处理法（防垢剂法）在国内外也有采用。炉外化学处理法以离子交换软化法用得最广，并可以买到现成设备——离子交换器。

表 6-8 锅炉给水水质要求

项目	锅炉类型	锅壳锅炉		自然循环水管炉及有水冷壁的火管炉			
	蒸汽压力/MPa	≤1.3		≤1.3		1.4~2.5	
	平均蒸发率/［kg/(m²·h)］	＜30	＞30				
	有否过滤器			无	有	无	有
给水	总硬度/mmol	＜0.5	＜0.35	0.1	＜0.035	0.035	＜0.035
	含氧量/(mg/L)			0.1	＜0.05	0.05	＜0.05
	含油量/(mg/L)	＜5	＜5	＜5	＜2	＜2	＜2
	pH	＞7	＞7	＞7	＞7	＞7	＞7

离子交换器使水中的钙、镁离子被置换，从而使水得到软化。对于不同的水质，可以分别采用不同形式的离子交换器。

八、煤和灰渣的贮运

煤场存煤量可按 25~30d 的煤耗量考虑，粗略估算每 1t 煤可产 6t 蒸汽，煤堆高度为 1.2~1.5m，宽度为 10~15m，煤堆间距为 6~8m。煤场一般为露天堆场，也可建一部分干煤棚。

煤场中的转运设备，小型锅炉房一般采用手推车，运煤量较大时可用铲车或移动式皮带输送机。

锅炉的炉渣用人工或机械排送到灰渣场，渣场的贮量一般按不少于 5d 的最大渣量考虑。

第五节　采暖与通风

采暖与通风设计的内容包括：车间或生活室的冬季采暖，某些食品生产过程中的干燥（如脱水蔬菜等的烘房）或保温（罐头成品的保温库、酸奶发酵室），车间的夏季空调或降温，设备或工段的排气和通风以及某些物料的风力输送等。采暖与通风工程实施的目的，有的是为了改善工人的劳动条件和工作环境；有的是为了满足某些制品的工艺条件或作为一种生产手段；有的是为了防止建筑物的发霉，改善工厂卫生。总之，采暖与通风工程的服务对象既涉及人，也涉及产品、设备和厂房。

一、采　　暖

（一）采暖标准

按照国家规定，凡日平均温度≤5℃的天数历年平均为 90d 以上的地区应该集中采暖。我国日平均温度≤5℃的天数为 90d 的等温值线基本上是以淮河为界的。

在等值线以北的地区为集中采暖地区，但也不能一概而论，而要根据具体情况分别对待。如有的车间热加工较多，车间温度比室外温度高得多，即使在等值线以北的地区也可以不再考虑人工采暖。反之，有些生产辅助室和生活室，如浴室、更衣室、医务室、女工卫生室等，由于使用或卫生方面的要求，即使在等值线以南地区，也需考虑采暖。

采暖的室内计算温度是指通过采暖应达到的室内温度（采暖标准）。当生产工艺无特殊要求时，按照《工业企业设计卫生标准》的规定，冬季车间内工作地点的空气温度应符合表 6-9 的规定。

表 6-9 冬季车间的空气温度

分　　类	空气温度/℃	
	轻　作　业	重　作　业
每人占用面积＜50m² 时	≥15	≥12
每人占用面积为 50～100m² 时	≥10	≥7
每人占用面积＞100m² 时	局部采暖	

注：食品生产车间普遍比较潮湿，采暖温度宜略高于该表数值 1～2℃。

另外，当生产工艺有特殊要求时，采暖温度则应按工艺要求来确定。如：果蔬罐头的保温间为 25℃，肉禽水产类罐头的保温间为 37℃。

（二）采暖方式

食品工厂的采暖方式有热风采暖和散热器采暖等几种，一般按车间单元体积大小来定。当单元体积大于 3000m³ 时，以热风采暖为好，在单元体积较小的场合，多半采用散热器采暖方式。

热风采暖时，工作区域风速宜为 0.15～0.3m/s，热风温度 30～50℃，送风口高度一般不要低于 3.5m。

食品工厂采暖用热媒一般为蒸汽或热水，蒸汽的工作压力要求在 200kPa 左右。采用热水时，则有 95℃和 135℃两种。

（三）采暖耗热计算

精确计算热耗量的公式比较繁复，不在此叙述，概略计算热耗量可采用下式：

$$Q = PV(t_n - t_w) \quad (kJ/h)$$

式中　Q——耗热量，kJ/h

　　　P——热指标，kJ/(m²·h·K)（有通风车间 $P \approx 1.0$，无通风车间 $P = 0.8$）

　　　V——房间体积，m³

　　　t_n——室内计算温度，K

　　　t_w——室外计算温度，K

二、通风与空调

（一）通风与空调的一般规定

1. 要优先考虑自然通风

为节约能耗和减少噪声，应尽可能优先考虑自然通风。为此，要从建筑间距、朝向、内隔墙、门、窗和汽楼的设置等方面加以考虑，使之最有利于自然通风。同时，在采用自然通风时，也要从卫生角度考虑，防止外界有害气体或粉尘的进入。

2. 人工通风

当自然通风达不到应有的要求时，要采用人工通风。当夏季工作地点的气温超过当地夏季通风室外计算温度 3℃时，每人每小时应有的新鲜空气量为不少于 20～30m³/h，而当工作地点的气温大于 35℃时，应设置岗位吹风，吹风的风速在轻作业为 2～5m/s，重作业为 3～7m/s。另外，在有大量蒸汽散发的工段，不论其气温高低，均需考虑机械排风。

3. 空调车间的温湿度要求

空调车间的温湿度要求随产品性质或工艺要求而定。现按食品工厂的特点提出车间温湿度要求如下，供参考（见表 6-10）。

表 6-10　　　　　　　　　　　食品工厂有关车间的温湿度要求

工厂类型	车间或部门名称	温度/℃	相对湿度（φ）/%
罐头工厂	鲜肉凉肉间	0～4	＞90
	冻肉解冻间	冬天 12～15	＞95
		夏天 15～18	＞95
	分割肉间	＜20	70～80
	腌制间	0～4	＞90
	午餐肉车间	18～20	70～80
	一般肉禽、水产车间	22～25	70～80
	果蔬类罐头车间	25～28	70～80
乳制品工厂	消毒奶灌装间	22～25	70～80
	炼乳装罐间	＜20	＞70
	奶粉包装间	22～25	＜65
	麦乳精粉碎及包装间	22～25	＜40～50
	冷饮包装间	22～25	＞70
糖果工厂	软糖成型间	25～28	＜75
	软糖包装间	22～25	＜65
	硬糖成型间	25～28	＜65
	硬糖包装间	22～25	＜60

4. 空气的净化

食品生产的某些工段，如奶粉、麦乳精的包装间、粉碎间及某些食品的无菌包装等，对空气的卫生要求特别高，空调系统的送风要考虑空气的净化。常用的净化方式是对进风进行过滤。

（二）空调设计的计算概要

空调设计的计算包括夏季冷负荷计算，夏季湿负荷计算和送风量计算。

1. 夏季空调冷负荷计算

$$Q = Q_1 + Q_2 + Q_3 + Q_4 + Q_5 + Q_6 + Q_7 + Q_8 \quad (kJ/h)$$

式中　Q_1——需要空调房间的围护结构耗冷量，kJ/h，主要取决于围护结构材料的构成和相应的导热系数 K

　　　Q_2——渗入室内的热空气的耗冷量，kJ/h，主要取决于新鲜空气量和室内外温差

　　　Q_3——热物料在车间内的耗冷量，kJ/h

　　　Q_4——热设备的耗冷量，kJ/h

　　　Q_5——人体散热量，kJ/h

　　　Q_6——电动设备的散热量，kJ/h

　　　Q_7——人工照明散热量，kJ/h

　　　Q_8——其他散热量，kJ/h

2. 夏季空调湿负荷计算

（1）人体散湿量 W_1（g/h）

$$W_1 = nW_0$$

式中　n——人数

　　　W_0——1个人的散湿量，g/h

（2）潮湿地面的散湿量 W_2（g/h）

$$W_2 = 0.006(t_n - t_s)F$$

式中　t_n、t_s——分别为室内空气的干、湿球温度，K

　　　F——潮湿地面的蒸发面积，m^2

（3）其他散湿量 W_3　如开口水面的散湿量，渗入空气带进的湿量等。

3. 总散湿量 W

$$W = (W_1 + W_2 + W_3)/1000 \quad (kg/h)$$

4. 送风量的确定

确定送风量的步骤如下。

（1）根据总耗冷量和总散湿量计算热湿比 ε

$$\varepsilon = Q/W \quad (kJ/kg)$$

（2）确定送风参数　食品工厂生产车间空调送风温差 Δt_{N-K} 一般为 6～8℃。在 I-d 图上分别标出室内外状态点 N 及 W。由 N 点，根据 ε 值及 Δt_{N-K} 值，标出送风状态点 K（K 点相对湿度一般为 90%～95%），K 点所标示的空气参数即为送风参数。

（3）确定新风与回风的混合点 C　在 I-d 图上，混合点 C 一定在室内状态点 N 与室外状态点 W 的连线上，且

$$\frac{NC\,线段长度}{WC\,线段长度} = \frac{新风量}{回风量}$$

即

$$\frac{NC}{NW} = \frac{新风量}{总风量}$$

218

应使比值 $\dfrac{新风量}{总风量} \geqslant 10\%$，并再校核新风量是否满足人的卫生要求 $30\mathrm{m^3/h}$ 以及是否大于补偿局部排风并保持室内规定正压所需的风量。C 点即是新风、回风的混合点，C 点表示的参数即为空气处理的初参数，连接曲线 CK 即为空气处理过程在 I-d 图上的表示（可参阅相关书籍）。

（4）确定送风量 G（kg/h）

送风量 $$G = Q/(I_n - I_k)$$

式中　I_n、I_k——分别为室内空气及空气处理终了的热焓

（三）空调系统的选择

按空调设备的特点，空调系统有集中式、局部式和混合式三类。

（1）局部式（即空调机组）　主要优点是：土建工程量小，易调节，上马快，使用灵活。其缺点是：一次性投资较高，噪声也较大，不适于较长风道。

（2）集中式空调系统　主要优点是：集中管理、维修方便、寿命长、初投资和运行费较省，能有效控制室内参数。

（3）混合式空调系统　介于上述两者之间，既有集中，又有分散，如诱导式和风机盘管等。

集中式空调系统常用在空调面积超过 $400\sim500\mathrm{m^2}$ 的场合，集中空调的空气处理过程常有空调向内的"冷却段"来完成。这种冷却段，可采用喷淋低温水，当要求较干燥的空气时，可采用表面式空气冷却器。这时，为了节能，除采用一次回风外，还可采用二次回风。若需进一步提高送风的干燥状态，可再辅以电加热或蒸汽加热。空调房间内一般应维持正压，以保持车间卫生。

（四）空调车间对土建的要求

（1）空调车间布置原则

尽可能减少邻室外的围护结构，需要空调的车间尽可能集中，以减少邻室对空调车间的影响；车间建筑需满足气流组织、风管布置等方面的要求。

（2）维护结构的热工要求

① 空调车间对屋顶、墙、楼板的导热系数 K 值的要求（见表 6-11）。

表 6-11　　　　　　　　　　　　**围护结构的导热系数 K**　　　　　　　　单位：W/(m·k)

围护结构名称	夏季室内外计算温度差	
	8℃	12℃
屋顶	1.0～1.2	0.7～1.0
内外墙	0.8～1.8	0.7～1.0
楼板	1.0～1.2	0.8～1.0

② 空调车间对窗的要求　尽量避免东西向窗，尽可能减少窗面积，外窗应设双层窗，南向还应有遮阳措施。

③ 空调车间内部装饰要求　整洁度较高时，可设吊平顶。平顶材料应不易吸潮和长

霉，墙面要求不易积灰，保持清洁。

三、局 部 排 风

食品生产的热加工工段，有大量的余热和水蒸气散发，造成车间温度升高，湿度增加，并引起建筑物的内表面滴水、发霉，严重影响劳动环境和卫生。为此，对这些工段需要采取局部排风措施，以改善车间条件。

小范围的局部排风一般采用排气风扇，但排气风扇的电动机是在湿热气流下工作的，易出故障。故较大面积的工段或温度湿度较高的工段，常采用离心风扇排风。因离心机的电动机基本上在自然气流状态下工作，运转比较可靠。

有些设备如烘箱、烘房、排汽箱、预煮机等，可设专门的封闭排风管直接排出室外；有些设备开口面积大，如夹层锅、油炸锅等，不能接封闭的风管，可加设伞形排风罩，然后接风管排出室外。但对于易造成大气污染的油烟气或其他化学性有害气体，宜设立油烟过滤器等装置，进行处理后，再排入大气。

第六节　制　　冷

食品工厂制冷工程的建立和设置主要是对原辅材料及成品起贮藏保鲜作用，如罐头工厂的肉禽、水产等原料，需要进行长期低温贮藏。为延长生产期，果蔬原料也需要进行大量的短期贮存。乳制品工厂的鲜奶、成品消毒奶、成品奶油等，也都要求保存在一定温度的冷库中。同时，某些产品的冷却工段（如速冻）及生产车间的空调，也需要制冷。

人工制冷的原理和方法有多种，从经济观点着眼，目前大量采用的是氨压缩制冷，因氨具有良好的热力性质、价格便宜等优点。但氨有毒、易燃，应特别注意系统的密封性，防止对食品的污染造成食品安全事故。同时，制冷系统需要有较庞大的冷却冷藏辅助设备，给设备及厂房的布置带来了一定的困难，这些是氨制冷系统的不足。氟里昂压缩制冷系统在这方面较氨优越，故一些场地紧张而要求高的场合多采用氟里昂压缩制冷。

这里，不对各种制冷系统一一详述，仅就对广泛使用的氨制冷系统及冻藏库的设计问题，提供一些考虑问题的原则和技术数据，供设计参考。

一、冷库容量的确定

食品工厂的各类冷库的性质均属于生产性冷库，不同于商业配送型冷库，其容量主要应围绕生产的需要来确定。对于罐头食品工厂，在仓库一节中提到，全厂冷库的容量可按年生产规模的 15%～20% 考虑。确定冷库中各种库房的容量可参考表 6-12。

表 6-12　　　　　　　　**食品工厂各种库房的贮存量**

库 房 名 称	温度/℃	贮藏物料	库房容量要求
高温库	0～4	水果、蔬菜	15～20d 需要量
低温库	<−18	肉禽、水产	30～40d 需要量

续表

库 房 名 称	温度/℃	贮藏物料	库房容量要求
冰库	<-10	自制机冰	10~20d 的制冰能力
冻结间	<-23	肉禽类副产品	日处理量的 50%
腌制间	-4~0	肉料	日处理量的 4 倍
肉制品库	0~4	西式火腿、红肠	15~20d 产量

在容量确定之后,冷库建筑面积的大小取决于物料品种、堆放方式及冷库的建筑形式。其中,肉类冻藏的堆放定额通常按堆高 3m、每立方米实际堆放体积可放 0.375t 冻猪片计算,也可采用下式:

$$S=P/(0.375a\times H)$$

式中　S——库房净面积,m^2

　　　P——拟定的仓库容量,t

　　　a——面积系数,0.37~0.75

　　　H——堆货高度,m

果蔬原料的堆放定额因品种和包装容器不同而异,见表 6-13。

表 6-13　　　　　　　　　　果蔬原料包装方式及堆放定额

果蔬名称	包 装 方 式	有效体积堆放量/(t/m^3)
苹果、梨	篓装	0.24
	木箱装	0.32
柑橘	篓装	0.26
	木箱装	0.34
洋葱	木箱装	0.34
荔枝	木箱装	0.25
卷心菜	篓装	0.20

利用上述定额和设定的堆放高度(堆放高度取决于堆放方法),可以计算出货物实际所占的面积或体积,这些面积或体积与建筑面积或建筑体积有如表 6-14 所示的关系。

表 6-14　　　不同建筑形式的建筑面积(或体积)与使用面积(或体积)的关系

建 筑 形 式	建 筑 面 积	使 用 面 积	建 筑 体 积	使 用 面 积
组合	1	0.63	1	0.42
楼层	1	0.65	1	0.64

【例】 某厂拟建贮藏 2000t 肉类冻藏库,试计算库房建筑面积?

【解】 按肉类堆放定额,每立方米堆放 0.375t,设堆高为 3m,则每单位有效面积可堆放 0.375×3=1.125t/m²。假定该冷库为楼层结构,面积系数取 0.65,则得库房建筑面积：

$$F=2000/(1.125\times0.65)=2735\text{m}^2$$

二、冷库总耗冷量 Q_0 计算概要

冷库总耗冷量的计算，在《食品工厂机械与设备》一书中有所叙述，但计算比较偏重于理论性。下面介绍比较实用的计算方法，并给出一些经验数据供确定各种参数时参考。

（一）计算原则

冷库总耗冷量的计算以夏季为基准。夏季库外空气计算温度按下式确定：

$$T_H=0.4T_p+0.6T_m \quad (K)$$

式中　　T_H——库外空气计算温度，K

　　　　T_p——当地最热月的日平均温度，K

　　　　T_m——当地极端最高气温，K

（二）冷库总耗冷量 Q_0 的计算

$$Q_0=Q_1+Q_2+Q_3+Q_4 \quad (kJ/h)$$

式中　　Q_1——透过围护结构的耗冷量，kJ/h

　　　　Q_2——物料冷却、冻结耗冷量，kJ/h

　　　　Q_3——室内通风耗冷量，kJ/h

　　　　Q_4——库房操作耗冷量，kJ/h

1. Q_1 的计算

$$Q_1=PF \quad (kJ/h)$$

式中　　P——围护结构单位面积（m^2）的耗冷量，kJ/h（一般取 42～50kJ/h）

　　　　F——围护结构的面积，m^2

关于 Q_1 计算的两点说明如下。

（1）围护结构单位面积的耗冷量取 42～50kJ/h 是一个经验数据，在冷库设计时，即据此计算围护结构绝热层的厚度。

（2）在计算压缩机的冷负荷时，如果高峰负荷不在夏季，Q_1 可降低。

库温≤−10℃时，取 Q_1 的 80%。

库温≤0℃时，取 Q_1 的 60%。

库温≤5℃时，取 Q_1 的 50%。

库温≤12℃时，取 Q_1 的 30%。

但在计算库房的冷却设备时，Q_1 值不打折扣。

2. Q_2 的计算

$$Q_2=\frac{G(i_1-i_2)}{Z}+\frac{g(T_1-T_2)C}{Z}+\frac{G(g_1+g_2)}{2} \quad (kJ/h)$$

式中　　G——冷库进货量，kg

i_1、i_2——物料冷却冻结前后的热焓，kJ/kg

Z——冷却的时间，h

g——包装材料重量，kg

T_1、T_2——进出库时包装材料的温度，K

C——包装材料的比热容，kJ/（kg·K）

g_1、g_2——果蔬入、出库时相应的呼吸热，kJ/(kg·h)

关于 Q_2 计算的几点说明：

（1）在计算冷却间和冻结间的制冷设备时，考虑到物料开始冷却时的热负荷较大，应按 Q_2 计算值的 1.3 倍计算；

（2）冻结物进库量按结冻能力或按本库容量的 15% 取其较大者计算；

（3）果蔬进货量按旺季最大平均到货量减去最大加工量或按本库容量的 10% 取其较大者计算。

3. Q_3 的计算（需要换气的冷风库才需进行此项计算）

$$Q_3 = \frac{3V\Delta i}{Z} \quad \text{（kJ/h）}$$

式中 V——通风库房容积，m^3

Δi——室内外空气的焓差，kJ/m^3

Z——通风机每天工作时间，h

4. Q_4 的计算

$$Q_4 = Q_{4a} + Q_{4b} + Q_{4c} + Q_{4d} \quad \text{（kJ/h）}$$

式中 Q_{4a}——照明耗冷量，kJ/h

每平方米库房耗冷量数值：冷藏间 4.18kJ/h；操作间 16.7kJ/h。

Q_{4b}——电动机运转耗冷量，kJ/h

$$Q_{4b} = N \times 3594 \quad \text{（kJ/h）}$$

Q_{4c}——开门耗冷量，kJ/h

Q_{4d}——库房操作人员耗冷量，kJ/h

$$Q_{4d} = 1256 \times n \quad \text{（kJ/h）}$$

N 为库内同时操作人数，$n = 2 \sim 4$

说明：在计算压缩机冷负荷时，还得加上管道耗冷量，直接冷却时，加 70%，盐水冷却时，加 12%。

三、制 冷 系 统

制冷系统是指供氨方式而言，分为重力循环系统和强制循环氨泵系统。重力系统只用于较小的制冷装置及小型冷库。

在氨泵系统中，由贮液器来的高压氨液经调节阀流至低压循环筒，氨液由氨泵从循环筒输送至蒸发排管，在排管内吸热蒸发，再回流至循环筒。氨泵的流量以 5 倍蒸发量计，或以耗冷量计，每 4000kJ/h 配氨泵流量 25～30L/h。氨泵进出液管的流速分别为 0.375m/s 和 0.75m/s，以此决定所配管径的大小（管径计算详见第三章第八节）。

四、氨压缩机的选择

（一）各种温度的确定

（1）冷凝温度 t_K

$$t_K = \frac{t_{W1} + t_{W2}}{2} + (5～7) \quad (K)$$

式中　t_{W1}、t_{W2}——冷凝器冷却水的进出水温度，K

（2）过冷温度　在有过冷器的制冷系统中，需定出过冷温度。在逆流式过冷器中，氨液出口温度（即过冷温度）比进水温度高 2～3K。

（3）蒸发温度 t_0　当以空气为冷却介质时，蒸发温度取低于空气温度 7～10K，当以盐水或水为冷却介质时，蒸发温度低于介质温度 5K。

（4）压缩机允许的吸气温度，随蒸发温度不同而异，参阅表 6-15。

表 6-15　　　　　　　　　　压缩机允许吸气温度　　　　　　　　　　单位：K

蒸发温度	273	268	263	258	253	248	243
允许吸气温度	274	269	266	263	260	257	254

（5）压缩机排气温度 t_p

$$t_p = 2.4(t_k - t_0) \quad (K)$$

式中　t_k——冷凝温度，K

　　　t_0——蒸发温度，K

（二）选择计算的一般原则

（1）选择的压缩机应对不同蒸发温度下的机械冷负荷分别给予满足；

（2）当冷凝压力与蒸发压力之比 $p_k/p_0 < 8$ 时，采用单级压缩机；当 $p_k/p_0 > 8$ 时，采用双级压缩机。

（三）氨压缩机的选择

氨压缩机产品出厂时都有该厂设备的制冷能力曲线图，该图可按所设定的蒸发温度 t_0 和冷凝温度 t_k 查出相应的每立方米理论容积产冷量 q_{vh}，然后根据计算出的机械冷负荷 Q_0 算出所需氨压缩机的理论容积 V_h：

$$V_h = \frac{Q_0}{q_{vh}} \quad (m^3/h)$$

最后，查氨压缩机的技术性能表，选择合适者采用。

五、冷库设计概要

（一）平面设计的基本原则

（1）冷库的平面体形最好接近正方形，以减少外部围护结构。

（2）高温库房与低温库房应分区布置（包括上下左右），把库温相同的布置在一起，以减少绝缘层厚度和保持库房温湿度相对稳定。

（3）采用常温穿堂，可防止滴水，但不宜设室内穿堂。

（4）高温库因货物进出较频繁，宜布置在底层。

（二）库房的层高和楼面负荷

单层冷库的净高不宜小于 5m，为了节约用地，1500t 以上的冷库应采用多层建筑，多层冷库的层高，高温库不小于 4m，低温库不小于 4.8m。

楼面的使用荷载一般可考虑表 6-16 所列的标准。

表 6-16　　　　　　　　　　　　各种库房的标准荷载

库房名称	标准荷载/（kg/m²）	库房名称	标准荷载/（kg/m²）
冷却间、冻结间	1500	穿堂、走廊	1500
冷藏间	1500	冰库	900×堆高（m）
冻藏间	2000		

（三）绝热设计

绝热材料应选用容量小、导热系数小、吸湿性小、不易燃烧、不生虫、不腐烂、没有异味和毒性的材料。

地坪绝缘——由于承受荷载，低温库多采用软木，高温库可采用炉渣。

外墙绝缘——多采用砻糠或聚苯乙烯泡沫塑料。

冷库门绝缘——采用聚苯乙烯泡沫塑料。

绝缘层的厚度按下式计算：

$$\delta=\lambda\left[\frac{1}{K}-\left(\frac{1}{\alpha_1}+\frac{\delta_1}{\lambda_1}+\frac{\delta_2}{\lambda_2}+\cdots+\frac{\delta_n}{\lambda_n}+\frac{1}{\alpha_2}\right)\right] \quad (\text{m})$$

式中　δ——主要隔热材料厚度，m

λ——主要隔热材料导热系数，W/（m·K）

K——围护结构总的传热系数，W/（m²·K）

α_1、α_2——围护结构表面的对流给热系数，W/（m²·K）

如前所述，冷库围护结构单位面积耗冷量一般取 11.7～13.9W/m²，即 $K\Delta t=11.7～13.9$W/m²。由此确定 K 值，将 K 值代入公式，即可求得应有的隔热材料厚度，但最大的容许传热系数应满足下式：

$$K\leqslant\alpha\frac{t_1-t}{t_1-t_2}$$

式中　α——围护结构较热侧面的对流给热系数，W/（m²·K）

t——较热库房空气露点温度，K

t_1，t_2——分别为较热库房和较冷库房空气温度，K

（四）隔汽设计

隔汽设计是冷库设计的重要内容，由于库外空气中的水蒸气分压与库内的水蒸气分压有较大的压力差，水蒸气就由库外向库内渗透。为了阻止水蒸气的渗透，要设有良好的隔汽层。如隔汽层不良或有裂缝，蒸汽就会渗入绝缘材料中，使绝缘层受潮结冰以致破坏。这样，不仅会使库温无法保持，严重的会造成整个冷库的破坏。

隔汽层必须敷设在绝缘层的高温侧，否则会收到相反的效果。

在低温侧要选用渗透阻力小的材料，以利及时排除或多或少存在于绝缘材料中的水分。

屋顶隔汽层采用三毡四油，外墙和地坪采用二毡三油，相同库温的内隔墙可不设隔汽层。

思考题

1. 什么是公用系统？

2. 公用工程按区域可划分为哪些工程？分别简述之。

3. 简述食品工厂对公用系统的要求。

4. 给排水设计包括哪些内容？设计过程中应考虑哪些问题，使给排水满足生产工艺和生活需要？

5. 简述食品工厂对水质的要求。

6. 食品工厂的水源一般有哪几种？各有何优缺点？如何正确选择？

7. 简述食品工厂生产车间内排水系统的设计要求。

8. 简述食品工厂的生产车间配电要求及注意点。

9. 简述食品工厂使用蒸汽的要求。

10. 简述锅炉房的布置和对土建的要求。

11. 简述采暖与通风设计的内容。

12. 简述食品工厂冷库平面设计的基本原则。

第七章　废水、废物处理

学习指导

掌握食品工业废水的主要污染物有哪些、其主要特点及主要危害，废水检测的主要项目；掌握废水处理的任务、解决废水问题的主要原则及废水处理的基本方法；了解污泥处理的主要方法以及食品工业固体废物的来源及处理方法。

第一节　概　　述

循环经济是一种以资源的高效利用和循环利用为核心，以"减量化、再利用、资源化"为原则，以低消耗、低排放、高效率为基本特征，符合可持续发展理念的经济增长模式，是对"大量生产、大量消费、大量废弃"的传统增长模式的根本变革。

环境友好型社会是一种人与自然和谐共生的社会形态，其核心内涵是：① 人类的生产和消费活动与自然生态系统协调可持续发展；② 环境友好型社会是由环境友好型技术、环境友好型产品、环境友好型企业、环境友好型产业、环境友好型学校、环境友好型社区等组成的；③ 环境友好主要包括有利于环境的生产和消费方式；无污染或低污染的技术、工艺和产品；对环境和人体健康无不利影响的各种开发建设活动；符合生态条件的生产力布局；少污染与低损耗的产业结构；持续发展的绿色产业；人人关爱环境的社会风尚和文化氛围。

建设环境友好型社会的主要措施是不仅要全面树立和落实科学发展观，建立健全环境友好的决策和制度体系，还要解决突出的环境问题，维护社会稳定和环境安全，更要大力发展循环经济，走新型工业化道路。积极推行清洁生产，以生态化改造工业园区和经济技术开发区，大力发展生态农业；实施强制淘汰制度；对技术落后、浪费资源、污染环境的生产工艺、技术、设备、企业实行强制淘汰；实施污染物排放总量控制制度；积极利用经济手段、运用市场机制，鼓励各行各业节约资源、降低污染排放；采取最严格的措施保护饮用水源，加快重点流域海域的污染防治，加快燃煤电厂脱硫和冶金、有色、化工、建材等行业的大气污染治理，减轻酸雨污染和大气污染；开展农村环境综合整治，切实保障农产品安全；加强环境安全监管，确保核与辐射环境安全。

清洁生产在不同的发展阶段或者不同的国家有不同的叫法，如"废物减量化""无废工艺""污染预防"等，但其基本内涵是一致的，即对产品和产品的生产过程采用预防污染的策略来减少废水、废物的产生。

清洁生产是人们思想和观念的一种转变，是环境保护战略由被动反应向主动行动的一种转变。联合国环境规划署在总结了各国开展的污染预防活动，并加以分析提高后，提出了清洁生产的定义，并得到国际社会的普遍认可和接受，其定义为：清洁生产是一种新的创造性的思想，该思想将整体预防的环境战略持续应用于生产过程、产品和服务中，以增加生态效率和减少人类及环境的风险。

清洁生产要求转变态度、进行切实负责的环境管理以及科学而全面地评估技术方案。清洁生产的内容包括清洁的产品、清洁的生产过程和清洁的服务三个方面：① 对产品，要求减少从原材料提炼到产品最终处置的全生命周期的不利影响；② 对生产过程，要求节约原材料和能源，淘汰有毒原材料，减降所有废水、废物的数量和毒性；③ 对服务，要求将环境因素纳入设计和所提供的服务中。

从上述清洁生产的含义，我们可以看到，它包含了生产者、消费者、全社会对于生产、服务和消费的希望，这些是：① 它是从资源节约和环境保护两个方面对工业产品生产从设计开始，到产品使用直至最终处置，给予了全过程的考虑和要求；② 它不仅对生产，而且对服务也要求考虑对环境的影响；③ 它对工业废弃物实行费用有效的源削减，一改传统的不顾费用有效或单一末端控制办法；④ 它可提高企业的生产效率和经济效益，与末端处理相比，成为受到企业欢迎的新事物；⑤ 它着眼于全球环境的彻底保护，为全人类共建一个洁净的地球带来了希望。

2003 年 5 月，国家环保总局决定，通过考核环境指标、管理指标和产品指标共 22 项子指标，对审定的企业授予"国家环境友好企业"的称号。通过创建"国家环境友好企业"，树立一批经济效益突出、资源合理利用、环境清洁优美、环境与经济协调发展的企业典范，促进企业开展清洁生产，深化工业污染防治，走新型工业化道路。

一、食品工业废水的主要特点及危害

（一）水循环

在太阳辐射和地球表面热能的作用下，地球表面的广大水体中大量水分被蒸发成为水蒸气，上升到空中，被气流带动输送到各地，大气水遇冷又凝聚，在重力的作用下以雨、雪或其他降水的形式落到地面或水体，再从河道或地下流入海洋，水的这种往复循环，不断转移交替的现象称为水的自然循环。

人类为了满足生产和生活的需要，从各种天然水体中取用大量的水。使用过的水变为生活污水和生产废水被排放出来，最终流入天然水体。这种水在人类社会中构成的局部循环体系称为水的社会循环。

水的自然循环和水的社会循环构成水的总循环，如图 7-1 所示。

大多数食品加工的工艺过程中需要大量的用水，就食品工业整体而言，用水量是很大的，其中很少量是构成制品提供给消费者食用的，而大量是用来对各种原料的清洗、浸泡、烫煮、消毒、冲洗设备、地面和冷却制品。所以食品工业排放的废水量很大。

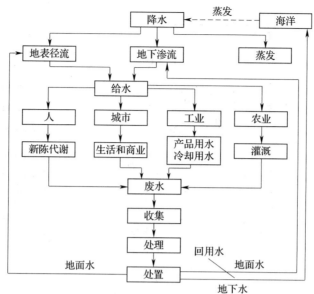

图 7-1 水的总循环

（二）水污染

在水循环过程中，由于人类、自然因素或因子（物质或能量）的影响，使水体感观性状、物理化学性能、化学成分、生物组成及底质情况等恶化，这种现象称为水污染。

由于食品工业的原料广泛、制品种类繁多、排出的废水水质的差异也是很大的，废水中包含的主要污染物如下。

（1）浮在废水中的固体物质（有机物质）　如菜叶、果皮、鱼鳞、碎肉、禽羽、畜毛等；

（2）悬浮物质　悬浮在废水中的油脂、蛋白质、淀粉、胶体物质等；

（3）水溶物质　溶解在废水中的糖、酸、碱、盐、洗涤剂等；

（4）泥沙等杂质　来自原料夹带的泥沙以及动物的粪便等；

（5）菌体　可能存在的多种致病菌等。

所以，概括地说，食品工业废水的主要特点是：有机物质和悬浮物含量高，易腐败，一般无毒性。

水污染类型、污染物、污染标志及废水来源见表 7-1。

表 7-1　　　　　　　　　　**水污染类型、污染物、污染标志及废水来源**

污染类型		污染物	污染标志	废水来源
物理性污染	热污染	热的冷却水	升温、缺氧或气体过饱和，热富营养化	动力电站、冶金、石油、化工等工业
	放射性污染	铀、钚、锶、铯	放射性污染	核研究生产、试验，核医疗，核电站
	表观污染水的浑浊度	泥、沙、渣、屑、漂浮物	混浊	地表径流、农田排水、生活污水、大坝冲砂、工业废水
	水色	腐殖质、色素、染料、铁、锰	染色	食品、印染、造纸、冶金等工业污水和农田排水
	水臭	酚、氨、胺、硫醇、硫化氢	恶臭	污水、食品、制革、炼油、化工、农肥

续表

污染类型	污染物	污染标志	废水来源
化学性污染 · 酸碱污染	无机或有机酸、碱	pH异常	矿山、石油、化工、化肥、造纸、电镀
重金属污染	汞、镉、铬、铜、铅、锌等	毒性	矿山、冶金、电镀、仪表、颜料等工业
非金属污染	砷、氰、氟、硫、硒等	毒性	化工、火电站、农药、化肥等工业
需氧有机物污染	脂类、蛋白质、油脂、木质素等	耗氧进而引起缺氧	食品、纺织、造纸、制革、化工等工业，生活污水，农田排水
农药污染	无机氯农药类、多氯联苯、有机磷农药类	严重时水中无生物	农药、化工、炼油等，工业、农田排水
易降解有机物污染	酚类、苯、醛等	耗氧、异味、毒性	制革、炼油、化工、煤矿、化肥等工业，污水及地表径流
油类污染	石油及其制品	漂浮和乳化，增加水色	石油开采、炼油、油轮等
生物性污染 · 病原菌污染	病菌、虫卵、病毒	水体带菌，传染疾病	医院、屠宰、畜牧、制革等工业，生活污水及地表径流
霉菌污染	霉菌毒素	毒性、致癌	制药、酿造、食品、制革等工业
藻类污染	无机或有机氨、磷	富营养化、恶臭	化肥、化工、食品等工业，生活污水、农田排水

食品工业废水的主要危害：使接纳水体富营养化，迅速消耗水中的溶解氧，造成水体缺氧，以致引起鱼类和其他水生动物、植物的死亡；还会促使水底沉积的有机物质在厌氧条件下分解，产生臭气、恶化水质、污染环境。在食品加工过程中冲洗动物肠胃，带出大量排泄物，而使废水中含有虫卵和致病菌，如不经处理任意排放，将导致疾病传播，直接危害健康。

二、废水处理的任务

采用多种手段和技术，将废水中的污染物质分离出来，回收利用或将其中有害成分转化为无害的物质，从而使废水得到净化。

三、表征水污染程度的指标

对水体污染源进行必要的调查和评价是保护水体的基础工作之一。它不仅可以为治理污水提供依据，而且可以确定治理要达到的目标。由于水体污染物是多种多样的（见表7-1），所以调查和评定的内容也有很大的差别。

1. 废水检测项目

（1）溶解氧（DO） 溶解氧是指溶解于水中的氧，以每升水所含氧的毫克数（mg/L）表示。

水被有机物污染后，由于好氧菌作用使其氧化，消耗掉溶解氧，如果得不到空气中氧的及时补充，那么水中的溶解氧就减少，最终导致水体变质。所以把溶解氧作为水质污染程度的指标，溶解氧越少，表明污染程度越严重。

（2）生化需氧量（BOD） 生化需氧量是指水中有机物在好氧菌作用下分解成稳定状态需要的氧气量，单位是 mg/L。生化需氧量不仅是表示水中有机物污染程度的一个指标，而且是确定水处理设施容积和运行管理的重要参数。其数量越大，表明污染越严重。

（3）化学需氧量（COD） 化学需氧量是指用化学氧化剂氧化水中需氧污染物时消耗的氧气量（单位是 mg/L），它是评价水质污染程度的重要综合指标之一。化学需氧量数值越大，表明水质污染越严重，一般饮用水的化学耗氧量是每升几毫克至十几毫克，而工厂排出口最高不得超过 100 mg/L。由于氧化剂的种类、浓度和氧化条件都直接影响化学需氧量的测定结果，与生化需氧量相比较，化学需氧量测定时间短，而且不受水质限制，所以，测定时应注意用常用的方法如高锰酸钾法、重铬酸钾法等，以利于测定结果的分析对比。

化学需氧量一般高于生化需氧量，两者的差值即可粗略地表示出不能被微生物所降解的有机物，当废水中有机物数量和组成相对恒定时，两者间有一定的比例关系，可以互相推算求定。BOD/COD 比值高，表明许多可溶解性有机物能被生物降解；比值低，表明有抗生物氧化的有机物存在。

对于大多数食品工业废水，用 COD 是估计 BOD 最快的一种方法，但要借助经验先确定 BOD 与 COD 的比值，有的城市就是将 COD 作为计算下水道征收排污费的一个主要依据。对于大多数食品加工废水 BOD 一般是 COD 的 65%～80%。

（4）悬浮物（SS） 悬浮物是指在水中呈悬浮状态的固体状物质，如不溶于水的淤泥、黏土、有机物、微生物等。其直径一般不超过 2mm，易悬浮于水中，单位是 mg/L。悬浮物是造成水质浑浊的主要原因，是衡量水质污染程度的主要指标之一，悬浮物越多，表示水质污染越严重。

（5）大肠杆菌 大肠杆菌是寄生于人或温血动物肠道内的一种细菌。在一般情况下，这些细菌在动物体外并不繁殖。可以认为，大肠杆菌污染是高等动物的肠道排出物造成的。每克粪便中约有数十亿个大肠杆菌。测定大肠杆菌可反映水质被粪便污染的程度，推断肠道病原菌存在的可能性，以判别水体的卫生状况，以每单位体积水中的个数表示。

（6）氢离子浓度 氢离子浓度是表示水溶液中氢离子（氢原子失去或得到电子后称为氢离子）数的一个指标，简称 pH。纯蒸馏的清洁水在 20℃温度下 pH 为 7，呈中性。酸性溶液的 pH<7，碱性溶液的 pH>7。pH 是水溶液中氢离子浓度的负对数。

$$pH = -lg\,[H^+] = lg\frac{1}{[H^+]}$$

水的 pH 过高或过低时，都表明水质受到污染，不仅不能饮用，而且也不适合渔业和灌溉。工业废水的最高允许排放的 pH 为 6～9。地面水质和生活饮用水水质的卫生要求的 pH 为 6.5～8.5。

（7）特殊有害物质 工业废水中往往含有多种有害污染物。水质污染的原因主要取决于有害物质含量的多少，如汞、镉、砷、铅、有机磷、六价铬、多氯联苯等，但这些有害物质不是每次必测的项目，而是看水中是否含有这些有害物质。所以，特殊有害物质的测定是根据需要确定的。

（8）总有机碳（TOC） 系指废水中所含有的全部有机碳的数量。

2. 工业废水排放标准及有关规定

我国工业废水排放标准分为两类。

第一类　是指能在环境或动物体内积蓄，对人体健康产生长远影响的有害物质。含有这类有害物质的工业废水在由车间或由车间处理设备的废水排出口处，应符合 GB 8978—2002《污水综合排放标准》中"第一类有害物质排出口处的最高容许浓度"的要求才能排放（表 7-2）。

表 7-2　　　　　　　　第一类污染物允许排放浓度　　　　　　　单位：mg/L

序号	污染物	最高允许排放浓度	序号	污染物	最高允许排放浓度
1	总汞	0.05	8	总镍	1.0
2	烷基汞	不得检出	9	苯并（α）芘	0.000 03
3	总镉	0.1	10	总铍	0.005
4	总铬	1.5	11	总银	0.5
5	六价铬	0.5	12	总 α 放射性	1Bq/L
6	总砷	0.5	13	总 β 放射性	10Bq/L
7	总铅	1.0			

第二类　是指其长远影响小于第一类有害物质，即从长远角度考虑，其毒性作用低于第一类物质的毒性，其工厂排出口处的有害物质浓度应符合 GB 8978—2002《污水综合排放标准》中"第二类有害物质排出口处的最高容许浓度"的要求才能排放（表 7-3）。

表 7-3　　　　　　　　第二类污染物允许排放浓度　　　　　　　单位：mg/L

序号	污染物	适用范围	一级标准	二级标准	三级标准
1	pH	一切排污单位	6～9	6～9	6～9
2	色度（稀释倍数）	染料工业	50	180	
		其他排污单位	50	80	—
3	悬浮固体（SS）	采矿、选矿、选煤工业	100	300	
		脉金选矿	100	500	
		边远地区砂金选矿	100	800	
		城镇二级污水处理厂	20	30	
		其他排污单位	70	200	400
4	五日生化需氧量（BOD$_5$）	甘蔗制糖、芒麻脱胶、湿法纤维板工业	30	100	600
		甜菜制糖、酒精、味精、皮革、化纤、浆粕工业	30	150	600
		城镇二级污水处理厂	20	30	
		其他排污单位	30	60	300
5	化学需氧量（COD）	甜菜制糖、焦化、合成脂肪酸、湿法纤维板工业、染料、洗毛、有机磷农药工业	100	200	1000
		味精、酒精、医药原料药、生物制药、芒麻脱胶、皮革、化纤浆粕工业	100	300	1000
		石油化工工业（包括石油炼制）	100	150	500
		城镇二级污水处理厂	60	120	—
		其他排污单位	100	150	500

续表

序号	污染物	适用范围	一级标准	二级标准	三级标准
6	石油类	一切排污单位	10	10	30
7	动植物油	一切排污单位	20	20	100
8	挥发酚	一切排污单位	0.5	0.5	2.0
9	总氰化物	电影洗片（铁氰化合物）	0.5	5.0	5.0
		其他排污单位	0.5	0.5	1.0
10	硫化物	一切排污单位	1.0	1.0	2.0
11	氨氮	医药原料药、染料、石油化工工业	15	50	—
		其他排污单位	15	25	—
12	氟化物	黄磷工业	10	20	20
		低氟地区（水体含氟量<0.5mg/L）	10	20	30
		其他排污单位	10	10	20
13	磷酸盐（以P计）	一切排污单位	0.5	1.0	—
14	甲醛	一切排污单位	1.0	2.0	5.0
15	苯胺类	一切排污单位	1.0	2.0	5.0
16	硝基苯类	一切排污单位	2.0	3.0	5.0
17	阴离子表面活性剂（LAS）	合成洗涤剂工业	5.0	15	20
		其他排污单位	5.0	10	20
18	总铜	一切排污单位	0.5	1.0	2.0
19	总锌	一切排污单位	2.0	5.0	5.0
20	总锰	合成脂肪酸工业	2.0	5.0	5.0
		其他排污单位	2.0	2.0	5.0
21	彩色显影剂	电影洗片	2.0	3.0	5.0
22	显影剂及氧化物总量	电影洗片	3.0	6.0	6.0
23	磷元素	一切排污单位	0.1	0.3	0.3
24	有机磷农药（以P计）	一切排污单位	不得检出	0.5	0.5
25	粪大肠菌群	医院①、兽医院及医疗机构含病原体污水	500 个/L	1000 个/L	5000 个/L
		传染病、结核病医院污水	100 个/L	500 个/L	1000 个/L
26	总余氯（采用氯化消毒的医院污水）	医院①、兽医院及医疗机构含病原体污水	<0.5②	>3（接触时间≥1h）	>2（接触时间≥1h）
		传染病、结核病医院污水	<0.5②	>6.5（接触时间≥1.5h）	>5（接触时间≥1.5h）

注：① 指 50 个床位以上的医院。

② 加氯消毒后须进行脱氯处理，达到本标准。

我国工业废水排放标准规定：

① 饮用水的水源和风景游览区的水质，严禁有任何污染；

② 渔业与农业用水要保证动、植物的生长条件，保证动、植物体内有害物质的残存毒性不得超过食用标准。

③ 工业用水的水源，必须符合工业生产用水的要求。

第二节　废水的控制及处理方法

生产和生活过程使用过的已改变了原来的物理、化学或生物学性质和组成的水称为废水或污水。为了避免废水的危害，主要是控制污染源、减少排放量，并尽可能合理利用水体的自净能力。但这些仍不能完全控制污染，为此要对废水进行处理和回收利用。

一、废水的控制

（一）解决废水问题的主要原则

众所周知，生活污水和工业废水中含有各种有害物质，如果不加以处理而任意排放，会污染环境，造成公害，必须加以控制和治理。然而，对于一个环境工程师来说，绝不能满足于排什么废水就处理什么废水（即通常所说的"末端治理"），而是在解决废水问题时，应当考虑下面一些主要原则。

（1）改革生产工艺　大力推进清洁生产，减少废物排放量。环境工程师在解决工业废水问题时，应当首先深入到工业生产工艺中去，与工艺人员相结合，力求革新生产工艺，尽量不用水或少用水，使用清洁的原料，采用先进的设备及生产方法，以减少废水的排放量和废水的浓度。减轻处理构筑物的负担和节省处理费用。

重复利用废水：尽量采用重复用水和循环用水系统，使废水排放量减至最少。根据不同生产工艺对水质的不同要求，可将甲工段排出的废水送往乙工段用，实现一水二用或一水多用，即重复用水。城市污水经深度处理后也可用作某些工业用水或冲厕、洗车、绿化、景观等生活用水。废水的重复利用已成为解决环境污染和水资源贫乏问题的重要途径之一。

（2）回收有用物质　工业废水中的污染物质，都是在生产过程中进入水中的原料、半成品、成品、工作介质和能源物质。如果能将这些物质加以回收，便可变废为宝，化害为利，既防止了污染危害，又创造了财富，有着广阔的前景。有时还可厂际协作，变一厂废料为他厂原料，综合利用，实现循环经济。

（3）全面规划，合理布局　充分利用水体的自净能力，减少污染，在某一地区或区域建立污水处理厂。

（4）净化处理，过滤中和　最大限度地降低废水浓度，保证排放到环境中的污水符合《工业废水排放标准》的规定。选择处理工艺与方法时，必须经济合理，并尽量采用先进技术。

（二）废水处理程度的确定

将废水排放到水体之前需要处理到何种程度，是选择废水处理方法的重要依据。在确定处理程度时，首先应考虑如何能够防止水体受到污染，保障水环境质量，同时也要适当考虑水体的自净能力。

通常采用有害物质、悬浮固体、溶解氧和生化需氧量这几个水质指标来确定水体的容许负荷，或废水排入水体时的容许浓度，然后再确定废水在排入水体前所需要的处理程度，并选择必要的处理方法。

具体来说，废水处理程度的确定，有以下几种方法。

（1）按水体的水质要求　根据水环境质量标准或其他用水标准对该水体水质目标的要求，将废水处理到符合排放要求的程度。

（2）按处理厂所能达到的处理程度　对于城市污水来说，目前发达国家多已普及以沉淀和生物处理为主的二级处理。近年来，我国也多要求各地城镇污水处理厂出水悬浮固体和 BOD_5 均不超过 30mg/L（即所谓"双30"标准）、甚至 20 mg/L（"双20"标准），以此来确定应有的处理程度。表 7-4 为几种处理方法对生活污水或与生活污水性质相近的工业废水中悬浮固体和 BOD_5 的一般处理效果，可供确定处理程度时参考。

表 7-4　　　　　　　　　　　几种处理方法的处理程度

处理方法	悬浮固体/（mg/L）	BOD_5/（mg/L）
沉淀	50～70	25～40
沉淀及生物膜法	70～90	75～95
沉淀及活性污泥法	85～95	85～95

（3）考虑水体的稀释和自净能力　当水体的环境容量潜力很大时，利用水体的稀释和自净能力，能减少处理程度，取得一定经济上的好处，但需慎重考虑。

二、水体的自净作用

受到污染的水体，在一定的时间内，通过物理、化学和生物学等作用，污染程度逐渐降低，直到恢复到受污染前的状态，这个过程称作水体的自净作用。在自净限度内，水体本身就像一个良好的天然污水处理厂。但自净能力不是无限的，超过一定的限度，水体就会被污染，造成近期或远期的不良影响。所以，考察研究和掌握这个"污水处理厂"的变化规律，充分利用水体的自净能力，能达到少花钱、多办事，有效防止污染的目的。

1. 物理自净过程

排入水体的污染物不同，发生的物理净化过程也有差异，如稀释、混合、挥发、沉淀等。在自净过程中缺少某种物质（如缺氧）或多余某种物质的废水，可以通过水体的稀释作用使之无害化。废水中密度比水大的固体颗粒，借助自身的重力沉至水体的底部形成污泥层，使水体得以净化。废水里的悬浮物胶体及可溶性污染物则由于混合稀释过程，污染浓度渐渐降低。

2. 化学自净过程

废水污染物排入水体，会产生化学反应过程。反应过程进行的快慢和多少取决于废水和水体两方面的具体条件。在水体化学反应过程中会产生氧化、还原、中和、分解、凝聚、吸附等各种各样的过程。这些过程有可能使有害污染物变成无害物质，这就是化学自净作用。

　　3. 生物自净过程

　　在溶解氧存在的条件下，通过微生物的作用，能使有机污染物氧化分解为简单的无害化合物，这就是生物自净过程。生物自净过程要消耗掉一定的溶解氧。水体溶解氧的补充有两个来源，一是大气中的氧靠扩散作用进入水层。在流动的水中，湍流越大，氧溶解于水中的速度越快，氧的补充越迅速。二是水生植物的光合作用能放出氧气，使水体溶解氧得到补充。如果消耗掉的氧不能得到及时补充，则水中的溶解氧逐渐减少，甚至接近于零。此时厌氧菌就会大量繁殖，使有机物腐败，水体就要变臭。所以，溶解氧的多寡是反映水体生物自净能力的主要指标，也是反映水体污染程度的一个指标。水体的生物自净速度取决于溶解氧的多少、水流速度、水温高低以及水量的补给状况等因素，如图 7-2 所示。

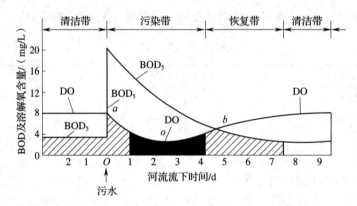

图 7-2　生化需氧量与溶解氧的变化曲线

　　水体自净作用的场所可分为四类，如图 7-3 所示。

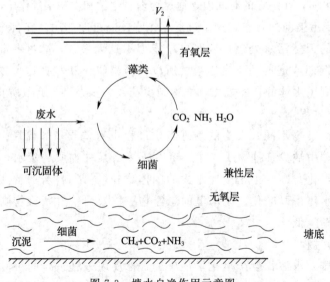

图 7-3　塘水自净作用示意图

（1）水与大气间的自净作用　表现为河水中二氧化碳、硫化氢等气体的释放。

（2）水中的自净作用　表现为污染物在河水中的稀释、扩散、氧化、还原，或由于水中微生物作用而使污染物质发生生物化学分解，以及放射性污染物的蜕变等。

（3）水与底质间的自净作用　表现为河水中悬浮物质的沉淀，污染物质被河底淤泥吸附等。

（4）底质中的自净作用　表现为底质中微生物的作用使底质中有机污染物分解等。

像大气对污染物的扩散稀释一样，水体的自净作用是废水处理的一种方式。合理利用水体自净能力，既能减轻人工处理的负担，又能保证水体不受污染。因此，在废水治理时应充分考虑水体自净的作用。氧化塘就是利用天然或人工池塘的自净作用处理废水的一种好方法。废水由池塘一端流入，另一端排出，在池塘里废水中污染物经过自然沉淀除去悬浮物；经过好氧或厌氧细菌以及藻类等生物氧化作用，将废水中的有机污染物氧化分解，能使废水中的生化需氧量减少 60%～80%，除去废水中固体物质的 75%～85% 和大肠杆菌的 95% 以上。氧化塘法经济可靠，简单易行，效率较高。用于处理造纸厂、纺织厂、食品厂、乳制品厂、屠宰场、皮革厂的废水以及一般生活污水都有良好的效果。有的还利用氧化塘养鱼、养鸭、种植水生作物、灌溉农田等，经济效益十分显著。各种氧化塘的设计标准如表 7-5 所示。

表 7-5　　　　　　　　　　　各类氧化塘设计标准

因素	种类			
	好氧塘	厌氧塘	兼性塘	曝气湖
塘水深/m	0.2～0.3	2.5～3	0.6～1.5	2～5
逗留时间/d	2～6	30～50	7～30	2～10
BOD 负荷	100～200	300～500	20～50	—
BOD 去除率/%	80～95	50～70	75～90	55～80
藻类浓度/（mg/L）	>100	无	10～50	无

值得注意的是，利用氧化塘自净受季节影响较大，温暖季节效果好，寒冷季节效果较差。所以它更适用于日照时间较长，气温比较高的我国南方地区。同时还应注意经常性的管理，以避免蚊蝇孳生，产生臭气，影响环境卫生。

三、水质污染治理技术

（一）废水处理的基本方法

处理和回收利用废水按作用原理分为：物理法、化学法和生物化学法。

1. 物理处理法

借助物理作用分离和除去废水中不溶性悬浮液体或固体的方法，称作物理处理法。这种方法仅仅去除废水中的悬浮物质，污染物的性质并不发生变化。所以处理设备简单，操作方便，并且容易达到良好的效果。根据作用过程不同，它又分为以下三种方法。

（1）筛滤法　筛滤法是根据过滤手段处理废水的方法。

（2）重力法　重力法是利用废水中悬浮颗粒自身的重力与水分离的一种方法。

（3）离心法　离心法是使废水在离心力作用下，把固体颗粒与废水分离的方法。

2. 化学处理法

化学处理法通过往废水中投加化学药剂，使其与污染物发生化学反应，从而除去污染物的方法。常用的化学处理法有中和法、混凝沉淀法、氧化还原法、吸附法和离子交换法等。

（1）中和法　酸性和碱性物质反应生成盐和水的过程称为中和。利用中和反应原理处理废水的方法称作中和法。

（2）混凝沉淀法　这种方法是往废水中加入混凝剂，使悬浮物质或胶体颗粒在静电、化学、物理的作用下聚集起来，加大颗粒、加速沉淀以达到分离目的。

在废水处理工艺中常用的混凝剂有两类：一类是无机盐混凝剂，如硫酸铝、铝酸钠、三氯化铁、硫酸铁、碳酸镁等；另一类是高分子混凝剂，如聚丙烯酰胺等。当投加这些混凝剂仍不能取得满意的效果时，还可以投加帮助其聚集的助凝剂，如石灰、骨胶等。

（3）氧化还原法　是利用加入氧化剂或还原剂将废水中有害物质氧化或还原为无害物质的方法。

利用氧化剂能把废水中的有机物降解为无机物，或者把溶于水的污染物氧化为不溶于水的非污染物质，用氧化法处理废水，关键是氧化剂选择要得当。选择氧化剂应注意两点，一是它对废水中的污染物有良好的氧化作用，并且容易生成无害物质；二是来源方便，价格便宜。常用的氧化剂有：漂白粉、气态氯、液态氯、臭氧、高锰酸钾等。含有硫化物、氰化物、苯酚以及色、臭、味的废水常用氧化法处理。但是用氧化法处理废水，一般价格昂贵，又不经济，所以在废水量很大或成分复杂时较少采用。

（4）吸附法　吸附法是利用多孔性固态物质吸附废水中的污染物来处理废水的一种方法。通常把多孔性固态物质称为吸附剂，把吸附的污染物称为吸附质。

目前应用最广泛的吸附剂是活性炭，用它处理废水的方法称作活性炭吸附法。除了活性炭以外，根据废水的具体情况还可选用炉渣、焦炭、青龄煤、硅藻土、铝钼土、砂渣、粉煤灰等廉价吸附剂。吸附法处理废水多用于除去废水的色度、臭味以及回收废水中的有用物质。

（5）离子交换法　通过离子交换剂与废水污染物之间的离子交换而净化废水的方法称作离子交换法。离子交换法处理废水用途很广，具有广阔的发展前景。现在已出现能处理多种废水的树脂和小型化、系列化的离子交换设备。

3. 生物化学处理法

生物化学处理法是利用微生物的新陈代谢作用处理废水的一种方法。微生物的新陈代谢作用能将复杂的有机物分解为简单物质，将有毒物质转化为无毒物质，使废水得到净化。根据氧气供应的有无，生化处理分为好氧生物处理法和厌氧生物处理法（见图7-4）。

（1）好氧生物处理法　在供氧充分、温度适宜、营养物充足的条件下，好氧性微生物大量繁殖，并将水中的有机污染物氧化分解为二氧化碳、水、硫酸盐、硝酸盐等简单无机物。用这种途径处理废水的方法称作好氧生物处理法。处理废水时所用的装置有曝气池、生物过滤池等，处理的工艺流程如图7-5所示。含有碳氧化合物、蛋白质、脂肪、合成洗涤剂的生活污水和有机物废水常用这种方法处理。

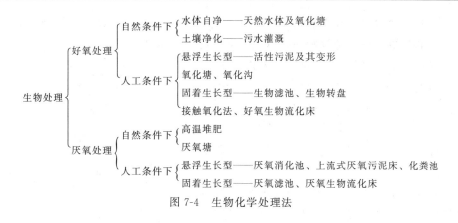

图 7-4　生物化学处理法

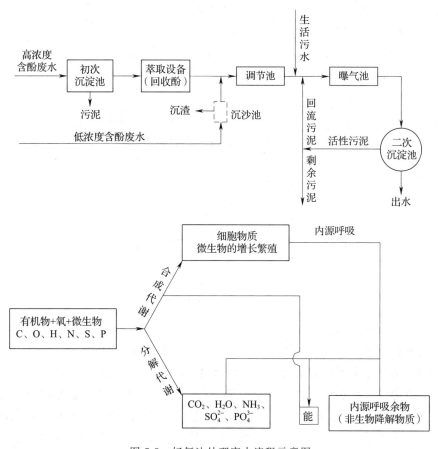

图 7-5　好氧法处理废水流程示意图

用好氧生物法处理废水具有投资少、运行费用低、操作简单等优点，因而得到广泛应用。但如果不具备氧气、营养物等条件不能采用。

（2）厌氧生物处理法　在密闭无氧的条件下，有机物如粪便、污泥、厨房垃圾等通过厌氧性微生物及其代谢酶的作用被分解，除去臭味，致使病原菌和寄生虫卵死灭。利用这种途径处理废水的方法称作厌氧生物处理法，也称厌氧消化。厌氧微生物有产酸菌和甲烷菌。产酸菌能将糖类、脂肪、蛋白质等有机物变为低级脂肪酸、醇和酮，甲烷菌进一步把它们转变为甲烷和二氧化碳。为了保证厌氧消化的正常进行，必须将温度、pH及氧化还原电势维持在一定范围内，以保证微生物的正常活动。

有机物经厌氧消化后生成的残渣可作农田肥料，产生的气体是有价值的能源。农村的沼气池是厌氧生物法应用的典型实例。在工业上应用厌氧生物处理肉类加工厂、制糖厂、罐头厂的废水，均获得良好的效果。图7-6是厌氧生物处理流程的示意图。

以上各种方法都有它们自身的特点和适用条件，且污水中的污染物质是多种多样的，所以，不能预期只用一种方法就能把所有的污染物质都去除干净。这种由若干个处理方法（或处理单元）合理组配而成的污水处理系统，称为污水处理流程。例如，某乳品厂污水处理流程见图7-7。

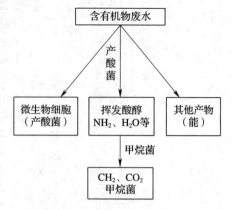

图 7-6　厌氧生物处理流程示意图

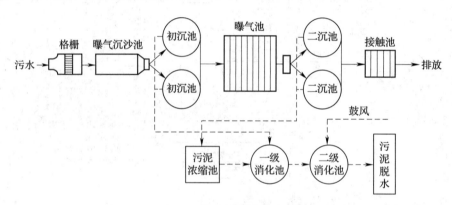

图 7-7　某乳品厂污水处理流程图

（二）废水处理的分级

按处理程度分有：一级（包括预处理）处理、二级处理、三级处理。

一级处理的任务主要是去除污水中的悬浮物，调节 pH，减轻后续处理的负担。采用的方法主要有筛滤、沉淀、上浮和预曝气等。经一级处理的污水，悬浮物的去除率能达到75%左右，BOD 去除率能达到30%左右，一般不能去除水中的溶解状态和胶体状态的有机物。一级处理后，污水净化程度不高、一般达不到排放标准，还必须进行二级处理。

二级处理的任务是大幅度地去除呈溶解和胶体状态的有机污染物。采用的方法主要是生化处理，常用的有活性污泥法和生物膜法，且近年来这两种处理技术的发展速度很快。污水经二级处理后，BOD 去除率能达到90%左右，悬浮物去除率达到90%～95%，经二级处理后的污水能达到水体排放标准。

一级和二级处理法，是城市污水经常采用的方法。因此，又称常规处理法。

三级处理，又称深度处理或高级处理，其主要任务是去除微生物未能降解的有机物、磷、氮和可溶性无机物，防止受纳水体发生富营养化和受到难降解的有毒化合物的污染。

三级处理所用的处理方法是多种多样的，如生物脱氮、混凝沉淀、离子交换法、活性炭过滤、除磷等。三级处理耗资大，工艺、管理也较为复杂，但能充分利用水资源。目前只有少数国家建成了一些三级处理厂。

四、污泥处理技术

在废水处理过程中分离出来的沉淀物质、悬浮物质、胶体物质等统称为污泥。污泥如不妥善处理，同样会污染水体、土壤、大气，造成对环境的危害。因此，污泥处理是废水处理全过程的一个重要环节，流程如图 7-8 所示。

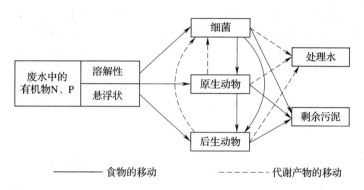

图 7-8　活性污泥微生物集合体的食物链

1. 污泥的一般性质

污泥的性质同废水接近，只是污泥中的固态物质含量更多而已。

（1）含水率　污泥的含水率都比较高。从初次沉淀池排出的污泥含水率 95% 左右，从二次沉淀池或生化处理装置排出的污泥含水率更大，为 96%～99%。含水率越大，越难以处理。

（2）微生物　在处理生活污水、医院污水及食品、制革、屠宰废水过程中产生的污泥，一般都含有大量的细菌、病毒和寄生虫卵等微生物，在污泥处理中应予注意。

（3）有毒物质　污泥中的各种不溶性有毒物质，如汞及其化合物、铬及其化合物，比废水中更集中，更难处理。

（4）污泥指数　污泥指数是表示污泥沉降性能的一项指标。指数过小说明污泥难以沉降，没有凝聚吸附作用，水的处理效果很难达到要求。

（5）杂质　污泥中含有有机杂质和无机杂质。杂质多少，以污泥干重所占百分比来表示。

2. 污泥的处理

污泥的处理主要有以下方法。

（1）脱水干化法　对于含水量很高的污泥，一般先在浓缩池使污泥与水分离，而后干化。脱水干化可以把污泥水分降至 85% 以下。污泥干化方法有自然干化和机械干化两种。

（2）污泥消化法　污泥消化是在人工控制下，通过微生物代谢作用使污泥有机物质稳定化，它分为好氧消化过程和厌氧消化过程。

（3）燃烧法　含有毒物质的污泥，可用燃烧法，将污泥烧成灰渣，它又分为完全燃烧法和不完全燃烧法两种。

3. 污泥的利用

污泥处理后，可做最后处置和利用。利用的途径如下。

（1）用作农肥　污泥经消化处理可直接用作农田肥料。但是当污泥含镉、铬、汞、铅等重金属离子，有害物超过允许范围时不应使用，以避免土壤污染。

（2）制作沼气　以污泥为原料生产的沼气，是一种廉价的能源。

（3）用作建筑材料　污泥掺入黏土经焙烧可制成建筑用砖。活性污泥加入木屑、玻璃纤维能压制成纤维板。有些污泥还能直接铺设简易路面或用作其他建筑材料。

（4）回收物料　有些污泥根据其组分可回收饲料、维生素或其他化工原料。有的经重新冶炼，能回收某些金属元素。

第三节　固体废物处理工程

固体废物是指在生产和生活中废弃的固态物质。主要包括工业废物、矿业废物、农业废物和生活垃圾等四类。固体废物的处理一般有填坑、焚化、投海及回收利用等方法。固体废物是主要污染物之一，固体废物处理是环境工程的一个重要内容。

1. 食品工业固体废物的来源

食品工业的固体废物主要来自烧煤锅炉的煤渣、制糖工厂的甘蔗渣和甜菜渣、淀粉糖生产中废弃的活性炭和硅藻土渣、水果加工中去除的果皮果核、蔬菜加工中去除的菜根菜叶以及废弃的包装材料等。

2. 食品工业固体废物的处理

（1）堆存法　堆存法是把固体废物堆积在土地上存放起来。这是固体废物处置最原始、最简单和应用最广泛的方法。这种方法多用来处置难溶解、不扬尘、不腐烂的固体废物。

对于微溶性、稍飞扬的废物在堆存时应加以处理，如底部夯实、表面覆盖，只要不危害周围环境，也可以堆积存放。数量大，存放年限长的废物，堆存场应设在山沟、山谷、荒地等场所，避免侵占良田好地。数量小，存放时间短的废物，堆存场应设在便于管理，容易运走的场所。

堆存法简单易行、安全可靠。但是，如堆置不当，有时会造成对环境的二次污染。

（2）填埋法　填埋法是利用自然坑洼地或人工坑凹填埋固体废物。用填埋法处置固体废物的好处是：自然坑洼地、山谷填上固体废物，顶部覆盖土层，便于充分利用土地，改造山河。人工矿坑、土坑填上固体废物，有利于恢复地貌，维持生态平衡。应注意的是，填埋用地一般可作绿地、农田、种树、牧场，而不宜修造建筑物和构筑物；同时要防止雨水径流对地下水的污染和填埋过程对周围环境的影响。

填埋法又分为卫生填地、压缩垃圾填地和破碎垃圾填地。卫生填地是先把坑地底部铺上 15cm 厚的垫底层，而后填一层垃圾，盖一层土，逐层上覆，最后盖表土 60cm 以上，供栽种植物封固。压缩垃圾填地是先将垃圾压缩，再填埋，以便减少体积和其中的空气，防止垃圾腐烂发臭。破碎垃圾填地是先破碎垃圾至 10cm 以下，然后填埋。其好处是垃圾不易自燃。

填埋法处置固体废物一般投资不多，效果明显。

（3）焚化法　焚化法是有控制地焚烧废物，以减少废物体积，便于填埋的固体废物处理方法。有条件时还可回收热能及废物中的有用物质。在焚烧过程中，废物中的有机物能转变为水和二氧化碳，许多种病原菌和有害物能转变为无害物质，大大减少这些固体废物的危害性。

使用焚化法处理废物，应增设除尘设备，防止灰尘、烟气可能造成的二次污染。

（4）固化法　是通过物理的、化学的方法，把废物固定或包裹在固体基体产物中的处理方法。不论利用水泥、石灰、硅酸盐等固定剂与废物混合制成固体型物，或者利用聚乙烯、沥青、石蜡等包裹剂与废物混合包容废物，都能降低或消除废物中有害成分的渗透性，从而使危险物变成没有危险的物质，然后堆埋。

由于固化法成本高、费工时，只适宜于用来处理有毒性的有害废物，如重金属沉淀污泥、放射性废物等。

3. 工业废物的处理和利用

工业废物种类很多，成分复杂，给处理和利用带来困难。为此，常常把工业废物分成不同种类，分别处理利用。

（1）煤渣　锅炉出来的煤渣经水或水淬凝固后，再经过破碎、筛分，可制成渣砂和碎石作为混凝土的骨料或铺筑材料。水淬渣是质地优良的水泥原料，用来生产矿渣硅酸盐水泥，如水泥原料中掺入 20%～70% 的水淬渣，可节约生产水泥的能源 20%～40%，降低成本 10%～30%。所以现在国内生产的水泥中 70%～80% 都掺有不同数量的水淬渣。此外，用锅炉渣还能加工制成膨胀矿渣和矿渣棉。膨胀矿渣是混凝土的轻骨料。矿渣棉是良好的保温、隔热、吸音和防火的材料，用途非常广泛。

（2）粉煤灰　粉煤灰主要是烟道中排出的细灰。粉煤灰的化学成分见表 7-6。

表 7-6　　　　　　　　　　　　粉煤灰的化学成分

成分	SiO_2	Al_2O_3	Fe_2O_3	CaO	MgO	其他
含量/%	40～60	15～40	4～20	2～10	0.5～4	1～10

粉煤灰含磷、钾、铁等化学元素，帮助植物生长，因此可直接施于土壤，提高农作物的产量和抗病能力。粉煤灰施于土壤后，能提高地温，增加蓄水能力，起到了防冻、保墒、抗旱、肥田、助长的作用。

粉煤灰加入水泥、石膏等成分能制成轻质墙体材料，如加气轻质砌块、泡沫混凝土、石膏板等，经过烧制，能生产出陶粒轻骨料。用这些材料砌成的墙体（多作为间隔墙）重量轻，省材料，造价低，还具有隔音好、能保温等优点。

以 20%～40% 的粉煤灰掺入水泥熟料中，可生产粉煤灰硅酸盐水泥。这种水泥不仅可以用于工业及居民建筑，还可用于水工构筑物。在施工现场，直接往水泥中加入 10%～40% 的粉煤灰，代替部分水泥，能改善砂浆的质量。

（3）有机废物　食品工厂产生的有机废物料主要有：甘蔗渣、甜菜渣、活性炭、果皮果核、菜根菜叶、废弃的包装材料、血水、脂肪、稻壳等。这些有机物对于加工的食品产品来说是废料或废物，但对于生产其他产品来说又是极好的原料。例如，甘蔗渣可以用来造纸，果皮果核可以提取果胶和微量元素，菜根菜叶可以用来制作肥料，稻壳可以用来做纤维板等。

所以，对食品原料的综合利用、提高综合效益、减少废物的产生是积极的最有价值的处理方法，同时也是清洁生产过程的具体体现，最终得到的是清洁的产品。

思考题

1. 简述循环经济的定义。
2. 简述环境友好型社会的核心内涵。
3. 清洁生产的定义。
4. 清洁生产的内容包括哪些方面？
5. 食品工业废水中包含的主要污染物有哪些？
6. 食品工业废水的主要特点是什么？
7. 简述食品工业废水的主要危害。
8. 废水处理的任务是什么？
9. 表征水污染程度的指标（即废水检测项目）有哪些？
10. 解决废水问题的主要原则有哪些？
11. 废水处理的基本方法按作用原理分有哪些？并做详细描述。
12. 废水处理的基本方法按处理程度分有哪些？并做详细描述。
13. 简述污泥的一般性质。
14. 简述污泥处理的主要方法。
15. 简述食品工业固体废物的来源及处理方法。

第八章　基本建设概算

学习指导

掌握编制基本建设概算书的作用、工程造价的构成、各类工程费用的性质与内容，了解工程项目的划分与概算编制法。

第一节　编制基本建设概算书的作用

基本建设概算书（初步设计概算书）是基本建设项目初步设计文件中三个重要组成部分之一。在基建项目可行性研究报告或计划任务书中，必定包含投资额这一要素。这一投资额大都根据"产品和规模"的客观需要经过估算而确定的（有的则是根据财力的可能，事先加以限额控制）。这种估算出来的投资额是否符合或接近实际，需要有一个汇总各项开支内容的，以货币为指标来衡量的尺度，这种尺度就是初步设计概算书。初步设计概算是确定项目投资额，编制基本建设实施计划，考核工程成本，进行项目的技术经济分析和工程结算的依据，也是国家对基本建设进行管理和监督的重要方法之一。

编制初步设计概算书主要有以下几个方面的作用。

（1）初步设计概算书是编制基本建设计划，确定和控制基本建设投资额的依据。

国家规定，编制年度基本建设计划，确定计划投资总额及其构成数额，要以批准的初步设计概算书中的有关指标为依据。没有批准的初步设计和概算的建设工程不能列入年度基本计划。

概算投资额是控制投资的最高限额，在工程建设过程中，若不经规定的程序批准，就不能突破这一限额，以保证国家基本建设计划得以严格执行。

（2）初步设计概算是进行项目技术经济分析的前提条件之一。

要评价一个项目技术经济的优劣，应综合考核每个技术经济指标。其中，工厂总成本、单位成本、折旧基金、投资回收期、贷款偿还期、内部受益率等的计算，都必须在概算投资额计算出来之后才能进行，否则，无从进行技术经济的分析比较。

（3）初步设计概算是衡量设计方案是否经济合理的依据。

概算书以货币指标形式反映了项目总造价，各工程项目造价，单位面积造价及单位产品投资等。通过这些数值与同期同类工程项目费用的比较，可以看出设计方案是否经济合理，从而发现问题，及时修改设计，使设计更趋完善，提高质量。

（4）初步设计概算书是办理工程拨款，贷款和竣工工程结算的依据。

国家基本建设的财务管理和监督，一般由建设银行进行。建设银行要按批转的初步设计概算为依据，办理基本项目的拨款、贷款和竣工结算。初步设计概算是拨款或贷款的最高限额，对建设项目的全部拨款，贷款总额不得超过初步设计概算。

第二节　工程造价的构成

一、工程造价的构成

工程造价一般由五部分组成，即建筑工程费、设备购置费、设备安装工程费、工器具及生产家具购置费、其他费用。

（1）建筑工程费　包括各种厂房、仓库、生活用房等建筑物和铁路、公路、码头、围墙、道路、水池、水塔、烟囱、设备基础、地下管线敷设以及金属结构等工程费用。

（2）设备购置费　包括一切需要安装和不需要安装的设备购置费。

（3）设备安装工程费　有的设备需要固定安装，有的设备需要现场装配或连接附属装置，需要计算安装费用。内容包括运输、起重、就位、接入设备的管线敷设、防护装置、被安装设备的绝缘、保温、油漆以及设备空车试运转等。

（4）工器具及生产家具购置费　包括车间及化验室等配备的，达到固定资产的各种工具、仪器及生产家具的购置费。

（5）其他费用　包括除上述费用以外而为整个建设工程所需要的一切费用，如土地征用费、建设场地整理费、拆迁赔偿费、青苗赔偿费、建设单位管理费、生产职工培训费、咨询设计费、引进设备出国考察费、联合试车费等（技术改造项目还要交建筑税，但不计入项目投资内，而由老企业的利润留成基金支付）。

工程造价的这种分类，便于区分生产与非生产性投资和计算机械设备在总投资中的比重，从而尽量扩大生产性投资，特别是扩大机械电气设备所占的比重，增加生产能力，多发挥投资效益。

二、各类工程费用的性质与内容

为了正确地确定工程的造价，应对上述五种造价构成因素的性质和主要内容进行分类和分析。

（一）建筑及设备安装工程费用

由直接费用、施工管理费、独立费和法定利润组成。

1. 直接费用

直接费用是指直接耗用在建筑及设备安装工程上的各种费用的总和，它由人工费、材料费、施工机械使用费和其他直接费四个项目组成。

（1）人工费　指直接从事建筑安装工程施工工人和附属辅助生产工人的基本工资、附加工资和各种津贴或奖金。

（2）材料费　包括工程所需要的主要材料、其他材料、构件、零件、半成品及周转材料的摊销费，各种材料的预算价格由材料原价、材料供销部门手续费、包装费、材料采购及保管费等组成。

（3）施工机械使用费　指在建筑安装工程施工过程中使用施工机械所发生的费用。它包括基本折旧、大修理费、经常修理费、替换设备及工具费、润滑及擦拭材料费、安装拆卸及辅助设施费、机械进出场费、机械保管费、驾驶人员工资、动力和燃料费以及施工机械的养路费。

（4）其他直接费用　指现场施工需要的水、电、蒸汽以及因施工场地狭小等特殊情况而发生的材料二次搬运费等。

2．施工管理费

建筑安装企业为了组织和管理施工，以及为生产服务，也需要耗费一定的人力、物力，这样就需要施工管理费。

施工管理费包括工作人员工资及附加费、办公费、差旅费、固定资产使用费、工具用具使用费、劳动保护费、检测试验费、工人文化学习费、上级管理费及其他。

3．独立费用

独立费用是指因进行建筑安装工程施工而发生但又不包括在直接费和施工管理范围之内的，需要单独计算的其他工程费用。它包括大型临时设备费、施工机构由原驻地迁往现场所需的搬迁费、冬天雨季施工增加费、夜间施工增加费、技术装备费、劳保支出费、预算外费用、包干费等。

4．法定利润

法定利润是指国家规定的实行独立核算的建筑施工企业，完成建筑安装工程应提取的利润。按国家建委有关规定，法定利润率为工程预算成本的 2%～5%。

（二）设备及工具、器具购买费用

设备及工器具的购置费应包括为购置这些产品所发生的一切费用，即应包括工业产品的原价、供销部门手续费、包装费、运输费、采购及保管费等。

（三）其他费用

其他费用一般属非生产支出，其中有的项目政策性较强，必须处理好各种关系，做到妥善合理。

第三节　工程项目的划分与概算编制法

一、工程项目的层次划分

编制基本建设概算，必须根据初步设计资料，按造价构成因素分别计算并汇总起来才能求得。就整个概算而言，设备及工器具的概算价值比较容易求取；"其他费用"的确定也比较方便，它可按国家或地方有关主管部门的规定进行计算。唯有建筑及安装工程造价的确定，要按照工程项目的划分，分层次地逐项计算，然后汇集才能求出整个建设项目的工程造价。工程项目的层次划分一般如下。

（1）建设项目　一般是指具有计划任务书和总体设计，经济上实行独立核算、行政上有独立组织形式的基本建设单位，如通常所说的整体工厂项目。

（2）单项工程　是指在一个建设单位中，具有独立的设计文件，竣工后可以独立发挥生产能力或工程效益的工程，如工业企业建设中的生产车间、仓库、锅炉房、办公楼等，通常又称作单体项目。

（3）单位工程　是指具有单独设计，可以独立组织施工的工程，一般以一个独立建筑物作为一个单位工程，通常又称为子项工程。

二、工程的性质划分

建筑工程根据各个组成部分的性质和作用可作如下划分。

（1）一般土建工程　包括建筑物与构筑物的各种结构工程。

（2）特殊构筑物工程　包括设备基础、烟囱、水池、水塔等。

（3）工业管道工程　包括蒸汽、压缩空气、煤气、输油管道等。

（4）卫生工程　包括上下水管道、采暖、通风等。

（5）电气照明工程　包括室内外照明设备安装、线路敷设、变配电设备的安装工程等。

（6）设备及其安装工程　包括机械设备及安装，电气设备及安装两大类。

三、初步设计概算书的组成

初步设计概算书由简明扼要的概算编制说明及一系列表格所组成。这些表格按层次分类大体如下。

（一）单位工程概算书

单位工程概算书是反映每一独立建筑物中的一般土建工程、卫生工程、工业管道工程、特殊构筑物工程、电气照明工程、机械设备及安装工程、电气设备及安装工程等费用的文件。

（二）其他工程和费用概算书

其他工程和费用概算是确定建筑设备及安装工程之外的，与整个建设工程有关的其他工程和费用的文件。它是根据设计文件和国家、地方、主管部门规定的收费标准进行编制的。它以独立的项目形式列入总概算书或综合概算书中。

（三）工程项目（单体项目）综合概算书

综合概算书是确定工程项目（单体项目）的全部建设费用的文件。整个建设工程有多少个工程项目就应编制多少个综合概算书。综合概算书是根据各单位工程概算书汇编而成的。

（四）建设项目（整体项目）的总概算书

总概算书是确定一个建设项目从筹建到竣工验收过程的全部建设费用的文件。它由各工程项目综合概算书及其他工程和费用概算书汇编组成。

总概算书一般分为两部分。

1. 第一部分

工程费用项目包括：

① 主要生产项目和辅助生产项目；

② 公用设施工程项目；

③ 生活福利、文化及服务性工程项目。

2. 第二部分

其他工程和费用项目包括：

① 土地征用费；

② 建筑场地整理费，青苗赔偿费；

③ 建设单位管理费；

④ 联合试车费；

⑤ 生产职工培训费；

⑥ 办公及生活用具购置费；

⑦ 工器具及生产家具购置费；

⑧ 施工单位转移费；

⑨ 大型临时设施费；

⑩ 冬雨季施工增加费；

⑪ 远征工程费；

⑫ 法定利润；

⑬ 工程设计费。

在一、二部分项目的费用合计之后，应列"未能预见工程和费用"（又称不可预见费）。

每个建设工程预算文件的组成，并不是一样的，要根据工程的大小、性质、用途以及工程所在地的不同要求而定。

四、初步设计概算书的编制依据和程序

（一）编制依据

初步设计概算书的依据是建设项目的初步设计文件和各种定额指标，这些定额指标包括概算定额、施工管理费定额、独立费用标准、法定利润率、设备预算价格以及概算单价表等。

（二）编制程序

（1）首先收集各项基础资料，包括各项定额、概算指标、取费标准、工资标准、施工机械台班使用费、设备预算价格等。这些基础资料，因地区不同而异，故应收集适用于项目建设地区的资料。

（2）根据上述资料编制单位估价表、单位估价汇总表。

（3）熟悉设计图纸并计算工程量。

（4）根据工程量计算表与单位估价表等资料计算直接费；按照施工管理费、独立费

用定额、法定利润率等依据，计算施工管理费、独立费和法定利润；编制单位工程概算书；以及汇编各种综合概算文件，形成总概算书。

思考题

1. 编制初步设计概算书主要有哪几个方面的作用？
2. 工程造价一般由哪五部分组成？每一部分分别包括哪些具体内容？
3. 建筑及设备安装工程费用是由哪些项目费用组成的，分别简述每一部分的内容。
4. 设备及工具、器具购买费用包括哪些费用？
5. 工程项目的层次划分有哪几项，简述各项目或工程的含义。
6. 建筑工程根据各个组成部分的性质和作用可分为哪些工程项目？
7. 初步设计概算书由哪些内容组成？简述总概算书两部分的具体内容。
8. 简述初步设计概算书的编制依据和程序。

第九章　技术经济分析

学习指导

掌握技术经济分析的内容和评价基本程序（步骤）、技术经济分析的指标及指标体系、税收与税金等的基本概念。了解技术方案经济效果的计算与评价方法（技术方案的确定性分析、技术方案的不确定性分析），了解设计方案的综合分析、选择以及方案选择的原则。

第一节　概　　述

技术经济学就是研究在各种技术使用过程中如何以最小的投入取得最大的产出，即研究技术的经济效益。工程项目的技术经济分析就是对不同技术方案的经济效果进行计算、分析、评价，并在多种方案的比较中选择最优方案（包括计划方案、设计方案、技术措施和技术政策）的预测效果进行分析，作为选择方案和进行决策的依据。

为什么要进行技术经济分析？首先要了解技术和经济的含义及相互关系，这里所说的技术，是生产手段、工艺方法和操作技能等三方面内容的总称，而经济则是指效果。

技术和经济是人类社会进行物资生产、交换活动中始终并存、不可分割的两个方面。两者相互促进、相互制约。在任何情况下，人们为达到一定的目的和满足一定的需求，都必须采用一定的技术，而任何技术的实现都必须消耗人力、物力和财力，即都要花一定的代价。技术具有强烈的应用性和明显的经济目的性，没有应用价值和经济效益的技术是没有生命力的。经济的发展必须依赖于一定的技术手段，世界上不存在没有技术基础的经济发展。技术与经济的这种特性使得它们之间有着紧密而不可分割的联系。

技术和经济的关系是一种辩证关系，它们之间既有同一性，又有矛盾性。技术经济的同一性，表现为技术的先进性和经济的合理性。一般说来，它们是相一致的，凡是先进的技术，总是具有较好的经济效果，也正由于具有较好的经济效益，才能在社会实践中称得上是先进技术。技术和经济的矛盾性，则表现为技术的先进性和经济的合理性之间由于具体条件不同而存在一定的矛盾。先进的技术，它的经济效果不一定好，这是因为在实践中技术的采用，都不能不凭借当时当地的具体条件，包括自然条件、技术条件、经济条件和社会条件等。由于条件不同，技术带来的经济效果也不同。本来先进的技术，在特定条件下，它的经济效果可能不如中间技术，甚至不如落后技术。正因为技术和经济之间的这种矛盾关系，所以也必须对技术方案进行经济分析，才能做出正确的判断。

因此，结合当时当地的具体条件，研究技术与经济的客观规律，找出技术与经济之间的合理关系，找出经济效果最佳的技术方案，这是技术经济分析的基本任务。

人类的一切实践活动都具有一定的目的性，也都具有一定的效果，或者说有用的效果。在取得的效果，与所消耗的活动和物质之间就有一个比例关系，我们把这个比例关系称作经济效果。我们进行技术分析的根本目的，就是要使每项工程、每个企业、每个部门和整个国家，都能用尽可能少的活动物质消耗，生产出更多符合社会需要的产品，取得最大的使用价值，从而实现最大的经济效果。

食品工厂的建设，特别是大型项目或援外项目的建设，在厂址的选择、工艺选择、专业选择、设备配套、车间布局、卫生设施等方面都涉及大量的技术经济问题。如果我们在建设之前，没有按照客观经济规律办事，详细制定一个科学的建设方案，在技术上经过周密的研究，在经济上进行充分的论证，就匆匆忙忙"拍板定案"，就会给以后的设计、施工，甚至给长远的生产运行带来许多难以想象的麻烦，给项目建设单位造成无法弥补的损失。

工程项目的技术经济分析是一项十分重要的工作。只有通过前期分析，证明项目在技术上可靠、经济上合理、财政上有保证，才能将它确定下来。除了建设项目在规划阶段必须进行技术经济分析之外，在项目的设计、建设和生产阶段，也都必须进行有针对性的技术经济分析工作，对实现每阶段目标可供选择的不同技术方案，进行细致的比较和评价工作，从而使生产的每一个环节都获得最大的经济效益。

第二节　技术经济分析的内容和步骤

一、技术经济分析的主要内容

工程项目的技术经济分析的主要内容一般包括以下几个方面。

（1）市场需求预测和拟建规模；

（2）项目布局、厂址选择；

（3）工艺流程的确定和设备的选择；

（4）项目专业化协作的落实；

（5）项目的经济效果评价和综合评价。

为了确定一个建设项目，除了要做好以上各项分析工作外，还要对每个项目所需的总投资，逐年分期投资数额，投产后的产品成本、利润率、投资回收年限，项目建设期间和生产过程中消耗的主要物资指标等进行精确的定量计算。这也是一项十分重要的工作。因为仅有定性分析，还不足以决定方案的取舍，只有把定性分析和定量计算联系起来，才能得出比较正确的方案。经济核算应该全面细致，所用指标应该确切可靠。同时，由于确定项目的各项货币（如投资、经营费用或生产成本等）和实物指标是进行技术经济分析的重要前提，对技术和经济两方面都有着较高的要求。因此，工程技术人员和经济工作人员一定要通力合作，共同把这项工作做好。要提倡技术人员学点经济学，经济人员学点技术。

我们对每一个项目都要进行全面的、综合性的研究和分析，既要在技术上做到可行、先进，又要在经济上做到有利、合理。

二、技术经济分析的具体步骤

技术经济分析的基本程序如图 9-1 所示。

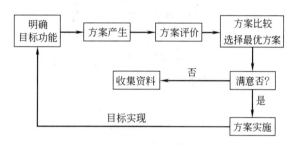

图 9-1　技术经济评价基本程序

（1）确定目标　任何技术方案都是为了满足某种需要或为了解决某个实际问题而提出的，因此，在进行经济分析之前，首先应确定技术方案要达到的目标和要求，这是经济分析工作的首要前提。

（2）根据项目要求，列出各种可能的技术方案。

（3）经济效益分析与计算　技术方案的经济效益分析主要包括企业经济效益分析与国民经济效益分析。企业经济效益分析是在国家现行财税制度和价格体系条件下，从企业角度分析计算方案的效益、费用、盈利状况以及借款偿还能力等，以判定方案是否可行。国民经济效益分析则是从国家总体的角度分析计算方案需要国家付出的代价和对国家的贡献，以考察投资行为的经济合理性。

（4）综合分析与评价　通过对技术方案进行经济效益分析，可以选出经济效益最好的方案，但不一定是最优方案。经济效益是选择方案的主要标准，但不是唯一标准。决定方案取舍不仅与其经济因素有关，而且与其在政治、社会、环境等方面的效益有关。因此必须对每个方案进行综合分析与评价。总之，在对方案进行综合评价时，除考虑产品的产量、质量、企业的劳动生产率等经济指标外，还必须对每个方案所涉及的其他方面，如拆迁房屋、占有农田和环境保护等方面进行详尽分析，权衡各方面的利弊得失，才能得出合适的最终结论。

第三节　技术经济分析的指标及指标体系

技术方案的经济分析与评价，就是要对不同方案的经济效益进行计算、比较和选优，而指标则是反映方案经济效益的一种工具。一般一个指标只能反映方案经济效益的某一侧面，由于技术方案其经济因素的复杂性，所以，任何一个指标都不能全面、准确地反映出方案的经济效益。因此，必须建立一组从各方面反映经济效益的科学的指标体系。

技术经济分析指标体系可分为收益类指标、消耗类指标和效益类指标三类。

一、收益类指标

1. 数量指标

数量指标是指反映技术方案生产活动有用成果的指标。它主要包括：

（1）实物量指标　例如生产量可用吨、台、件等来表示。

（2）价值量指标　即以货币计算的反映方案生产量的指标，主要有总产值和商品产值等。

2. 品种指标

品种指标是指反映经济用途相同而使用价值有差异的同种类型产品指标，例如品种数、新增产品品种数、产品配套率等指标。

3. 质量指标

质量指标是指反映产品性能、功能以及满足用户要求程度的指标。包括反映技术性能方面的指标（如生产率、速度、精度、效率、使用可靠性、使用范围、使用寿命等）和反映经济性能方面的指标（如合格率、废次品率等）。

二、消耗类指标

（一）投资指标

投资是指为实现技术方案所花费的一次性支出的资金，它包括固定资金和流动资金。固定资金是建设和装备一个投资项目所需的一次性支出，流动资金则相当于经营该项目所需的一次性支出。两者都必须在投资初期预先垫付。投资指标主要包括以下内容：

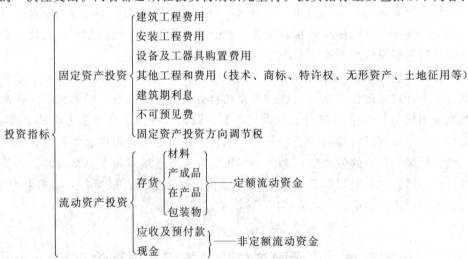

1. 固定资产投资估算

常用的固定资产估算方法有类比估算法和概算指标估算法两类。

类比估算法是根据已建成的与拟建项目工艺技术路线相同的同类产品项目的投资，来估算拟建项目投资的方法。

概算指标估算法是较为详细的投资估算法。该法按下列内容分别套用有关概算指标和定额编制投资概算，然后在此基础上再考虑物价上涨、汇率变动等动态投资。

（1）建筑工程费用　包括厂房建筑、设备基础处理、大型土石方和场地平整等。

（2）设备及工器具购置费用。

（3）安装工程费用　包括设备和工作台安装，以及敷设管线等的费用。

（4）其他费用　指根据有关规定应计入固定资产投资的除建筑、安装工程费用和设备、工器具购置费以外的一些费用，包括土地征购费、居民迁移费、人员培训费、勘察设计费等。勘察设计费通常占投资总额的 3% 左右。

（5）基本预备费　指事先难以预料的工程和费用。

综上所述，方案的固定资产总投资 $\sum K$ 为：

$$\sum K = K_1 + K_2 + K_3 + K_4 + K_5$$

式中 K_1、K_2、K_3、K_4、K_5 为上面提到的 5 项投资费用。

2. 流动资产投资估算

流动资产投资估算主要采用类比估算法和分项估算法。

（1）类比估算法　类比估算法是一种根据已投产类似项目的统计数据总结得出的流动资产投资与其他费用之间的比例系数，来估算拟建项目所需流动资产投资的方法。这里的其他费用可以是固定资产投资，也可以是经营费用、销售收入或产值等。

（2）分项估算法　分项估算法即按流动资产的构成分项估算。

① $现金 = \dfrac{年职工工资与福利费总额 + 年其他零星开支}{360（d）} \times 最低周转天数$

② $应收账款 = \dfrac{赊账额 \times 周转天数}{360（d）}$

③ $存货 = 原材料 + 在产品 + 产成品 + 包装物 + 低值易耗品$

$$原材料占用资金 = 日平均消耗量 \times 单价 \times 周转天数$$

$$在产品占用资金 = 年在产品生产成本 \times \frac{周转天数}{360（d）}$$

$$产成品占用资金 = （年产成品制造成本 - 年固定资产折旧费） \times \frac{周转天数}{360（d）}$$

投资指标，是技术经济指标中的主要指标之一，每个方案都要千方百计地降低各项投资和项目的总投资。降低方案投资的主要途径是合理选择厂址，正确选择设备和备用设备，尽可能用扩建代替新建，加强专业化协作，完善施工组织和力争缩短工期等。

（二）成本和费用

成本是指产品生产和销售活动中所消耗的活劳动和物化劳动的货币表现，为获得商品和服务所需支付的费用。但事实上成本的含义很广，不同的情况需要用不同的成本概念。以下是投资决策过程中所需用到的一些主要的成本概念。

1. 会计成本

会计成本是会计记录在公司账册上的客观的和有形的支出，包括生产和销售过程中发生的原材料、动力、工资、租金、广告、利息等支出。按照我国财务制度，总成本费用由生产成本、管理费用、财务费用、销售费用组成。

生产成本是生产单位为生产产品或提供劳务而发生的各项生产费用，包括各项直接支出和制造费用。直接支出包括直接材料（原材料、辅助材料、备品备件、燃料动力等），直接工资（生产人员的工资、补贴），其他直接支出（如福利费）；制造费用是指企业内的分厂、车间为组织和管理生产所发生的各项费用，包括分厂、车间管理人员工资、折旧费、维修费、修理费及其他制造费用（办公费、差旅费、劳保费等）。

管理费用是指企业行政管理部门为管理和组织经营而发生的各项费用，包括管理人员工资和福利费、公司一级折旧费、修理费、技术转让费、无形资产和递延资产摊销费及其他管理费用（办公费、差旅费、劳保费、土地使用税等）。

财务费用是指为筹集资金而发生的各项费用，包括生产经营期间发生的利息净支出及其财务费用（汇兑净损失、银行手续费等）。

销售费用是指为销售产品和提供劳务而发生的各项费用，包括销售部门人员工资、职工福利费、运输费及其他销售费用（广告费、办公费、差旅费）。

管理费用、财务费用和销售费用称为期间费用，直接计入当期损益。

2. 经营成本

经营成本是在一定时期（通常为一年）内由于生产和销售产品及提供劳务而实际发生的现金支出。它不包括虽计入产品成本费用中，但实际没发生现金支出的费用项目。在技术方案财务分析时，经营成本按下式计算：

经营成本＝总成本费用－折旧费－摊销费－维检费－财务费用

3. 固定成本和变动成本

按照与产量的关系，成本可以分为固定成本和变动成本。固定成本指在一定产量范围内不随产量变动而变动的那部分费用，如固定资产折旧费、管理费等。变动成本指总成本中随产量变动而成比例变动的那部分费用，如直接原材料、直接人工费、直接燃料动力费及包装费等。

固定成本和变动成本的划分，对于项目盈亏分析及生产决策有着重要的意义。

4. 边际成本

边际成本是企业多生产一个单位产量所发生的总成本的增加。

【例】 产量＝1500t 时，总成本＝450000 元；产量＝1501t 时，总成本＝450310 元，则第 1501t 产量的边际成本＝310 元。

5. 质量成本项目

质量成本是企业为了保证和提高产品质量而支出的一切费用，以及由于产品质量未达到预先规定的标准而造成的一切损失的总和。质量成本只涉及有缺陷的产品，即发现、返工、避免和赔偿不合格品的有关费用。制造合格品的费用不属于质量成本，而属于生产成本。

质量成本由内部故障成本、外部故障成本、鉴定成本和预防成本四大部分组成，这种分类方法已得到世界各国的公认和采用。

6. 折旧费和大修费的计算

（1）折旧费的计算一般采用事业年限法计算，固定资产的原值和预计使用年限是两个主要因素。同时，由于固定资产在报废清理时会有残料，这些残料可以加以利用或出售，其价值称作固定资产残值，它的价值应预先估计，在折旧时从固定资产原值中减去。

另外，在固定资产清理时，还可能发生一些拆卸、搬运等清理费，这些清理费也应预先估计金额，在计算折旧额时，加到固定资产原值中去，所以年折旧额按下式计算：

$$A_n = \frac{B-D+G}{n}$$

式中　A_n——年折旧额

　　　　B——固定资产原值

　　　　D——预计残值

　　　　G——预计清理费

　　　　n——预计使用年限

固定资产折旧额对固定资产原值的比值称作折旧率，其计算公式如下：

$$\eta = \frac{A}{B} \times 100\%$$

式中　η——折旧率

　　　　A——折旧额

　　　　B——固定资产原值

上述折旧额和折旧率是按每一项固定资产计算的，因而又称为个别折旧额（单项折旧额）和个别折旧率（单项折旧率），在工作实践中也可以按固定资产类别，计算分类折旧额和分类折旧率。有些食品工厂经上级主管部门批准还可以按照全厂应计提折旧的固定资产计算（综合折旧额和综合折旧率）。分类折旧率和综合折旧率，是以单项固定资产的原值和应提折旧额为基础，将各类或全厂固定资产原值和应提折旧额综合在一起计算的，其公式如下：

$$\eta_1 = \frac{\sum A}{\sum B} \times 100\%$$

式中　η_1——分类或综合折旧率

　　　　$\sum A$——同类（或全厂）固定资产折旧额之和

　　　　$\sum B$——同类（或全厂）固定资产原值之和

食品工厂企业按规定的综合折旧率计提折旧，每月应计提的折旧额按以下公式计算：

$$A_0 = B\eta_2$$

式中　A_0——月折旧额

　　　　B——应计提折旧的固定资产原值

　　　　η_2——月折旧率

在实际工作中，企业提取固定资产折旧，大多是根据企业主管部门征得同级财政部门同意，所确定的一个综合折旧率来计算的，它是本系统、本行业的一般平均折旧率，而不是根据本企业的固定资产综合折旧率计算出来的。

固定资产除采用使用年限法以外，对生产不稳定、磨损不均衡的设备，则可按工作时间或完成工作量计算折旧。例如，运输卡车可按行驶里程计算折旧，其计算公式如下：

$$A_0 = \frac{B-D+G}{S}S_1（万元）$$

式中　A_0——月折旧额，万元

　　　　B——应计提折旧的固定资产原值，万元

D——预计残值，万元

G——预计清理费，万元

S——预计行驶总里程，km

S_1——本月行使里程，km

凡是在用的固定资产（除土地外），都应计提折旧，房屋、建筑物及季节性使用（如罐头厂番茄酱在非生产期）或因大修理停用的固定资产，应和在使用时固定资产一样，照提折旧。

（2）固定资产的修理工作，按其修理规范和性质不同，可分为大修理和经常修理（又称中、小修理）两种。大修理的主要特点是：修理范围较大，修理次数较少，每次修理的间隔时间较长，费用较高。由于大修理的间隔时间较长，所需费用较高，如果把每次发生的大修理费用直接计入当期的产品成本，就会影响各期产品成本的合理负担，所以，大修理费用应采用按月提存大修基金的办法，以便把固定资产的预计全部大修理费用按照固定资产的预计使用年限，均衡地计入整个使用期的产品成本，其计算公式如下：

$$J = \frac{Hz}{Bn} \times 100\%$$

式中　J——年大修基金提存率，%

H——每次大修计划费用，万元/次

z——全部使用期间预计大修次数，次

B——固定资产原值，万元

n——预计使用年限，a

年大修基金提存额 Q 的计算：

$$Q = BJ$$

月大修基金提存率 J_1 的计算：

$$J_1 = J/12$$

月大修基金提存额 Q_1 的计算：

$$Q_1 = BJ_1$$

以上大修基金提存率是按单项固定资产计算的，在实际工作中，也可以按照固定资产类别计算的分类提存率或按全部固定资产计算的综合提存率计算，经上级主管部门批准后，可以提取大修基金。

三、效益类指标

效益类指标是指反映技术方案收益与消耗综合经济效果的指标。分为绝对经济效益指标和相对经济效益指标。

（一）绝对经济效益指标

（1）劳动生产率　反映方案实施后平均每人创造的产品数量或产值大小的指标。

$$劳动生产率 = \frac{总产值（或总产量）}{人数（工厂或全员）} \times 100\%$$

（2）材料利用率　反映生产产品时原材料利用程度大小的指标。

$$材料利用率＝\frac{有效产品中所含的原材料数量}{生产该种产品时的原材料消耗总量}×100\%$$

（3）设备利用率 反映生产过程中设备利用程度的指标。

$$设备利用率＝\frac{设备实际开动台时数}{按制度应开动的设备台时数}×100\%$$

（4）投资年产品率 反映方案实施后单位投资可创造的年产品数量或产值大小的指标。

$$投资年产品率＝\frac{产品年产量（或产值）}{投资总额}×100\%$$

（5）成本利润率 反映方案投产后单位成本支出可带来的利润大小的指标。

$$成本利润率＝\frac{净利润}{总成本}×100\%$$

（6）流动资金周转率 反映方案投产后流动资金周转状况的指标，常用流动资金周转次数和周转天数来表示。

$$流动资金周转次数＝\frac{一定时期内产品销售收入}{同一时期流动资金平均占用额}$$

$$流动资金周转天数＝\frac{一定时期的天数}{同期周转次数}$$

（7）投资利润率 是反映企业投产后所获得纯利润高低的一个重要指标。

$$投资利润率＝\frac{年净利润}{总投资}×100\%$$

（8）投资利税率 是反映方案投产后单位投资所能产生的利税大小的指标，投资利税率越大，说明投资效果越好。

$$投资利税率＝\frac{年净利润＋税金}{总投资}×100\%$$

投资利税率和投资利润率，都是综合反映投资经济效果的重要指标，但投资利税率比投资利润率要高得多，在基本建设项目的投资从无偿拨款改为贷款制度后，只有当投资效果系数和投资利润率大于贷款利率时，才是合理的。不然，工程投产后所获得的利润还不够偿还投资应付的利息。

（9）投资回收期 年净收益回收总投资所需的时间（一般以年为单位）。

（10）净现值 按标准贴现率（基准收益率），将方案分析期内各年的收益与支出折算到基准年的现值的代数和。

（11）净现值率 反映方案每单位投资的现值所"创造"的净现值收益大小的指标。

$$净现值率＝\frac{净现值}{总投资现值}×100\%$$

（12）内部收益率 方案分析期内各年收益与支出的现值的代数和等于零时的贴现率。

（二）相对经济效益指标

$$相对投资效益系数＝\frac{两方案经营费用之差额（节约额）}{两方案基建投资之差额（追加投资）}（越大越好）$$

含义：单位数量（1元）的追加投资，每年可获得的经营费用的节约量。

$$追加投资回收期＝\frac{两方案基建投资之差额（追加投资）}{两方案经营费用之差额（节约额）}（越小越好）$$

含义：节约1元的经营费用，需要追加的基建投资的数额。

259

第四节　税收与税金

(1) 税收　税收是国家为实现其管理职能，满足其财政支出的需要，依法对有纳税义务的组织和个人征收的预算缴款，具有强制性、无偿性和固定性。

(2) 税金　税金是指纳税义务人依法缴纳的这部分款项。

(3) 纳税义务人（纳税人或课税主体）　纳税义务人是指税法规定的直接负有纳税义务的单位和个人，包括自然人和法人。

(4) 纳税对象（课税客体）　纳税对象是指税法规定的征税的标的物，即征税的客观对象。

(5) 税率　税率是指税法规定的所纳税款与应纳税额之比。

我国目前的工商税制分为流转税（增值税、营业税、消费税），资源税（开发矿产品和生产盐），收益税（所得税），财产税（土地增值税、房产税和遗产赠予税），特定行为税（城乡维护建设税、印花税、证券交易税、车船使用税、固定资产投资方向调节税）等几类。其中与技术方案经济性评价有关的主要税种有：从销售收入中扣除的增值税、营业税、资源税、城市维护建设税和教育费附加；计入总成本费用的房产税、土地使用税、车船使用税、印花税等；计入固定资产总投资的固定资产投资方向调节税；以及从利润中扣除的所得税等。

一、增　值　税

增值税是以商品生产或劳务等各种环节的增值额为征税对象而征收的一种流转税，其纳税人为在中国境内销售货物或者提供加工、修理、修配劳务以及进口货物的单位和个人。

1. 增值税税率

(1) 纳税人销售或者进口货物，除以下第（2）、第（3）项规定外，税率为17%。

基本税率（17%）适用于除以上列出货物之外的情况。

(2) 纳税人销售或者进口下列货物，税率为13%：① 粮食、食用植物油；② 自来水、暖气、冷气热水、煤气、石油液化气、天然气、沼气、居民用煤炭制品；③ 图书、报纸、杂志；④ 饲料、化肥、农药、农机、农膜；⑤ 国务院规定的其他货物。

(3) 纳税人出口货物，税率为零；但是，国务院另有规定的除外。

(4) 纳税人提供加工，修理修配劳务（简称应税劳务），税率为17%。

2. 增值税的计算

增值税的计算我国目前统一采用税款抵扣法，应纳税额计算公式：

$$应纳税额＝当期销项税额－当期进项税额$$

销项税额是按照销售额和规定税率计算并向购买方收取的增值税额。必须采用增值税专用发票，货款和应负担的增值税分开注明。

$$销项税额＝销售额×适用的增值税率$$

进项税额是指纳税人购进货物或者应税劳务所支付或负担的增值税。根据税法规定，企业准予从销项税额中抵扣的进项税额只能从以下三个方面计算取得。

（1）从销售方取得的增值税专用发票上注明的增值税额；

（2）从海关取得的完税凭证上注明的增值税额；

（3）购进免税农业产品准予抵扣的进项税额，按照买价×10%的扣除率计算（我国增值税条例规定，农业生产者销售自产的农产品免征增值税，因此在向农业生产者购买农产品时不能索取增值税专用发票。但农业生产在消耗化肥、农药等已缴纳过增值税的货物的同时，也负担了部分增值税。为了避免重复征税，对农产品的增值税同样需要扣除，我国将农产品的增值税扣除率定为10%）。

对小规模纳税人（年应征销售额＜100万元），实行简易办法计算应纳税额，实行按销售收入全额及规定的征收率（6%）计算增值税。即：

$$应缴税额＝销售总额×征收税率（6\%）$$

【例1】　某罐头食品厂上月初进项税余额2万元，本月购进鲜鱼一批，买价30万元；购进白糖一批，取得增值税专用发票：20万元＋3.4万元（增值税）；罐头瓶5万只，取得增值税专用发票：5万元＋1万元（增值税）。本月向市食品公司销售罐头2万箱，价款60万元＋10.2万元（增值税），向个体户批发5000箱，价款和增值税混合收取15万元。要求计算该厂本月应缴增值税额。

【解】　本月可抵扣的进项税＝20000＋300000×10%＋34000＝84000（元）

$$本月销项税＝102000＋\frac{150000}{1＋17\%}×17\%＝123794.87（元）$$

$$本月应缴增值税额＝当期销项税额－当期进项税额$$
$$＝123794.87－84000＝39794.87（元）$$

说明：① 鲜鱼属农业生产者自产自销，适用扣除税率10%；

② 玻璃瓶的增值税＝5×17%＝0.85，发票出错，按税法规定不得抵扣；

③ 对于不能使用增值税专用发票的用户，按货款和应负担的增值税的合计数填开普通发票，销项税＝$\frac{含税销售额}{1＋税率}×税率$。

二、营　业　税

营业税是对在我国境内提供应税劳务、转让无形资产或者销售不动产的单位和个人，就其营业额征收的一种税。凡在我国境内从事交通运输、建筑业、金融保险业、邮电通信业、文化体育业、娱乐业、服务业、转让无形资产和销售不动产等业务，都属于营业税的征收范围。

适用税率：娱乐业5%～20%，金融保险、服务业、转让无形资产和销售不动产的税率为5%，其余均为3%。计算公式：

$$应纳营业税税额＝营业额×适用税率$$

三、资　源　税

资源税是对在我国境内从事开采应税矿产品和生产盐的单位和个人，因资源条件差异而形成的级差收入征收的一种税。资源税实行从量定额征收的办法。计算公式：

$$应纳资源税税额＝课税数量×适用单位税额$$

课税数量是指纳税人开采或生产应税产品的销售数量或自用数量。单位税额根据开采或生产应税产品的资源状况而定，具体按《资源税税目税额幅度表》执行。

四、企业所得税

1. 企业所得税

企业所得税是对我国境内企业（不包括外资企业）的生产经营所得和其他所得征收的一种税。

不论国营企业、集体企业、私人企业统一实行 33% 的税率，同时实行两档优惠税率：18%（适用于年应税额＜3 万）和 27%（适用于年应税额 3 万～10 万）。计算公式（制造业）：

$$应缴所得税＝应纳税所得额×税率$$
$$应纳税所得额＝利润总额±税收调整项目金额$$
$$利润总额＝产品销售利润＋其他业务利润＋投资净收益＋营业外收入－营业外支出$$
$$产品销售利润＝产品销售净额－产品销售成本－产品销售税金及附加－$$
$$销售费用－管理费用－财务费用$$

2. 涉外企业所得税

涉外企业所得税是对外商投资企业和外国企业在我国境内设立的机构、场所所取得的生产经营所得征收的一种税，税率 33%。

对外国企业在我国境内未设立的机构、场所而取得的来源于中国境内的利润、利息、租金、特许权使用费等，税率 20%。

对于涉外企业，还包括了许多税收优惠措施条款，主要包括减低税率、定期减免税、再投资退税、预提所得税的减免等内容。

五、城乡维护建设税

城乡维护建设税是对一切有经营收入的单位和个人，就其经营收入征收的一种税。其收入专用于城乡公用事业和公共设施的维护建设。城市维护建设税以纳税人实际缴纳的产品税、增值税、营业税税额为计税依据，分别与产品税、增值税、营业税同时缴纳。

城市维护建设税实行的是地区差别税率，按照纳税人所在地的不同，税率分别规定为 7%、5%、1% 三个档次。具体适用范围如下：纳税人所在地在市区的，税率为 7%；纳税人所在地在县城、镇的，税率为 5%；纳税人所在地不在市区，县城或镇的，税率为 1%。

六、教育费附加

教育费附加是向缴纳增值税、消费税、营业税的单位和个人征收的一种费用，是以实际缴纳的上述三种税的税额为附征依据，教育费附加率为 3%。

七、固定资产投资方向调节税

固定资产投资方向调节税是对在我国境内从事固定资产投资行为的单位和个人（不

包括外资企业）征收的一种税。

固定资产投资方向调节税的计税依据为固定资产投资项目实际完成的投资额，包括建筑安装工程投资、设备投资、其他投资、转出投资、待摊投资和应核销投资。

固定资产投资方向调节税设置了如下差别比例税率。

0：国家急需发展的基建或技改项目；

5%：国家鼓励发展但受能源交通等制约的基建项目；

10%、15%：一般的产业产品建设项目、一般的更新改造项目；

30%：对楼堂馆所以及国家严格限制发展的基建项目。

第五节　技术方案经济效果的计算与评价方法

技术经济分析中应用最普遍的是方案比较法，也称对比分析法，它是通过一组能从各方面说明方案技术经济效果的指标体系，对实现同一目标的几个不同技术方案，进行计算、分析和比较，然后选出最优方案。

经济效果评价的指标和具体方法是多种多样的，它们从不同角度反映工程技术方案的经济性。这些方法总的可分为两大类：确定性分析方法和不确定性分析方法。

确定性分析方法主要有：现值法、年值法、投资回收期法、投资利润率法、投资收益率法等。

不确定性分析方法主要有：盈亏平衡分析、敏感性分析和风险分析等。

基于是否考虑资金的时间价值，投资效果评价方法又可分为静态分析法（不考虑资金、时间、价值因素）和动态分析法（考虑资金、时间、价值因素）。

一、技术方案的确定性分析

（一）投资回收期法

投资回收期法也称偿还年限法，是指投资回收的期限，也就是用投资方案所产生的净现金收入回收初始全部投资所需的时间。一般以年为单位，是反映项目财务上偿还总投资的能力和资金周转速度的综合性指标。对于投资者来讲，投资回收期越短越好，以减少投资风险。

如前所述，根据是否考虑资金的时间价值，可分为静态投资回收期和动态投资回收期。

1. 静态投资回收期

$$\sum_{t=0}^{T} (CI-CO)_t = 0$$

特例：当投资为一次性投资，每年净收益相同时，$T = \dfrac{K}{R}$

式中　　　T——静态投资回收期

　　　　　K——项目总投资

　　　　　R——年净收益

（CI－CO）$_t$——第 t 年的净收益（即该年的收入－支出）

除特例外，投资回收期通常用列表法求得。现举例如下。

【例 2】

表 9-1　　　　　　　　　××食品厂某项目的投资及回收情况　　　　　　单位：万元

项目 ＼ 年份	0	1	2	3	4	5	6
总投资	6000	4000					
净现金收入			3000	3500	5000	4500	4500
累计净现金流量	－6000	－10000	－7000	－3500	1500	6000	10500

从表 9-1 可见，静态投资回收期在 3～4 年之间，实用的计算公式为：

$$T=\left(\begin{array}{c}累计净现金流量开始\\出现正值的年份数\end{array}\right)-1+\frac{|上年累计净现金流量|}{当年净现金流量}$$

$$T=3+\frac{3500}{5000}=3.7 \text{（年）}$$

2. 动态投资回收期

动态投资回收期 T_p 的计算公式，应满足

$$\sum_{t=0}^{T_p}(CI-CO)_t(1+i_0)^{-t}=0$$

式中　　T_p——动态投资回收期

（CI－CO）$_t$——第 t 年的净收益（即该年的收入－支出）

i_0——折现率，对于方案的财务评价，i_0 取行业的基准收益率；对于方案的国民经济评价，i_0 取社会折现率

T_p 的计算也常采用列表计算法。例如，按表 9-1 的数据，i_0 取 10%，则动态投资回收期的计算见表 9-2。

表 9-2　　　　　　　××食品厂某项目的累计净现金流量折现值　　　　　　单位：万元

项目 ＼ 年份	0	1	2	3	4	5	6
（1）现金流入			5000	6000	8000	8000	7500
（2）现金流出	6000	4000	2000	2500	3000	3500	3500
（3）净现金流量 ［（1）－（2）］	－6000	－4000	3000	3500	5000	4500	4000
（4）累计净现金流量	－6000	－10000	－7000	－3500	1500	6000	10000
（5）折现系数（P/F, i, t）（i=10%）	1	0.9091	0.8264	0.7513	0.6830	0.6209	0.5645
（6）净现金流量现值 ［（3）×（5）］	－6000	－3636	2479	2630	3415	2794	2258
（7）累计净现金流量现值	－6000	－9636	－7157	－4527	－1112	1682	3940

计算动态投资回收期的实用公式

$$T_p = \left(\begin{array}{c} \text{累计净现金流量现值} \\ \text{开始出现正值的年份数} \end{array} \right) - 1 + \frac{|\text{上年累计净现金流量现值}|}{\text{当年净现金流量现值}}$$

$$T_p = 5 - 1 + \frac{|-1112|}{2794} = 4.4 \text{（年）}$$

采用投资回收期进行单方案评价时，应将计算的投资回收期 T_p 与部门或行业的基准投资回收期 T_a 进行比较，要求投资回收期 $T \leqslant T_a$ 才认为该方案是合理的。

投资回收期指标直观、简单，表明投资需要多少年才能收回，便于为投资者衡量风险。尤其是静态投资回收期，是我国实际工作中应用最多的一种静态分析法，但它不反映时间因素，不如动态分析法来得精确。但投资回收期指标最大的局限性是没有反映投资回收期以后方案的情况，因而不能全面反映项目在整个寿命期内真实的经济效果。所以投资回收期一般用于粗略评价，需要和其他指标结合使用。

3. 追加投资回收期

当投资回收期指标用于评价两个或两个以上方案的优劣时，通常采用追加投资回收期（又称增量投资回收期）。这是一个相对的投资效果指标，是指一个方案比另一个方案所追加（多花的）的投资，用两个方案年成本费用的节约额去补偿所需的时间（年）。

$$\Delta T = \frac{K_1 - K_2}{C_2 - C_1}$$

式中 ΔT——追加投资回收期

K_1、K_2——分别为甲乙两方案的投资额

C_1、C_2——分别为甲乙两方案的年成本额

【例 3】 甲方案投资 3000 万元，年成本 1000 万元，乙方案投资 2200 万元，年成本 1200 万元，则追加投资回收期为：

$$\Delta T = \frac{3000 - 2200}{1200 - 1000} = 4 \text{（年）}$$

所求得的追加投资回收期 ΔT，必须与国家或部门所规定的标准投资回收期 T_a 进行比较。若 $\Delta T \leqslant T_a$，则投资大的方案优，即能在标准的时间内由节约的成本回收增加的投资；反之，$\Delta T > T_a$，则应选取投资小的方案。

（二）现值法

现值法是将方案的各年收益、费用或净现金流量，按要求的折现率折算到期初的现值，并根据现值之和（或年值）来评价、选优的方法。现值法是动态的评价方法。

1. 净现值（Net Present Value，简称 NPV）

净现值是指方案在寿命期内各年的净现金流量 $(CI-CO)_t$，按照一定的折现率 i_0（或称目标收益率，作为贴现率），逐年分别折算（即贴现）到基准年（即项目起始时间，也就是指第零年）所得的现值之和。净现值的计算公式如下：

$$NPV = \sum_{t=0}^{n} [(CI-CO)_t a_t]$$

式中 $(CI-CO)_t$——第 t 年的净现金流量

n——方案的寿命年限

i_0——基准折现率（或基准收益率）

a_t——第 t 年的贴现系数

净现值是反映项目方案在计算期内获利能力的综合性指标。

用净现值指标评价单个方案的准则是：若净现值为正值，表示投资不仅能得到符合预定标准投资收益率的利益，而且还得到正值差额的现值利益，则该项目是可取的。若净现值为零值，表示投资正好能得到符合预定的标准投资收益率的利益，则该项目也是可行的。若净现值为负值，表示投资达不到预定的标准投资收益率的利益，则该项目是不可取的。

净现金流量就是每年的现金流出量（包括投资、产品成本、利息支出、税金等）和现金流入量（主要是销售收入）的差额。凡流入量超过流出量的，用正值表示；凡流出量超过流入量的，用负值表示。

贴现系数，根据所采用的贴现率（即标准投资收益率），按下式求得：

$a_t = (1+i_0)^{-t}$，也可用符号 $(P/F, i_0, t)$ 表示，可以查复利系数表（见技术经济学类书籍附录）得到。

【例 4】 ××食品工厂建设项目投资 1660 万元，流动资金 400 万元（即总投资 $\sum K = 1660 + 400 = 2060$ 万元）。建设期为 2 年，第 3 年投产，第 6 年达到正常生产能力。免税期为 5 年（即第 3 年至第 7 年）。项目的有效使用期为 10 年。则贴现年数为 12 年，假定采用的贴现率为 15%，则各年的贴现系数依次为：$a_1 = (1+0.15)^{-1} = 0.8696$；$a_2 = (1+0.15)^{-2} = 0.7561 \cdots$；$a_{12} = (1+0.15)^{-12} = 0.1869$。

每年的净现金流量和净现金值的计算结果如表 9-3。

表 9-3　　　　　　　　　　　净现值计算表　　　　　　　　　　单位：万元

年份		现金流入量	现金流出量	净现金流量	贴现系数 a_t ($i_0 = 15\%$)	净现值
		①	②	③=①-②		④=③×a_t
建设期	1	0	−660	−660	0.8696	−574
	2	0	−1000	−1000	0.7561	−756
生产期	3	1375	−1482	−107	0.6575	−70
	4	1875	−1524	351	0.5718	200
	5	2000	−1552	448	0.4972	222
	6	2500	−1846	654	0.4323	282
	7	2500	−1800	700	0.3759	263
	8	2500	−2272	228	0.3269	74
	9	2500	−2072	428	0.2843	121
	10	2500	−2072	428	0.2472	106
	11	2500	−2072	428	0.2149	92
	12	3200	−2072	1128	0.1869	211
合计		23450	−20424	3026		NPV=171

注：第 12 年现金流入量中包括最终一年的余值 700 万元，其中，流动资金 400 万元，土地 60 万元，房屋建筑 240 万元。

以上结果表明：NPV＝171万元＞0，表明该项目的投资不仅能得到预定的标准投资收益率（即贴现率15%）的利益，而且还得到了171万元的现值利益，故该项目是可行的。

2. 净年值（Net Annual Value，简称 NAV）

经济分析时，如果所有备选方案寿命相同，可用现值法直接比较；若各方案寿命期不等，用现值法需确定一个共同的计算期，比较复杂，而使用年值法则比较简单。

年值法是与净现值指标相类似的，它是通过资金等值计算，将项目的净现值分摊到寿命期内各年的等额年值。其表达式为：

$$NAV = NPV(A/P, i_0, n) = \sum_{t=0}^{n} \left[(CI-CO)_t (1+i_0)^{-t} (A/P, i_0, n) \right]$$

由于 $(A/P, i_0, n) > 0$，若 $NPV \geq 0$，则 $NAV \geq 0$，方案在经济上可行；若 $NPV < 0$，则 $NAV < 0$，方案在经济上应予否定。因此，对于某一特定项目而言，净现值与净年值的评价结果是等价的。

3. 净现值率（Net Present Value Rate，简称 NPVR）

净现值率表示方案的净现值与投资现值的百分比，即单位投资产生的净现值，是一种效益型指标，其经济涵义是单位投资现值所能带来的净现值。净现值率越高，说明方案的投资效果越好。计算如下：

$$NPVR = \frac{净现值}{总投资现值} = \frac{NPV}{I_P}$$

净现值用于多方案比较时，没有考虑各方案投资额的大小，不直接反映资金的利用率，而 NPVR 能够反映项目资金的利用效率。净现值法趋向于投资大、盈利大的方案，而净现值率趋向于资金利用率高的方案。

（三）内部收益率法

净现值方法的优点是考虑了整个项目的使用期和资金的时间价值，缺点是预定的标准投资收益（即预定的贴现率）难于确定，而且，净现值仅仅说明大于、小于或等于设定的投资收益率，并没有求得项目实际达到的盈利率。内部收益率法（Internal Rate of Return，简称 IRR）则不需要事先给定折现率，它求出的是项目实际能达到的投资效率（即内部收益率）。因此，在所有的经济评价指标中，内部收益率是最重要的评价指标之一。

内部收益率，即项目的总收益现值等于总支出现值时的折现率，或者说，净现值等于零时的折现率。可见内部收益率反映了项目总投资支出的实际盈利率。在图 9-1 中，随着折现率的不断增大，净现值不断减小，当折现率取 i^* 时，净现值为零。此时的折现率 i^* 即为内部收益率。内部收益率的计算方法：

内部收益率的求解方程：

$$NPV = \sum_{t=0}^{n} \left[(CI-CO)_t (1+IRR)^{-t} \right] = 0$$

上式是一个高次方程，不易直接求解，常用"试算内插法"求 IRR 的近似解。其原理如图 9-2。

从图 9-2 上可以看出，IRR 在 i_1 和 i_2 之间，用 i 近似代替 IRR，当 i_2 和 i_1 之间的距离足够近时，可以达到要求的精度。

$$IRR = i_1 + x = i_1 + \frac{NPV_1}{NPV_1 + |NPV_2|}(i_2 - i_1)$$

具体计算步骤如下。

（1）选取初始试算折现率，一般先取行业的基准收益率作为第一个试算 i，计算对应的净现值 NPV_1，

（2）若 $NPV_1 \neq 0$，则根据 NPV_1 是否大于零，再试算 i_2，一直试算至两个相邻的 i_1、i_2 对应 NPV 一正一负时，则表明内部收益率就在这两个贴现率之间。

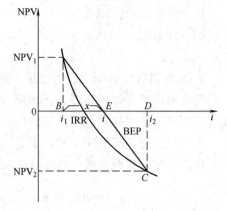

图 9-2　试算内插法求 IRR 图解

（3）用线性插入法，求得 IRR 的近似解：

$$IRR = i_1 + \frac{NPV_1}{NPV_1 + |NPV_2|}(i_2 - i_1)$$

（4）近似值与真实值的误差取决于 $(i_2 - i_1)$ 的大小，一般控制在 $|i_2 - i_1| \leqslant 0.05$ 可以达到要求的精度。

设基准收益率为 i_0，用内部收益率指标 IRR 评价单个方案的判别准则为：

若 $IRR \geqslant i_0$，则项目在经济上可行；

若 $IRR < i_0$，则项目在经济上不可行。

一般情况下，当 $IRR > i_0$ 时，会有 $NPV(i_0) \geqslant 0$，反之，当 $IRR < i_0$ 时，会有 $NPV(i_0) \leqslant 0$。因此，对于单个方案的评价，内部收益率准则与净现值的评价结论是一致的。

【例 5】　仍按例 4 的数据进行内部收益率的具体计算。

（1）先确定第一个试算折现率进行试算　假定基准投资收益率为 15%，则取 $i_1 = $ 15%，经试算结果偏小（$NPV_1 = 171 > 0$）；因为 $|i_2 - i_1| \leqslant 0.05$ 可以达到要求的精度，所以再取贴现率 18% 进行试算，得 $NPV_2 = -42 < 0$，说明贴现率 17% 偏大，可见所求的内部收益率在 15% 与 18% 之间（表 9-4）。

表 9-4　　　　　　　　　　　相邻贴现率净现值比较表

年份	净现金流量/万元	$i = 15\%$		$i = 18\%$	
		贴现系数	净现值/万元	贴现系数	净现值/万元
	①	②	③=①×②	④	⑤=①×④
1	−660	0.8696	−574	0.847	−559
2	−1000	0.7561	−756	0.718	−718
3	−107	0.6575	−70	0.609	−65
4	351	0.5718	200	0.516	181

续表

年份	净现金流量/万元	$i=15\%$		$i=18\%$	
		贴现系数	净现值/万元	贴现系数	净现值/万元
	①	②	③=①×②	④	⑤=①×④
5	448	0.4972	222	0.437	196
6	654	0.4323	282	0.370	242
7	700	0.3759	263	0.314	220
8	228	0.3269	74	0.266	60
9	428	0.2843	121	0.225	96
10	428	0.2472	106	0.191	82
11	428	0.2149	92	0.162	69
12	1128	0.1869	211	0.137	154
NPV			171		−42

（2）用线性插入法求得确切的内部收益率

$$\text{IRR}\approx 15\%+\frac{171}{171+\lvert -42 \rvert}\times(18\%-15\%)=17.4\%$$

假如标准投资收益率为15%，而本项目的内部收益率为17.4%，说明本项目的投资能获得高于标准投资收益率的盈利率，则该项目在经济上是可取的，假如有几个方案作比较，则应选取内部收益率最高的方案。

综上所述，分析建设项目投资经济效果的几种方法各有其着重点，回收期法着重分析收回投资的能力和速度；净现值法和内部收益率法着重分析投资于这个项目所得的效益，是否高于一般标准投资收益率或市场一般利率。

二、技术方案的不确定性分析

事先对技术方案的费用、收益及效益进行计算，具有预测的性质。任何预测与估算都具有不确定性。这种不确定性包括两个方面：一是指影响工程方案经济效果的各种因素（如各种价格）的未来变化带有不确定性；二是指测算工程方案现金流量时各种数据由于缺乏足够的信息或测算方法上的误差，使得方案经济效果评价指标值带有不确定性。不确定性的直接后果是使方案经济效果的实际值与评价值相偏离，从而按评价值做出的经济决策带有风险。不确定性分析主要就是对上述这些不确定性因素对方案经济效果的影响程度以及方案本身的承受能力进行分析。常用的方法有盈亏平衡分析、敏感性分析等。下面主要介绍盈亏平衡分析法。

（一）盈亏平衡分析法

盈亏平衡分析法是指项目从经营保本的角度来预测投资风险性。依据决策方案中反映的产（销）量、成本和盈利之间的相互关系，找出方案盈利和亏损在产量、单价、成本等方面的临界点，以判断不确定性因素对方案经济效果的影响程度，说明方案实施的风险大小。这个临界点被称为盈亏平衡点（Break Even Point，简称 BEP）。

1. 盈亏平衡分析的前提

（1）成本可划分成固定成本和变动成本，单位变动成本和总固定成本的水平在计算期内保持不变；

（2）产品产量等于销量；

（3）仅是单纯产量因素变动，其他诸如技术水平、管理水平、单价、税率等因素不变。

2. 盈亏平衡点（BEP）的确定

（1）BEP 可以有多种表达，一般是从销售收入等于总成本费用及盈亏平衡方程式中导出。

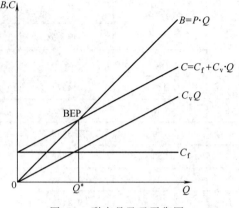

图 9-3　联产品盈亏平衡图

$$B = P \cdot Q = C + S$$

$$C = C_f + C_v \cdot Q$$

式中　B——税后销售收入（从企业角度）

　　　P——单位产品价格（完税价格）

　　　Q——产品销量

　　　C——产品总成本

　　　C_f——固定成本

　　　C_v——单位产品变动成本

　　　S——利润

　　　Q^*——盈亏平衡点的产量

当盈亏平衡时，则有：

$$P \cdot Q^* = C_f + C_v \cdot Q^*$$

即盈亏平衡点产量　　　　　　　$$Q^* = \frac{C_f}{P - C_v}$$

（2）也可直接用图解法

$$\begin{cases} C = C_f + C_v \cdot Q \\ B = P \cdot Q \end{cases}$$

若项目设计生产能力为 Q_0，BEP 也可以用生产能力利用率 E 来表达，即

$$E = \frac{Q^*}{Q_0} \times 100\% = \frac{C_f}{(P - C_v) \cdot Q_0} \times 100\%$$

E 越小，即 BEP 越低，则项目盈利的可能性较大。

如果按设计生产能力进行生产和销售，BEP 还可以由盈亏平衡价格来表达

$$P^* = \frac{C_f}{Q} + C_v$$

【例 6】　曾有某工程项目拟设计以脱脂乳粉为原料生产酪蛋白酸钠，其产量为 1000t/年，联产品异构乳糖 1000t/年。单位产品售价 7.36 万元/t 和 3.5 万元/t（含税），总固定成本 1557.63 万元，单位变动成本 5.06 万元/t，增值税 283.3 万元/年。要求对该方案进行盈亏平衡分析。

【解】

$$Q^* = \frac{C_f}{P - C_v} = \frac{1557.63}{(10.86 - 0.28) - 5.06} = \frac{1557.63}{5.52} = 282.2 \text{t/年}$$

$$E = \frac{Q^*}{Q_0} \times 100\% = \frac{282.2}{1000} \times 100\% = 28.2\%$$

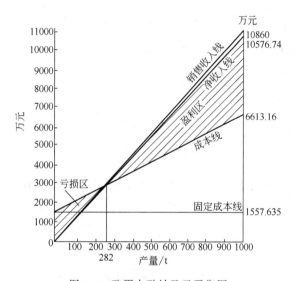

图 9-4　酪蛋白酸钠盈亏平衡图

同样，也可由图解法得到盈亏平衡点。

由计算结果可知，该方案的生产能力利用率为 28.2%，说明项目盈利的可能性较大。

（二）敏感性分析法

盈亏平衡分析法是通过盈亏平衡点 BEP 来分析不确定性因素对方案经济效果的影响程度。敏感性分析法则是分析各种不确定因素变化一定幅度时，对方案经济效果的影响程度。把不确定性因素中对方案经济效果影响程度较大的因素，称为敏感性因素。通过敏感性分析，预测方案的稳定程度及适应性强弱，事先把握敏感性因素，提早制定措施，进行预防控制。

敏感性分析可以分为单因素敏感性分析和多因素敏感性分析。单因素敏感性分析 是假定只有一个不确定性因素发生变化，其他因素不变。多因素敏感性分析则是不确定性因素两个或多个同时变化。

一般来说，敏感性分析是在确定性分析的基础上，进一步分析不确定性因素变化对方案经济效果的影响程度。它可应用于评价方案经济效果的各种指标分析。下面结合实例，以盈亏平衡点等相关指标为例说明敏感性分析的具体步骤。

【例 7】　仍按例 6 的数据进行敏感性分析。

【解】　不确定性因素有很多，与盈亏平衡点计算有关的产品成本（包括固定成本和变动成本）、产品售价等的波动都会对盈亏平衡点产生影响。

（1）固定成本上升 10%时对盈亏平衡点的影响。

$$Q^* = \frac{1557.63(1+10\%)}{(10.86-0.28)-5.06} = 310.4(\text{t/年})$$

（2）单位产品变动成本上升对盈亏平衡点的影响。

构成变动成本的原材料和燃料动力等经常会有波动，本方案中酪蛋白酸钠和异构乳糖是以脱脂奶粉为主要原料生产的，目前的问题是脱脂奶粉价格上升幅度较大，另外，水电价格也在上升，因此，假定以单位产品变动成本上升 30%计。

$$Q^* = \frac{1557.63}{(10.86-0.28)-5.06(1+30\%)} = 389.4 \ (\text{t/年})$$

（3）产品售价下降 10%对盈亏平衡点的影响。

$$Q^* = \frac{1557.63}{[10.86(1-10\%)-0.28]-5.06} = 351.6(\text{t/年})$$

（4）当以上三因素同时发生时对盈亏平衡点的影响。

$$Q^* = \frac{1557.63(1+10\%)}{[10.86(1-10\%)-0.28]-5.06(1+30\%)} = 588.8(\text{t/年})$$

通过以上盈亏平衡点的单因素和多因素敏感性分析可以看出，这些不确定因素形成的盈亏平衡点均在年产 1000t 联产品的范围之内，可见项目具有承受较大风险的能力。

第六节　设计方案的选择

设计方案经过技术经济分析后，就进入决策阶段。所谓决策，就是在各个方案中选择最佳方案。为避免在决策中发生重大的、根本性的错误，我们必须先对方案进行综合分析，而后再根据一定的原则进行。

一、方案的综合分析

方案的综合分析，就是将每个方案在技术上、经济上的各种指标、优缺点全面列出，以作为方案评价和选择时的分析依据。方案的综合分析一般包括以下内容。

（1）列出每个方案具体计算好的各项经济效果指标，并对这些指标进行分析。任何一个技术方案，它的投资效果系数和投资利润率都应高于国家或部门规定的标准数据。若项目的投资是在有偿使用的条件下，投资效果系数和投资利润率一定要高于银行贷款的利率，否则，在项目建成后，连利息都付不起，这样的项目是不能投资和建设的。

（2）列出各个方案的总投资、单位投资和投资的产品率，并分析投资的构成和投资高低的原因，提出降低投资的方向和具体措施。在分析投资时，特别要注意结合项目技术特点，严格分清项目分期建设及逐年所需的投资额，避免投资积压，尽量提高投资的使用效果。

（3）列出和分析每个方案投产后的产品成本，分析成本的构成和影响因素，提出降低成本的原则和主要途径。

（4）列出和分析每个方案投产后的产品数量和质量，指出这些产品投产后对发展食品工业提高人民生活水平和发展农业的意义，特别是出口产品，要指明在国际上的竞争能力。

（5）分析各方案投产后的劳动生产率，在国内和国际上与同类企业相比是属高的还是属低的，原因何在，如何提高等。

（6）分析每个方案采用了哪些先进技术，它们的水平和成熟程度如何，这些先进技术对提高产品质量和劳动生产率有什么影响，经济效益如何。

（7）列出和分析每个方案在消耗重要物资材料和占有农田方面的情况，指出采用了哪些措施。

（8）分析每个方案的建设周期，提出保证工程质量、缩短工期的措施。

（9）分析项目的"三废"处理情况。

在进行每个方案的综合分析时，要有科学态度、有叙述、有评论，为正确合理地选择方案提供依据。

二、方案选择的原则

正确、合理地选择方案，就会给人民生活水平的提高，促进农业生产的发展和地区、企业的经济繁荣奠定扎实基础，而方案选择又是一件非常困难和复杂的事。一般在选择时，面对的各个方案，常常是互相矛盾、各有长短，造成优劣难分。为做好方案的决策工作，我们应根据项目特点，遵循下列原则，综合考虑，选出最佳方案。

（1）食品工厂建设方案的选择，在有充足的原料和市场需求的前提下，再考虑经济效果。

（2）方案的选择要符合国情和地区实际情况，例如，根据我国能源紧张和劳动力比较富裕的国情特点，在选择进口先进设备时就要具体分析，切勿盲目引进，给国家、地方或企业造成不必要的经济损失。

（3）方案的选择要与方案的实施相结合，选择的方案虽经济效果最好，如实施有困难，则仍是纸上谈兵的效果。所以，在方案选择时，不可忽视方案实施的可能性。

（4）方案选择时要多听不同意见，尽量避免片面性，使方案选择更为合理。这样，当食品工厂投产后，就可获得较好的经济效益和社会效益。

思考题

1. 工程项目技术经济分析的主要内容一般包括哪几个方面？
2. 图示并简述技术经济评价基本程序。
3. 技术经济分析指标体系可分为哪三类？
4. 简述收益类指标所包含的所有名词术语及其全部内容。
5. 简述消耗类指标所包含的所有名词术语及其全部内容。

6. 简述效益类指标所包含的所有名词术语及其全部内容。

7. 税收、税金、纳税义务人、纳税对象、税率等名词术语的定义。

8. 增值税、营业税、资源税、企业所得税、涉外企业所得税、城乡维护建设税、教育费附加、固定资产投资方向调节税等名词术语的定义。

9. 简述投资回收期法。

10. 简述静态投资回收期的定义。

11. 简述动态投资回收期的定义。

12. 简述追加投资回收期的定义。

13. 什么是现值法？

14. 简述净现值的定义。

15. 简述净年值的定义。

16. 简述净现值率的定义。

17. 简述内部收益率法的定义。

18. 简述内部收益率的定义。

19. 简述盈亏平衡分析法的定义。

20. 简述盈亏平衡分析的前提。

21. 简述敏感性分析法的定义。

22. 方案的综合分析一般包括哪些内容？

23. 根据项目特点，选择最佳方案的原则包括哪些内容？

附　表

附表一　中国主要城市各月平均气温

单位：℃

地　名	月　份											
	1	2	3	4	5	6	7	8	9	10	11	12
北京	−4.6	−2.2	4.5	13.1	19.8	24.0	25.8	24.4	19.4	12.4	4.1	−2.7
天津	−4.0	−1.6	5.0	13.2	20.0	24.1	26.4	25.5	20.8	13.6	5.2	−1.6
石家庄	−2.9	−0.4	6.6	14.6	20.9	23.6	26.6	25.0	20.3	13.7	5.7	−0.9
太原	−6.6	−3.1	3.7	11.4	17.7	21.7	23.5	21.8	16.1	9.9	2.1	−4.9
呼和浩特	−13.1	−9.0	−0.3	7.9	15.3	20.1	21.9	20.1	13.8	6.5	−2.7	−11.0
沈阳	−12.0	−8.4	0.1	9.3	16.9	21.5	24.6	23.5	17.2	9.4	0.0	−8.5
长春	−16.4	−12.7	−3.5	6.7	15.0	20.1	23.0	21.3	15.0	6.8	−3.8	−12.8
哈尔滨	−19.4	−15.4	−4.8	6.0	14.3	20.0	22.8	21.1	14.4	5.6	−5.7	−15.6
上海	3.5	4.6	8.3	14.0	18.8	23.3	27.8	27.7	23.6	18.0	12.3	6.2
南京	2.0	3.8	8.4	14.8	19.9	24.5	28.0	27.8	22.7	16.9	10.5	4.4
杭州	3.8	5.1	9.3	15.4	20.0	24.3	28.6	28.0	23.3	17.7	12.1	6.3
合肥	2.1	4.2	9.2	15.5	20.6	25.0	28.3	28.0	22.9	17.0	10.6	4.5
福州	10.5	10.7	13.4	18.1	22.1	25.5	28.8	28.2	26.0	21.7	17.5	13.1
南昌	5.0	6.4	10.9	17.1	21.8	25.7	29.6	29.2	24.8	19.1	13.1	7.5
济南	−1.4	1.1	7.6	15.2	21.8	26.3	27.4	26.2	21.7	15.8	7.9	1.1
台北	14.8	15.4	17.5	21.5	24.5	26.6	28.6	28.3	26.8	23.6	20.3	17.1
郑州	−0.3	2.2	7.8	14.9	21.0	26.2	27.3	25.8	20.9	15.1	7.8	1.7
武汉	3.0	5.0	10.0	16.1	21.3	25.7	28.8	28.3	23.3	17.5	11.1	5.4
长沙	4.7	6.2	10.9	16.8	21.6	25.9	29.3	28.7	24.2	18.5	12.5	7.1
广州	13.3	14.4	17.9	21.9	25.6	27.2	28.4	28.1	26.9	23.7	19.4	15.2
南宁	12.8	14.1	17.6	22.0	26.0	27.4	28.3	27.8	26.6	23.3	18.6	14.7
海口	17.2	18.2	21.6	24.9	27.4	28.1	28.4	27.7	26.8	24.8	21.8	18.7
成都	5.5	7.5	12.1	17.0	20.9	23.7	25.6	25.1	21.2	16.8	11.9	7.3
重庆	7.2	8.9	13.2	18.0	21.8	24.3	27.8	28.0	22.8	18.2	13.3	8.6
贵阳	4.9	6.5	11.5	16.3	19.5	21.9	24.0	23.4	20.6	16.1	11.4	7.1
昆明	7.7	9.6	13.0	16.5	19.1	19.5	19.8	19.1	17.5	14.9	11.3	8.2
拉萨	−2.2	1.0	4.4	8.3	12.3	15.3	15.1	14.3	12.7	8.3	2.3	−1.7
西安	−1.0	2.1	8.1	14.1	19.1	25.2	26.6	25.5	19.4	13.7	6.6	0.7
兰州	−6.9	−2.3	5.2	11.8	16.6	20.3	22.2	21.0	15.8	9.4	1.7	−5.5
西宁	−8.4	−4.9	1.9	7.9	12.0	15.2	17.2	16.5	12.1	6.4	−0.8	−6.7
银川	−9.0	−4.8	2.8	10.6	16.9	21.4	23.4	21.6	16.0	9.1	0.9	−6.7
乌鲁木齐	−14.9	−12.7	−0.1	11.2	18.8	23.5	25.6	24.0	17.4	8.2	−1.9	−11.7

附表二　全国主要城市各月降水量

单位：mm

地　名	月　份											
	1	2	3	4	5	6	7	8	9	10	11	12
北京	7.4	8.6	19.4	30.0	33.1	77.8	192.5	212.3	57.0	24.0	6.6	2.6
天津	3.1	6.0	6.4	21.0	30.6	69.3	189.8	162.4	43.4	24.9	9.3	3.6
石家庄	3.2	7.8	11.4	25.7	33.1	49.3	139.0	168.5	58.9	31.7	17.0	4.5
太原	3.0	6.0	10.3	23.8	30.1	52.6	118.3	103.6	64.3	30.8	13.2	3.4
呼和浩特	3.0	6.4	10.3	18.0	26.8	45.7	102.1	126.4	45.9	24.4	7.1	1.3
沈阳	7.2	8.0	12.7	39.9	56.3	88.5	196.0	168.5	82.1	44.8	19.8	10.6
长春	3.5	4.6	9.1	21.9	42.3	90.7	183.5	127.5	61.4	33.5	11.5	4.4
哈尔滨	3.7	4.9	11.3	23.8	37.5	77.9	160.7	97.1	66.2	27.6	6.8	5.8
上海	44.0	62.6	78.1	106.7	122.9	158.9	134.2	126.0	150.5	50.1	48.8	40.9
南京	30.9	50.1	72.7	93.7	100.2	167.4	183.6	111.3	95.9	46.1	48.0	29.4
杭州	62.2	88.7	114.1	130.4	179.9	196.2	126.5	136.5	177.6	77.9	54.7	54.0
合肥	31.8	49.8	75.6	102.0	101.8	117.8	174.1	119.9	86.5	51.6	48.0	29.7
福州	49.8	76.3	120.0	149.7	207.5	230.2	112.0	160.5	131.4	41.5	33.1	31.6
南昌	58.3	95.1	163.9	225.5	301.9	291.1	125.9	103.2	75.8	55.4	53.0	47.2
济南	6.3	10.3	15.6	33.6	37.7	78.6	217.2	152.4	63.1	38.0	23.8	8.6
台北	86.5	100.4	139.4	118.7	201.6	283.3	167.3	250.7	275.4	107.4	70.8	68.2
郑州	8.6	12.5	26.8	53.7	42.9	68.0	154.4	119.3	71.0	43.8	30.5	9.5
武汉	34.9	59.1	103.3	140.0	161.9	209.5	156.2	119.4	76.2	62.9	50.5	30.7
长沙	59.1	87.8	139.8	201.6	230.8	188.9	112.5	116.9	62.7	81.4	63.0	51.5
广州	36.9	54.5	80.7	175.0	293.8	287.8	212.7	232.5	189.3	69.2	37.0	24.7
南宁	38.0	36.4	54.4	89.9	186.8	232.0	195.1	215.5	118.9	69.0	37.8	26.9
海口	23.6	30.4	52.0	92.8	187.6	241.2	206.7	239.5	302.8	174.4	97.6	38.0
成都	5.9	10.9	21.4	50.7	88.6	111.3	235.5	234.1	118.0	46.4	18.4	5.8
重庆	20.7	20.4	34.9	105.7	160.0	160.7	176.7	137.7	148.5	96.1	50.6	26.6
贵阳	19.2	20.4	33.5	109.9	194.3	224.0	167.9	137.8	93.8	96.6	53.5	23.8
昆明	11.6	11.2	15.2	21.2	93.0	183.7	212.3	202.2	119.5	85.0	38.6	13.0
拉萨	0.2	0.5	1.5	5.4	25.4	77.1	129.5	138.7	56.3	7.9	1.6	0.5
西安	7.6	10.6	24.6	52.0	63.2	52.2	99.4	71.7	98.3	62.4	31.5	6.7
兰州	1.4	2.4	8.3	17.4	36.2	32.5	63.8	85.3	49.1	24.7	5.4	1.3
西宁	1.0	1.8	4.6	20.2	44.8	49.1	80.7	81.6	55.1	24.9	3.4	0.9
银川	1.1	2.0	6.0	12.4	14.8	19.9	43.6	55.9	27.3	14.0	5.0	0.7
乌鲁木齐	8.7	10.6	21.3	34.1	35.1	39.3	21.5	23.6	25.8	24.4	18.6	14.6

附表三　全国主要城市室外气象资料

地名	台站位置			年平均气温/℃	冬季/℃				通风温度	夏季/℃			夏季空气调节室外计算湿球温度/℃	最热月平均温度/℃	室外计算相对湿度/%		
	北纬	东经	海拔		采暖温度	空气调节温度	最低日平均温度	通风温度		空气调节温度	空气调节日平均温度	计算日较差温度			最冷月月平均	最热月月平均	最热月14时平均
北京	39°48′	116°28′	31.2	11.4	−9	−12	−15.9	−5	30	33.2	28.6	8.8	26.4	25.8	45	78	64
天津	39°06′	117°10′	3.3	12.3	−9	−11	−13.1	−4	29	33.4	29.2	8.1	26.9	26.4	53	78	65
唐山	39°38′	118°10′	25.9	11.1	−10	−12	−15.0	−5	29	32.7	28	9.0	26.2	25.5	52	79	64
石家庄	38°02′	114°25′	80.5	12.9	−8	−11	−17.1	−3	31	35.1	29.7	10.4	26.6	26.6	52	75	54
太原	37°47′	112°33′	777.9	9.5	−12	−15	−17.8	−7	28	31.2	26.1	9.8	23.4	23.5	51	72	54
呼和浩特	40°49′	111°41′	1063.0	5.9	−19	−22	−25.1	−13	26	29.9	25.0	9.4	20.8	21.9	56	64	49
沈阳	41°46′	123°26′	41.6	7.8	−19	−22	−24.9	−12	28	31.4	27.2	8.1	25.4	24.6	44	73	56
吉林	43°57′	126°58′	183.4	4.4	−25	−28	−33.8	−18	27	30.3	26.1	8.1	24.5	22.9	72	79	64
长春	43°54′	125°13′	236.8	4.9	−23	−26	−29.8	−16	27	30.5	25.9	8.8	24.2	23.0	68	78	64
齐齐哈尔	47°23′	123°55′	145.9	3.2	−25	−28	−32.0	−20	27	30.6	26.1	8.7	22.9	22.8	71	73	54
哈尔滨	45°41′	126°37′	171.7	3.6	−26	−29	−33.0	−20	27	30.3	26.0	8.3	23.4	22.8	74	77	61
上海	31°10′	121°26′	4.5	15.7	−2	−4	−6.9	3	32	34.0	30.4	6.9	28.2	27.8	75	83	67
西安	34°18′	108°56′	396.9	13.3	−5	−8	−12.3	−1	31	35.2	30.7	8.7	26.0	26.6	67	72	55
兰州	36°03′	103°53′	1517.2	9.1	−11	−13	−15.8	−7	26	30.5	25.8	9.0	20.2	22.2	58	6	44
西宁	36°37′	101°46′	2261.2	5.7	−13	−15	−20.3	−9	22	25.9	20.7	10.0	16.4	17.2	48	65	47
银川	38°29′	106°13′	1111.5	8.5	−15	−18	−23.4	−9	27	30.6	25.9	9.0	22.0	23.4	58	64	47
乌鲁木齐	43°47′	87°37′	917.9	5.7	−22	−27	−33.3	−15	29	34.1	29.0	9.8	18.5	23.5	80	44	31
吐鲁番	42°56′	89°12′	34.5	13.9	−15	−21	−23.7	−10	36	40.7	35.5	10.0	23.8	32.7	59	31	24
北海	21°29′	109°06′	14.6	22.6	8	6	2.6	14	31	32.4	30.1	4.4	27.9	28.7	77	83	74
成都	30°41′	104°01′	505.9	16.2	2	1	−1.1	6	29	31.6	28.0	6.9	26.7	25.6	80	85	70

续表

地名	台站位置 北纬	台站位置 东经	海拔	年平均气温/℃	冬季/℃ 采暖温度	冬季/℃ 空气调节温度	冬季/℃ 最低日平均温度	冬季/℃ 通风温度	夏季/℃ 通风温度	夏季/℃ 空气调节温度	夏季/℃ 空气调节日平均温度	夏季/℃ 计算日较差温度	夏季空气调节室外计算湿球温度/℃	最热月平均温度/℃	室外计算相对湿度/% 最冷月月平均	室外计算相对湿度/% 最热月月平均	室外计算相对湿度/% 最热月14时平均
重庆	29°35'	106°28'	259.1	18.3	4	2	0.9	7	33	36.5	32.5	7.7	27.3	23.6	82	75	56
贵阳	26°35'	106°43'	897.5	15.3	−1	−3	−5.9	5	28	30.6	26.3	7.1	23.0	24.0	78	77	64
昆明	25°01'	102°41'	1891.4	14.7	3	1	−3.5	8	23	25.8	22.2	6.9	19.9	19.8	68	83	64
拉萨	29°40'	91°08'	3658.0	7.5	−6	−8	−10.3	−2	19	22.8	18.1	9.0	13.5	15.1	28	54	44
济南	36°41'	116°59'	51.6	14.2	−7	−10	−13.7	−2	31	34.8	31.3	6.7	26.7	27.4	54	73	54
青岛	36°04'	120°20'	76.0	12.2	−6	−9	−12.5	−1	27	29.0	27.2	3.5	26.0	25.1	64	85	72
洛阳	34°40'	112°25'	154.5	14.6	−5	−7	−11.6	0	32	35.9	30.9	9.6	27.4	27.5	57	75	45
郑州	34°43'	113°39'	110.4	14.2	−5	−7	−11.4	0	32	35.6	30.8	9.2	27.4	27.3	60	76	45
武汉	30°37'	114°08'	23.3	16.3	−2	−5	−11.3	3	33	35.2	31.9	6.3	28.2	28.8	76	79	63
长沙	28°12'	113°15'	44.9	17.2	−5	−3	−6.9	5	33	35.8	32.0	7.3	27.7	29.3	81	75	59
连云港	34°36'	119°10'	3.0	14.0	−5	−8	−11.4	5	31	33.5	31.0	4.8	27.9	26.5	66	81	67
南京	32°00'	118°48'	8.9	15.3	−3	−6	−9.0	2	32	35.0	31.4	6.9	28.3	28.0	73	81	64
杭州	30°14'	120°10'	41.7	16.2	−1	−4	−6.0	4	33	35.7	31.5	8.3	28.5	28.6	77	80	62
宁波	29°52'	121°34'	4.2	16.2	0	−3	−4.3	4	32	34.5	30.2	7.9	28.5	28.1	78	83	68
温州	28°01'	120°41'	6.0	17.9	3	1	−1.8	8	31	32.8	29.6	6.9	28.7	27.9	75	84	73
蚌埠	32°57'	117°22'	21.0	15.1	−4	−7	−12.3	1	32	35.6	32.0	6.9	28.1	28.1	71	80	60
台北	25°02'	121°31'	9.0	22.1	11	9	7.0	15	31	33.6	30.5	6.9	27.3	28.6	82	77	—
花莲	24°01'	121°37'	14.0	22.9	13	11	9.8	17	30	32.0	29.5	4.8	26.8	28.5	82	80	—
香港	22°18'	114°10'	32.0	22.8	10	8	6.0	16	31	32.4	30.0	4.6	27.3	28.6	71	81	73

附表四　饱和水蒸气的性质

温　度		压　　力			比　　容		密　　度		汽化潜热		液体热含量	
℃	℉	mmHg	kg/cm²	lb/in²	m³/kg	ft³/lb	kg/m³	lb/ft³	kcal/kg	Btu/lb	kcal/kg	Btu/lb
0	32	4.570	0.00623	0.0886	206.3	3304	0.00485	0.000303	595.4	1071.7	0.00	0.0
1	33.8	4.924	0.00670	0.0952	129.7	3087	0.00519	0.000324	594.9	1070.8	1.01	1.8
2	35.6	5.290	0.00710	0.1023	180.0	2884	0.00556	0.000347	594.4	1069.9	2.02	3.6
3	37.4	5.681	0.00772	0.1099	168.2	2694	0.00595	0.000371	593.9	1069.0	3.03	5.5
4	39.2	6.097	0.00829	0.1179	157.2	2518	0.00636	0.000397	593.3	1068.1	4.03	7.3
5	41.0	6.541	0.00889	0.1265	147.1	2356	0.00680	0.000424	592.8	1067.1	5.04	9.1
6	42.8	7.011	0.00953	0.1356	137.7	2206	0.00726	0.000453	592.3	1066.1	6.04	10.9
7	44.6	7.511	0.01021	0.1453	129.0	2067	0.00775	0.000484	591.8	1065.2	7.05	12.7
8	46.4	8.042	0.01093	0.1535	120.9	1937	0.00827	0.000516	591.2	1064.2	8.05	14.5
9	48.2	8.606	0.01170	0.1664	113.4	1816	0.00882	0.000551	590.7	1063.3	9.05	16.3
10	50.0	9.205	0.01252	0.1780	106.3	1703	0.00941	0.000587	590.2	1062.3	10.06	18.1
11	51.8	9.840	0.01358	0.1903	99.8	1599	0.01002	0.000625	589.6	1061.3	11.06	19.1
12	53.6	10.513	0.01429	0.2033	93.7	1502	0.01067	0.000666	589.1	1060.4	12.06	21.7
13	55.4	11.226	0.01526	0.2171	88.1	1411	0.01135	0.000709	588.6	1059.4	13.06	23.5
14	57.2	11.980	0.01629	0.2317	82.9	1327	0.01206	0.000754	588.1	1058.5	14.06	25.3
15	59.0	12.779	0.01737	0.2471	77.9	1248	0.01283	0.000801	587.6	1057.6	15.06	27.1
16	60.8	13.624	0.01852	0.2635	73.3	1174	0.01364	0.000852	587.0	1056.6	16.06	28.9
17	62.6	14.517	0.01972	0.2807	69.1	1105	0.01447	0.000905	586.5	1055.7	17.06	30.7
18	64.4	15.460	0.02102	0.2990	65.1	1041	0.01537	0.000961	585.9	1054.7	18.06	32.5
19	66.2	16.450	0.02237	0.3182	61.3	982	0.01631	0.001018	585.4	1053.8	19.06	34.3
20	68.0	17.510	0.02381	0.3386	57.8	926	0.01730	0.001080	584.9	1052.8	20.06	36.1
21	69.8	18.62	0.02532	0.3601	54.5	873	0.01835	0.001145	584.4	1051.9	21.06	37.9
22	71.6	19.79	0.02691	0.3827	51.5	824	0.01942	0.001240	583.9	1051.0	22.06	39.7
23	73.4	21.02	0.02858	0.4065	48.60	778	0.02058	0.001286	583.3	1051.0	23.06	41.5
24	75.2	22.32	0.03035	0.4316	45.92	735	0.02178	0.001361	582.8	1049.1	24.06	43.3
25	77.0	23.63	0.03221	0.4581	43.40	695	0.02304	0.001439	582.3	1048.1	25.05	45.1
26	78.8	25.13	0.03417	0.4860	41.05	657	0.02436	0.001522	581.8	1047.2	26.05	46.9
27	80.6	26.65	0.03623	0.5154	38.83	602	0.02575	0.001608	581.2	1046.2	27.05	48.7
28	82.4	28.25	0.03841	0.5463	36.74	589	0.02722	0.001698	580.7	1045.2	28.05	50.5
29	84.2	29.94	0.04071	0.5790	34.78	557	0.02875	0.001795	580.2	1044.3	29.04	52.3
30	86.0	31.71	0.04311	0.6132	32.95	528	0.03025	0.001894	579.6	1043.3	30.04	54.1

续表

温度			压力		比容		密度		汽化潜热		液体热含量	
℃	℉	mmHg	kg/cm²	lb/in²	m³/kg	ft³/lb	kg/m³	lb/ft³	kcal/kg	Btu/lb	kcal/kg	Btu/lb
31	87.8	33.57	0.04564	0.6492	31.24	501	0.03201	0.001996	579.1	1042.4	31.04	55.9
32	89.6	35.53	0.04830	0.6871	29.62	474.7	0.03376	0.002107	578.6	1041.4	32.04	57.7
33	91.4	37.50	0.05111	0.7269	28.08	449.7	0.03561	0.002224	578.0	1040.4	33.04	59.5
34	93.2	39.75	0.05404	0.7687	26.62	426.5	0.03757	0.002345	577.4	1039.4	34.03	61.3
35	95.0	42.02	0.05713	0.8126	25.25	404.7	0.03960	0.002471	576.9	1038.5	35.03	63.1
36	96.8	44.40	0.06037	0.8586	23.08	384.2	0.04170	0.002663	576.4	1037.5	36.03	64.9
37	98.6	46.90	0.06376	0.9068	22.78	364.9	0.04390	0.002740	575.8	1036.5	37.02	66.6
38	100.4	49.51	0.06731	0.9574	21.65	346.8	0.04619	0.002884	575.3	1035.5	38.02	68.4
39	102.2	52.26	0.07105	1.0105	20.58	329.7	0.04859	0.003033	574.7	1034.5	39.02	70.2
40	104.0	55.13	0.07495	1.0661	19.57	313.5	0.0511	0.003190	574.2	1033.5	40.02	72.0
41	105.8	58.14	0.07905	1.1243	18.61	298.0	0.0537	0.003356	573.6	1032.5	41.01	73.8
42	107.6	61.30	0.08334	1.1854	17.69	288.3	0.0565	0.003550	573.1	1031.5	42.01	75.6
43	109.4	64.59	0.08782	1.2492	16.82	269.5	0.0595	0.003711	572.5	1030.5	43.01	77.4
44	111.2	68.05	0.09252	1.3159	16.01	256.5	0.0625	0.003899	571.9	1029.4	44.01	79.2
45	113.0	71.66	0.09743	1.3858	15.25	244.4	0.0656	0.004092	571.3	1028.4	45.00	81.0
46	114.8	75.43	0.10256	1.4857	14.54	233.0	0.0688	0.004292	570.8	1027.4	46.00	82.8
47	116.6	79.38	0.10792	1.5350	13.48	222.1	0.0722	0.004502	570.2	1026.4	47.00	84.6
48	118.4	83.50	0.11353	1.6147	13.21	211.7	0.0757	0.004724	569.6	1025.3	48.00	86.4
49	120.2	87.80	0.11937	1.6979	12.60	201.9	0.0794	0.00495	569.0	1024.3	48.99	88.2
50	122.0	92.30	0.12549	1.7849	12.02	192.6	0.0832	0.00519	568.4	1023.3	49.99	90.0
51	123.8	96.99	0.13187	1.8756	11.47	183.8	0.0872	0.00544	567.8	1022.2	50.99	90.8
52	125.6	101.58	0.13852	1.9701	10.96	175.5	0.0912	0.00570	567.3	1021.2	51.99	93.6
53	127.4	106.99	0.14546	2.0689	10.47	167.7	0.0955	0.00596	566.8	1020.2	52.99	95.4
54	129.2	112.30	0.15268	2.1720	10.00	160.3	0.1006	0.00624	566.2	1019.1	53.98	97.2
55	131.1	117.85	0.16023	2.279	9.56	153.2	0.1046	0.00653	565.6	1018.1	54.98	99.0
56	132.8	123.61	0.16806	2.390	9.14	146.5	0.1094	0.00688	565.1	1017.1	55.98	100.8
57	134.6	129.63	0.17642	2.506	8.74	140.1	0.1144	0.00713	564.5	1016.1	56.98	102.6
58	136.4	135.89	0.18475	2.621	8.36	134.0	0.1196	0.00746	563.9	1015.1	57.98	104.4
59	138.2	143.41	0.19362	2.754	8.00	128.3	0.1250	0.00779	563.4	1014.1	58.97	106.2
60	140.0	149.19	0.20284	2.885	7.66	122.8	0.1305	0.00814	562.8	1013.1	59.97	108.0

61	141.8	159.24	0.21242	3.021	7.34	117.6	0.1362	0.00850	562.2	1012.1	60.97	109.8
62	143.6	163.58	0.2224	3.163	7.03	112.7	0.1422	0.00887	561.7	1011.0	61.97	111.6
63	145.4	171.20	0.2328	3.310	6.74	108.0	0.1484	0.00926	561.2	1009.9	62.97	113.4
64	147.2	179.13	0.2435	3.464	6.46	103.5	0.1548	0.00966	560.5	1008.9	63.98	115.2
65	149.0	187.36	0.2547	3.623	6.19	99.2	0.1615	0.01008	559.9	1007.8	64.98	117.0
66	150.8	195.92	0.2664	3.789	5.94	95.1	0.1684	0.01051	559.3	1006.8	65.98/	118.8
67	152.6	204.80	0.2784	3.960	5.70	91.3	0.1754	0.01095	558.8	1005.8	66.98	120.6
68	154.4	214.02	0.2910	4.139	5.47	87.6	0.1828	0.01142	558.2	1004.7	67.98	122.4
69	156.2	223.58	0.3040	4.329	5.25	84.1	0.1905	0.01189	557.6	1003.6	68.98	124.2
70	158.0	233.53	0.3175	4.516	5.04	80.7	0.1984	0.01239	556.9	1002.5	69.98	126.0
71	159.8	243.80	0.3315	4.715	4.888	77.5	0.2067	0.01290	556.4	1001.5	70.98	127.8
72	161.6	254.5	0.3460	4.921	4.647	74.4	0.2152	0.01344	555.8	1000.4	71.99	129.6
73	163.4	265.6	0.3611	5.136	4.466	71.5	0.2239	0.01398	555.2	999.4	72.99	131.4
74	165.2	277.1	0.3767	5.338	4.294	68.8	0.2329	0.01453	554.6	998.3	73.99	133.2
75	167.0	289.0	0.3929	5.589	4.130	66.2	0.2421	0.01510	554.0	997.3	74.99	135.0
76	168.8	301.3	0.4096	5.826	3.973	63.7	0.2517	0.01570	553.4	996.2	76.00	136.8
77	170.6	314.0	0.4269	6.072	3.822	61.2	0.2616	0.01634	552.9	995.2	77.00	138.6
78	172.4	327.2	0.4449	6.327	3.676	58.8	0.2720	0.01700	552.3	994.1	78.00	140.4
79	174.2	340.9	0.4635	6.592	3.537	56.6	0.2827	0.01767	551.7	993.0	79.01	142.2
80	176.0	355.1	0.4828	6.867	3.404	54.5	0.2938	0.01835	551.1	991.8	80.01	144.0
81	177.8	369.7	0.5026	7.150	3.277	52.5	0.3494	0.02131	550.5	990.8	81.02	145.8
82	179.6	384.9	0.5233	7.443	3.150	50.6	0.3541	0.02211	549.9	989.8	82.02	147.6
83	181.4	400.5	0.5445	7.745	3.040	48.71	0.3672	0.02293	549.3	988.7	83.03	149.4
84	183.2	416.7	0.5665	8.058	2.920	46.92	0.3807	0.02376	548.7	987.6	84.04	151.2
85	185.0	433.5	0.5894	8.383	2.824	45.03	0.3946	0.02463	548.1	986.5	85.04	153.1
86	186.8	450.8	0.6129	8.717	2.723	43.62	0.4091	0.02554	547.4	985.4	86.04	154.9
87	188.8	468.6	0.6371	9.062	2.627	42.08	0.3807	0.02376	546.8	984.3	87.05	156.7
88	190.4	487.1	0.6623	9.419	2.534	40.59	0.3946	0.02463	546.2	983.2	88.06	158.5
89	192.2	506.1	0.6881	9.787	2.444	39.15	0.4091	0.02554	545.6	982.1	89.06	160.3
90	194.0	525.8	0.7149	10.167	2.358	37.77	0.4241	0.02648	544.9	980.9	90.07	162.1

续表

温　度		压　　力			比　　容		密　　度		汽化潜热		液体热含量	
℃	℉	mmHg	kg/cm²	lb/in²	m³/kg	ft³/lb	kg/m³	lb/ft³	kcal/kg	Btu/lb	kcal/kg	Btu/lb
91	195.8	546.1	0.7425	10.560	2.275	36.45	0.4395	0.02743	544.3	979.8	91.08	163.9
92	197.6	567.1	0.7710	10.966	2.197	35.10	0.4552	0.02842	543.7	978.7	92.08	165.7
93	199.4	588.7	0.8004	11.384	2.122	34.00	0.4713	0.02941	543.1	977.6	93.09	167.5
94	201.2	611.0	0.8307	11.815	2.050	32.86	0.4878	0.03043	542.5	976.5	94.10	169.3
95	203.0	634.0	0.8620	12.260	1.980	31.75	0.505	0.03149	541.9	975.4	95.11	171.2
96	204.8	657.7	0.8942	12.718	1.913	30.67	0.532	0.03260	541.2	974.2	96.12	173.0
97	206.6	682.1	0.9274	13.190	1.849	29.63	0.541	0.03375	540.6	973.1	97.12	174.8
98	208.4	707.3	0.9616	13.678	1.787	28.64	0.560	0.03492	539.9	971.9	98.13	176.8
99	210.2	733.3	0.9970	14.180	1.728	27.69	0.570	0.03611	539.3	970.8	99.14	178.5
100	212.0	760.0	1.0333	14.697	1.671	26.78	0.598	0.03794	538.7	969.7	100.2	180.3
101	213.8	787.5	1.0707	15.229	1.617	25.90	0.618	0.03861	538.1	968.5	101.2	182.1
102	215.6	815.9	1.1093	15.778	1.564	25.06	0.639	0.03990	537.4	967.3	102.2	183.9
103	217.4	845.1	1.1490	16.342	1.514	24.25	0.661	0.04124	536.8	966.2	103.2	185.7
104	219.2	875.1	1.1898	16.923	1.465	23.47	0.683	0.04261	536.2	965.1	104.2	187.0
105	221.0	906.1	1.2313	17.522	1.419	22.73	0.705	0.04400	535.6	964.0	105.2	189.4
106	222.8	937.9	1.2752	18.137	1.374	22.01	0.728	0.04543	534.9	962.8	106.2	191.2
107	224.6	970.6	1.2996	18.769	1.331	21.31	0.751	0.04692	534.2	961.8	107.2	193.0
108	226.4	1004.3	1.3653	19.420	1.289	20.64	0.776	0.0485	533.6	960.5	108.2	194.8
109	228.2	1038.8	1.4123	20.089	1.248	19.99	0.801	0.0500	532.9	959.3	109.3	196.7
110	230.0	1074.5	1.4608	20.777	1.200	19.37	0.827	0.0516	532.3	958.1	110.3	198.5
111	231.8	1111.1	1.5106	21.486	1.172	18.77	0.853	0.0533	531.6	956.9	111.3	200.3
112	233.6	1148.7	1.5617	22.214	1.136	18.20	0.880	0.0550	530.9	955.7	112.3	201.1
113	235.4	1187.4	1.6144	22.964	1.101	17.64	0.908	0.0567	530.2	954.5	113.2	203.9
114	237.2	1217.1	1.6684	23.729	1.068	17.10	0.936	0.0586	529.6	953.3	114.3	205.8
115	239.0	1267.9	1.7238	24.518	1.036	16.59	0.965	0.0603	528.6	952.1	115.3	207.6
116	240.8	1309.8	1.7808	25.328	1.005	16.09	0.995	0.0622	528.2	950.8	116.4	209.4
117	242.6	1352.8	1.8393	26.160	0.9746	15.61	1.026	0.0641	527.5	949.5	117.4	211.2
118	244.4	1397.0	1.8993	27.015	0.9460	15.16	1.057	0.0659	526.9	948.5	118.4	213.0
119	246.2	1442.4	1.9611	27.893	0.9183	14.72	1.089	0.0679	526.2	947.2	119.4	214.9
120	248.0	1488.9	2.0243	28.782	0.8914	14.28	1.122	0.0700	525.6	946.0	120.4	216.7

121	249.8	1536.6	2.0891	29.715	0.8653	13.86	1.156	0.0721	524.9	944.8	121.4	218.5
122	251.6	1585.7	2.1556	30.664	0.8401	13.46	1.190	0.0743	524.2	943.5	122.5	220.4
123	253.4	1636.0	2.2241	31.637	0.8185	13.07	1.226	0.0765	523.5	942.3	123.5	222.2
124	255.2	1687.5	2.2943	32.64	0.7924	12.69	1.262	0.0788	522.8	941.0	124.5	224.1
125	257.0	1740.5	2.3663	33.66	0.7696	12.33	1.299	0.0811	522.1	939.8	125.5	225.9
126	258.8	1794.7	2.4401	34.71	0.7479	11.98	1.337	0.0835	521.4	938.6	126.5	227.7
127	260.6	1850.3	2.5156	35.78	0.7267	11.64	1.376	0.0859	520.4	937.3	127.5	229.5
128	262.4	1907.3	2.5931	36.88	0.7063	11.32	1.416	0.0883	520.0	936.1	128.6	231.4
129	264.2	1965.8	2.6726	38.01	0.6867	11.00	1.456	0.0909	519.3	934.8	129.6	233.3
130	266.0	2025.6	2.7540	39.17	0.6677	10.70	1.498	0.0935	518.6	933.6	130.6	235.1
131	267.5	2086.9	2.8373	40.36	0.6493	10.40	1.540	0.0961	517.9	932.3	131.6	236.9
132	269.6	2149.8	2.9227	41.57	0.6315	10.12	1.583	0.0988	517.3	931.3	132.6	238.7
133	271.4	2214.0	3.0101	42.81	0.6142	9.839	1.628	0.1016	516.6	929.8	133.7	240.6
134	273.2	2280.0	3.0999	44.09	0.5974	9.569	1.674	0.1045	515.9	928.5	134.7	242.4
135	275.0	2347.5	3.1916	45.39	0.5812	9.309	1.721	0.1074	515.1	927.2	135.7	244.2
136	276.8	2416.5	3.2854	46.70	0.5656	9.060	1.768	0.1104	514.4	925.9	136.7	246.0
137	278.6	2487.3	3.3816	48.14	0.5306	8.820	1.816	0.1134	513.7	924.6	137.7	247.9
138	280.4	2559.7	3.4802	49.50	0.5361	8.587	1.865	0.1165	513.0	923.3	138.8	249.7
139	282.2	2633.8	3.581	50.93	0.5219	8.360	1.916	0.1196	512.3	922.1	139.8	251.6
140	284.0	2709.5	3.684	52.39	0.5081	8.140	1.968	0.1229	511.5	920.7	140.8	253.4
141	285.8	2787.1	3.789	53.89	0.4948	7.926	2.021	0.1262	510.7	919.3	141.8	255.3
142	287.6	2866.4	3.897	55.43	0.4819	7.719	2.075	0.1296	510.1	918.1	142.8	257.0
143	289.4	2947.7	4.008	57.00	0.4694	7.519	2.130	0.1300	509.3	916.7	143.9	259.0
144	291.2	3030.5	4.121	58.60	0.4574	7.326	2.186	0.1365	508.6	915.4	144.9	260.8
145	293.0	3115.3	4.236	60.24	0.4457	7.139	2.244	0.1401	507.8	914.4	145.9	262.7
146	294.8	3202.1	4.354	61.92	0.4343	6.957	2.303	0.1447	507.1	912.8	146.9	264.5
147	296.6	3290.8	4.474	63.64	0.4232	6.780	2.363	0.1475	506.4	911.5	148.0	266.4
148	298.4	3381.3	4.597	65.39	0.4125	6.609	2.424	0.1513	505.6	910.1	149.0	268.2
149	300.2	3474.0	4.723	67.18	0.4022	6.443	2.486	0.1552	504.9	908.8	150.0	270.1
150	302.0	3568.7	4.852	69.01	0.3921	6.282	2.550	0.1592	504.1	907.4	151.0	271.0

附表五　一些食品材料的含水量、冻前比热容、冻后比热容和融化热数据

食品材料	含水量 （质量分数）/%	初始冻结温度 /℃	冻前比热容/ [kJ/（kg·K）]	冻后比热容/ [kJ/（kg·K）]	融化热/ （kJ/kg）
蔬菜					
芦笋	93	−0.6	4.00	2.01	312
干菜豆	41	—	1.95	0.98	37
甜菜根	88	−1.1	3.88	1.95	295
胡萝卜	88	−1.4	3.88	1.95	295
花椰菜	92	−0.8	3.98	2.00	308
芹菜	94	−0.5	4.03	2.02	315
甜玉米	74	−0.6	3.53	1.77	248
黄瓜	96	−0.5	4.08	2.05	322
茄子	93	−0.8	4.00	2.01	312
大蒜	61	−0.8	3.20	1.61	204
姜	87	—	3.85	1.94	291
韭菜	85	−0.7	3.80	1.91	285
莴苣	95	−0.2	4.06	2.04	318
蘑菇	91	−0.9	3.95	1.99	305
青葱	89	−0.9	3.90	1.96	298
干洋葱	88	−0.8	3.88	1.95	295
青豌豆	74	−0.6	3.53	1.77	248
四季萝卜	95	−0.7	4.06	2.04	318
菠菜	93	−0.3	4.00	2.01	312
番茄	94	−0.5	4.03	2.02	315
青萝卜	90	−0.2	3.93	1.97	302
萝卜	92	−1.1	3.98	2.00	308
水芹菜	93	−0.3	4.00	2.01	312
水果					
鲜苹果	84	−1.1	3.78	1.90	281
杏	85	−1.1	3.80	1.91	285
香蕉	75	−0.8	3.55	1.79	251
樱桃（酸）	85	−1.7	3.78	1.90	281
樱桃（甜）	80	−1.8	3.68	1.85	268
葡萄柚	89	−1.1	3.90	1.96	298
柠檬	89	−1.4	3.90	1.96	298
西瓜	93	−0.4	4.00	2.01	312
橙	87	−0.8	3.85	1.94	292
鲜桃	89	−0.9	3.90	1.96	298
梨	83	−1.6	3.75	1.89	278
菠萝	85	−1.0	3.80	1.91	285
草莓	90	−0.8	3.93	1.97	302
鱼					
大麻哈鱼	64	−2.2	3.28	1.65	214
金枪鱼	70	−2.2	3.43	1.72	235
青鱼片	57	−2.2	3.10	1.56	191

续表

食品材料	含水量（质量分数）/%	初始冻结温度/℃	冻前比热容/[kJ/（kg·K)]	冻后比热容/[kJ/（kg·K)]	融化热/（kJ/kg）
贝类					
扇贝肉	80	−2.2	3.68	1.85	268
小虾	83	−2.2	3.75	1.89	278
美洲大龙虾	79	−2.2	3.65	1.84	265
牛肉					
胴体（60%瘦肉）	49	−1.7	2.90	1.46	164
胴体（54%瘦肉）	45	−2.2	2.80	1.41	151
大腿肉	67	—	3.35	1.68	224
小牛胴体（81%瘦肉）	66	—	3.33	1.67	221
猪肉					
腌熏肉	19	—	2.15	1.08	64
胴体（47%瘦肉）	37	—	2.60	1.31	124
胴体（33%瘦肉）	30	—	2.42	1.22	101
后腿（轻度腌制）	57	—	3.10	1.56	191
后腿（74%瘦肉）	56	−1.7	3.08	1.55	188
羊羔肉					
腿肉（83%瘦肉）	65	—	3.30	1.66	218
乳制品					
奶油	16	—	2.07	1.04	54
干酪（瑞士）	39	−10.0	2.65	1.33	131
冰淇淋（10%脂肪）	63	−5.6	3.25	1.63	211
罐装炼乳（加糖）	27	−15.0	2.35	1.18	90
浓缩乳（不加糖）	74	−1.4	3.53	1.77	248
全脂乳粉	2	—	1.72	0.87	7
脱脂乳粉	3	—	1.75	0.88	10
鲜乳（3.7%脂肪）	87	−0.6	3.85	1.94	291
脱脂鲜乳	91	—	3.95	1.99	305
禽肉制品					
鲜蛋	74	−0.6	3.53	1.77	247
蛋白	88	−0.6	3.88	1.95	295
蛋黄	51	−0.6	2.95	1.48	171
加糖蛋黄	51	−3.9	2.95	1.48	171
全蛋粉	4	—	1.77	0.89	13
蛋白粉	9	—	1.90	0.95	30
鸡	74	−2.8	3.53	1.77	248
火鸡	64	—	3.28	1.65	214
鸭	69	—	3.40	1.71	231
杂项					
蜂蜜	17	—	2.10	1.68	57
奶油巧克力	1	—	1.70	0.85	3
花生酥	2	—	1.72	0.87	7
带皮花生	6	—	1.82	0.92	20
带皮花生（烤熟）	2	—	1.72	0.87	7
杏仁	5	—	1.80	0.9	17

附表六　常用固体材料的重要性质

名　称		密度 $\rho/$ （kg/m³）	热导率 $\lambda/$ [W/ （m·K）]	比热容 $c/$ [kJ/ （kg·K）]
金属	钢	7850	45.4	0.46
	不锈钢	7900	17.4	0.50
	铸铁	7220	62.8	0.50
	铜	8800	383.8	0.41
	青铜	8000	64.0	0.38
	铝	2670	203.5	0.92
	镍	9000	58.2	0.46
	铅	11400	34.9	0.13
	黄铜	8600	85.5	0.38
塑料	酚醛	1250～1300	0.13～0.25	1.26～1.67
	脲醛	1400～1500	0.30～1.09	1.26～1.67
	聚氯乙烯	1380～1400	0.16～0.59	1.84
	聚苯乙烯	1050～1070	0.08～0.29	1.34
	低压聚乙烯	940	0.29～1.05	2.55
	高压聚乙烯	920	0.26～0.92	2.22
	有机玻璃	1180～1190	0.14～0.20	—
建筑材料、绝热材料及其他	干沙	1500～1700	0.45～0.58	0.80
	黏土	1600～1800	0.47～0.53	0.75
	锅炉炉渣	700～1100	0.19～0.30	—
	黏土砖	1600～1900	0.47～0.67	0.92
	耐火砖	1840	1.05（800～1100℃）	0.88～1.00
	绝缘砖（多孔）	600～1400	0.16～0.37	—
	混凝土	2000～2400	1.28～1.55	0.84
	松木	500～600	0.07～0.10	2.72（0～100℃）
	软木	100～300	0.04～0.06	0.96
	石棉板	170	0.12	0.82
	石棉水泥板	1600～1900	0.35	—
	玻璃	2500	0.74	0.67
	耐酸陶瓷制品	2200～2300	0.93～1.05	0.75～0.80
	耐酸砖和板	2100～2400	—	—
	橡胶	1200	0.16	1.38
	耐酸搪瓷	2300～2700	0.99～1.05	0.84～1.3
	冰	900	2.33	2.11

附表七　风名、风速、地面物体象征对照表

序号	风名	相当风速/（m/s）	地面上物体的象征
0	无风	0～0.2	炊烟直上，树叶不动
1	软风	0.3～1.5	风信不动，烟能表示风向
2	轻风	1.6～3.3	脸感觉有微风，树叶微响，风信开始转动
3	微风	3.4～5.4	树叶及微枝摇动不息，旌旗飘展
4	和风	5.5～7.9	地面尘土及纸片飞扬，树的小枝摇动
5	清风	8.0～10.7	小树摇动，水面起波
6	强风	10.8～13.8	大树枝摇动，电线呼呼作响，举伞困难
7	疾风	13.9～17.1	大树摇动，迎风步行感到阻力
8	大风	17.2～20.7	可折断树枝，迎风步行感到阻力很大
9	烈风	20.8～24.4	屋瓦吹落，稍有破坏
10	狂风	24.5～28.4	树木连根拔起或摧毁建筑物，陆上少见
11	暴风	28.5～32.6	有严重破坏力，陆上很少见
12	飓风	32.6 以上	摧毁力极大，陆上极少见

附　　图

附图一　部分建筑图例（GB/T 50001—2010）

序号	名　称	图　例	说　明
1	新设计的建筑物	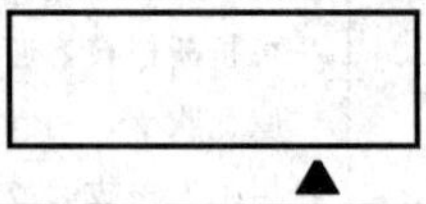	（1）比例小于1：2000时，可以不画出入口 （2）需要时可以在右上角以点数（或数字）表示层数
2	原有的建筑物	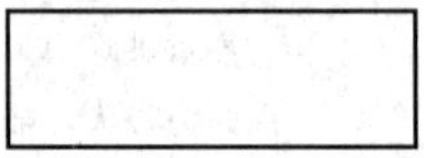	在设计中拟利用者，均应编号说明
3	计划扩建的预留地或建筑物		用细虚线表示
4	拆除的建筑物	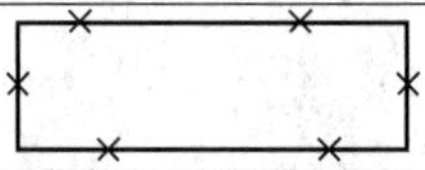	
5	散状材料露天堆场	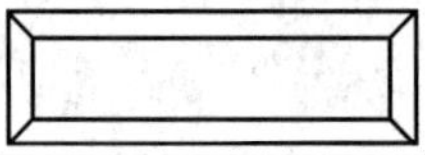	
6	其他材料露天堆场或露天作业场	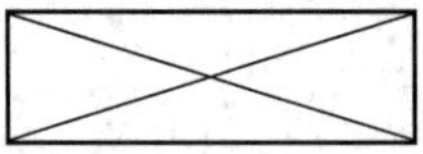	
7	铺砌场地	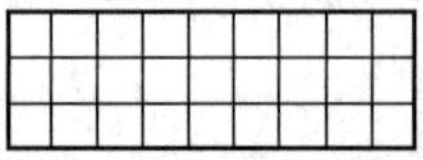	
8	冷却塔	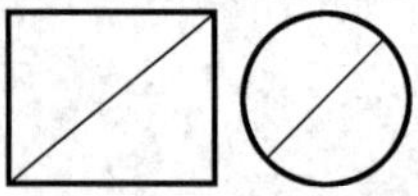	（1）左图表示方形 （2）右图表示圆形
9	贮罐或水塔	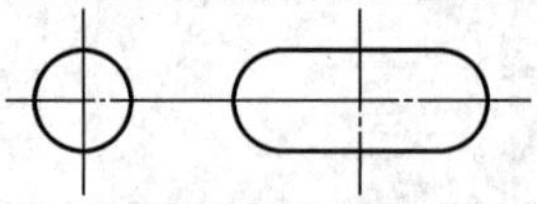	
10	烟囱	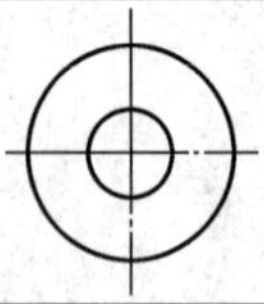	必要时，可注写烟囱高度和用细虚线表示烟囱基础
11	围墙	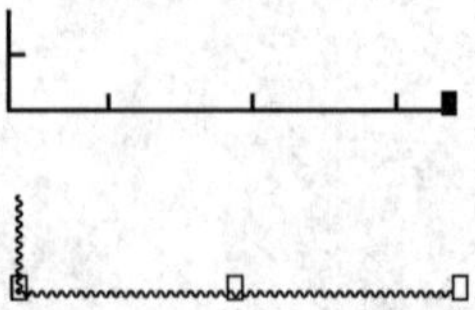	（1）上图表示砖石、混凝土及金属材料围墙 （2）下图表示镀锌铁丝网、篱笆等围墙
12	挡土墙	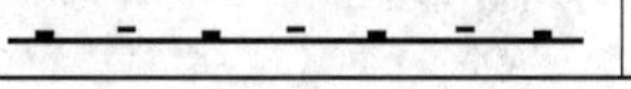	被挡土在"突出"的一侧

288

续表

序号	名　称	图　例	说　明
13	台阶	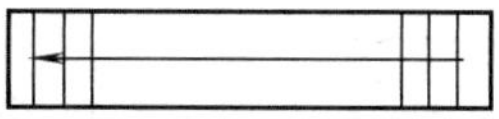	箭头方向表示下坡
14	排水明沟	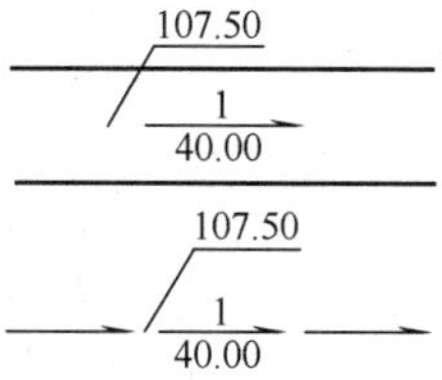 107.50 $\frac{1}{40.00}$ 107.50 $\frac{1}{40.00}$	（1）上图用于比例较大的图画中，下图用于比例较小的图画中 （2）同序号 27 说明
15	沟底标高		（1）上图用于比例较大的图画中 （2）下图用于比例较小的图画中
16	有盖的排水沟	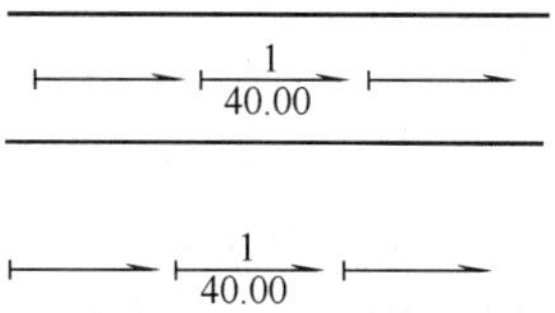 $\frac{1}{40.00}$ $\frac{1}{40.00}$	同序号 28 说明
17	室内地坪标高	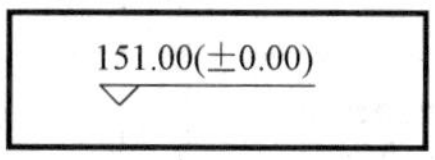 151.00(±0.00)	
18	室外整平标高	● 143.00 ▼143.00	
19	设计的填挖边坡	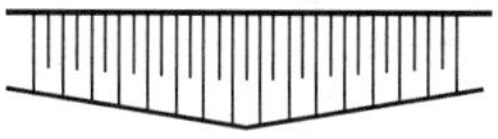	边坡较长时，可在一端或两端局部表示
20	护坡	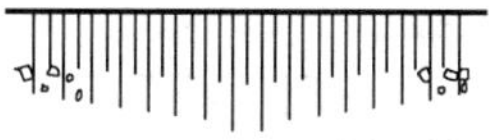	在比例较小的图画中可不画图例，但须注明材料
21	新设计的道路	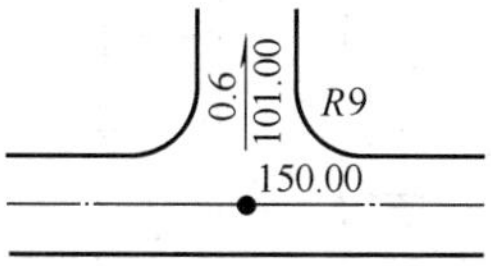 0.6 101.00 R9 150.00	（1）R 为道路转弯半径，"150.00"表示路面中心标高，"0.6"表示 6% 或 6‰，为纵坡度，"101.00"表示变坡点间距离 （2）图中斜线为道路端面示意，根据实际需要绘制
22	原有的道路	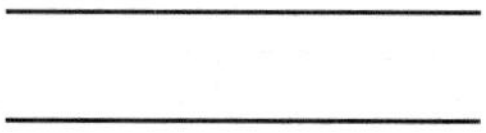	
23	计划的道路		
24	人行道	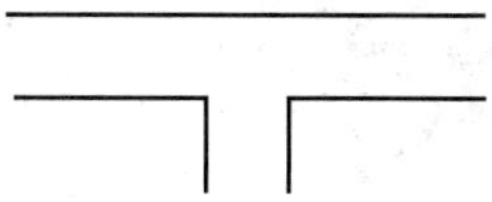	

续表

序号	名　称	图　例	说　明
25	桥梁	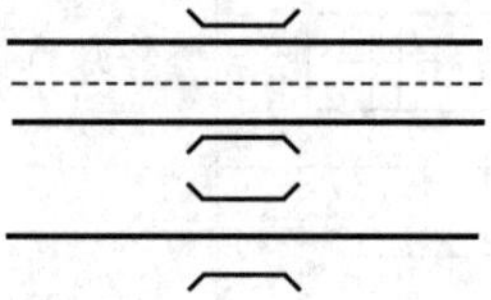	(1) 上图表示公路桥 (2) 下图表示铁路桥
26	码头	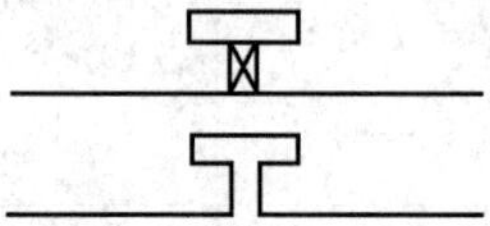	(1) 上图表示浮码头，下图表示固定码头 (2) 新设计的用粗实线，原有的用细实线，计划扩建的用细虚线，拆除的用细实线并加"×"符号
27	汽车衡	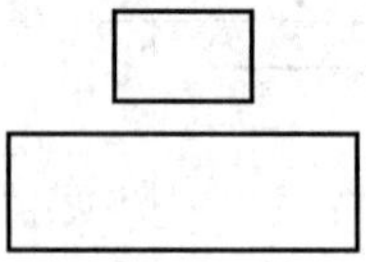	
28	站台		左侧表示坡道，右侧表示台阶 使用时按实际情况绘制
29	自然土壤		包括各种自然土壤、黏土等
30	素土夯实	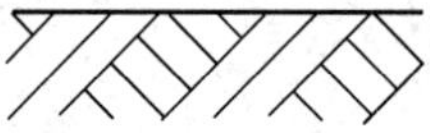	
31	砂、灰土及粉刷材料		上为砂、灰土 下为粉刷材料
32	沙砾石及碎砖三合土	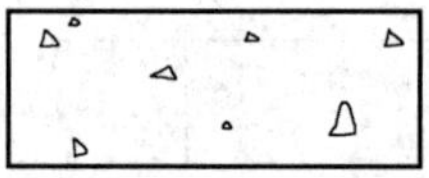	
33	石材	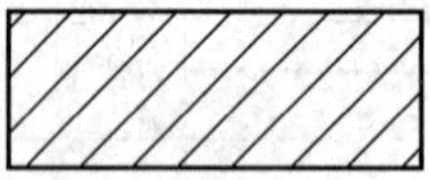	包括岩层及贴面、铺地等石材
34	方整石、条石		本图例表示砌体
35	毛石		

续表

序号	名　　称	图　　例	说　　明
36	普通砖、硬质砖	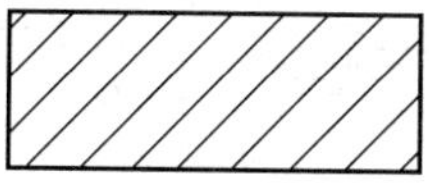	在比例小于或等于 1：50 的平剖面图中不画斜线，可在底图背面涂红表示
37	非承重的空心砖		在比例较小的图面中可不画图例，但须注明材料
38	瓷砖或类似材料		包括面砖、马赛克及各种铺地砖
39	混凝土	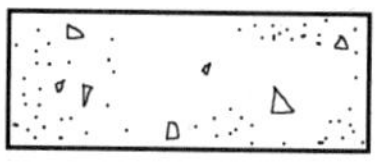	
40	钢筋混凝土	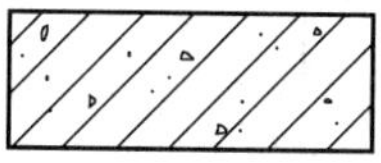	（1）在比例小于或等于 1：100 的图中不画图例，可在底图上涂黑表示 （2）剖面图中如画出钢筋时，可不画图例
41	加气混凝土		
42	加气钢筋混凝土		
43	毛石混凝土		
44	木材	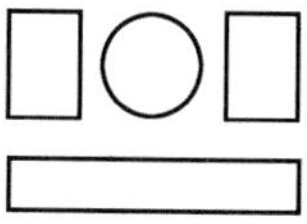	
45	胶合板	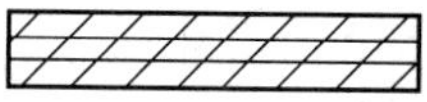	（1）应注明"×层胶合板" （2）在比例较小的图面中，可不画图例，但须注明材料
46	矿渣、炉渣及焦渣	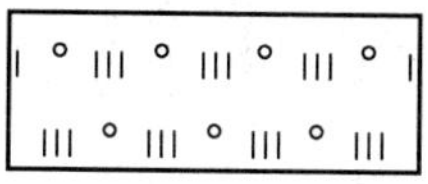	
47	多孔材料或耐火砖	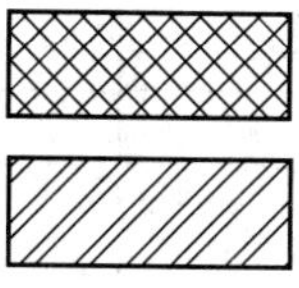	包括泡沫混凝土、软木等材料
48	菱苦土		

续表

序号	名　称	图　例	说　明
49	玻璃	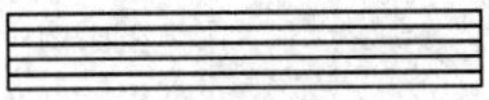	必要时可注明玻璃名称，如磨砂玻璃、夹丝玻璃等
50	松散保温材料		包括木屑、木屑石灰、稻壳等
51	纤维材料或人造板		包括麻丝、玻璃棉（毡）、矿棉（毡）、刨花板、木丝板
52	防水材料或防潮层	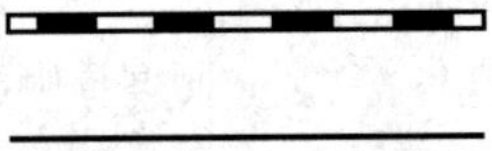	应注明材料
53	橡皮或塑料	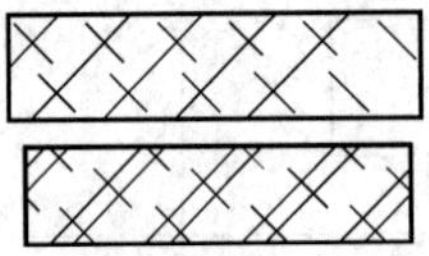	底图背面涂红
54	金属	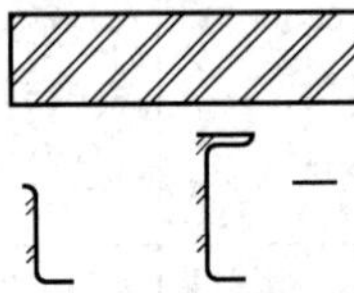	
55	水	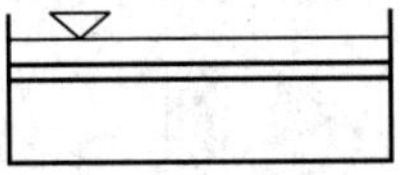	
56	改建时保留的墙	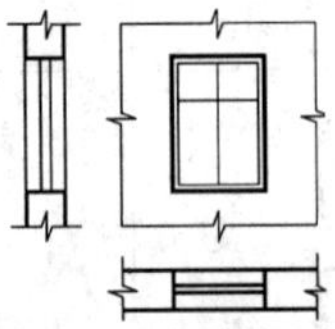	(1) 左图为剖面图，下图为平面图 (2) 墙身不画材料图例
57	新建时或改建时新设计的墙	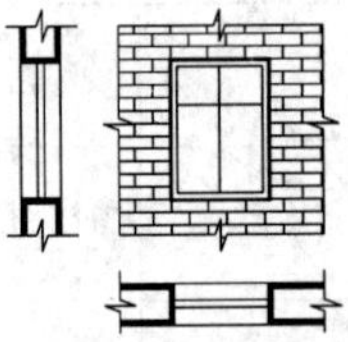	(1) 比例小于1∶2000时，可以不画出入口 (2) 新设计的墙身材料，必须按 GB/T 50001—2010 本章第一节所规定的图例表示
58	改建时应拆去的墙	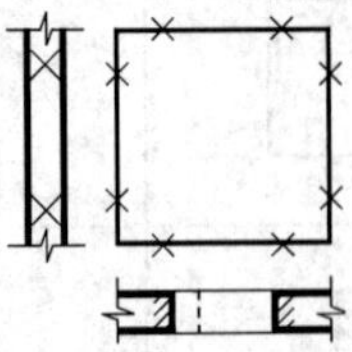	
59	在原有墙上或楼板上新设计的洞孔	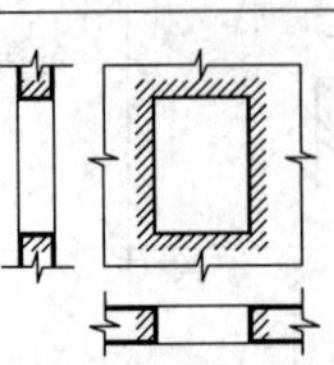	

续表

序号	名 称	图 例	说 明
60	在原有墙上或楼板上需要全部填塞的洞孔		(1) 比例小于 1:2000 时，可以不画出入口 (2) 填塞洞孔的材料应用文字注明
61	墙上原有洞孔需要局部填塞		
62	墙上需要放大的原有洞孔		比例小于 1:2000 时，可以不画出入口
63	墙上预留洞口	宽×高或φ 底(顶或中心)标高××.×××	(1) "底 2.500"表示洞底标高或槽底标高；"中 2.500"表示洞中心标高 (2) 如表示洞底、槽底和洞中心距地面、楼面、楼面高度时，注法为"底距地 2500"或"中距地 2500"
64	墙上预留槽	宽×高×深或φ 底(顶或中心)标高××.×××	
65	土墙		包括土筑墙、土坯墙、三合土墙等
66	板条墙		包括钢丝网墙、苇箔墙等
67	木栏杆		指全部用木材制作的栏杆
68	金属栏杆		指全部用金属制作的栏杆
69	长坡道		在比例较大的画面中，坡道上如有防滑措施时，可按实际形状用细线表示
70	入口坡道		

续表

序号	名　称	图　例	说　明
71	底层楼梯	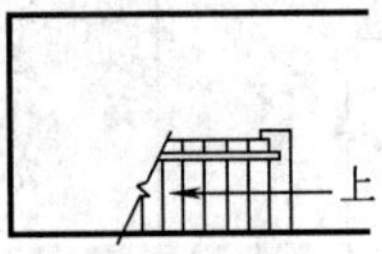	
72	中间层楼梯	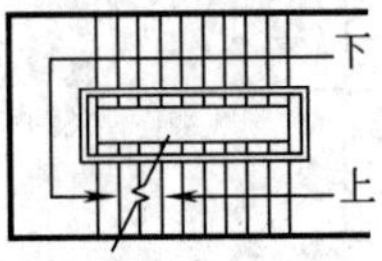	楼梯的形状及步数应按设计的实际情况绘制
73	顶层楼梯	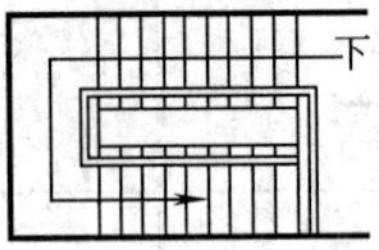	
74	检查孔（进入孔）	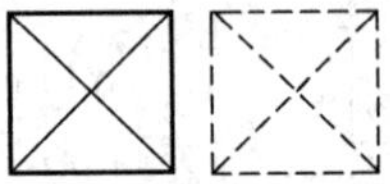	（1）左图表示地面检查孔 （2）右图表示吊顶检查孔
75	厕所间		（1）在比例较小的图面中，隔断可用单线表示 （2）卫生用具及门的开关方向，应按设计的实际情况绘制
76	淋浴小间		（1）在比例较小的图画中可不画图例，但须注明材料 （2）如淋浴小间有门时，应按设计的实际情况画出门的位置及开关方向
77	孔洞		
78	坑槽	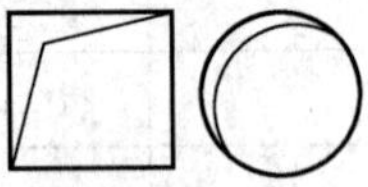	
79	烟道	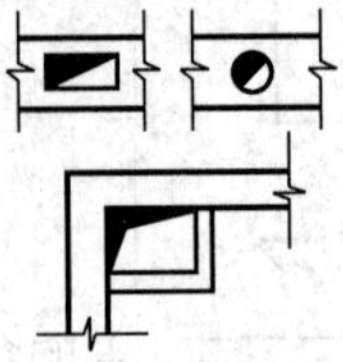	（1）左图表示长方形 （2）右图表示圆形
80	通风道	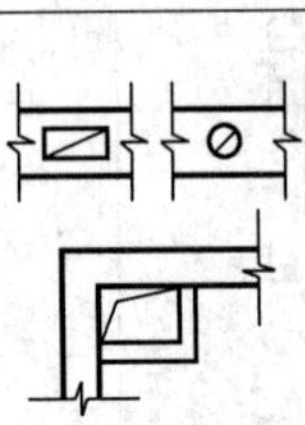	

续表

序号	名 称	图 例	说 明
81	空门洞	$h=$	
82	单扇门		
83	双扇门		
84	对开折门		
85	单扇推拉门		门的名称代号用 M 表示
86	双扇推拉门		
87	单扇双面弹簧门		
88	双扇双面弹簧门		

续表

序号	名　　称	图　　例	说　　明
89	单扇内外开双层门	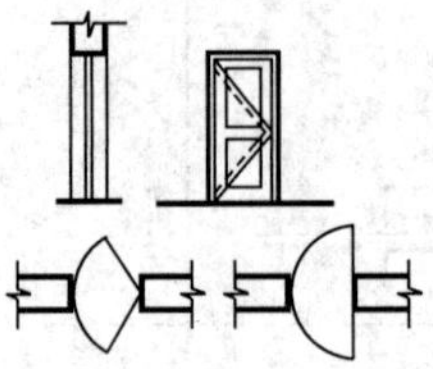	门的名称代号用 M 表示
90	双扇内外开双层门	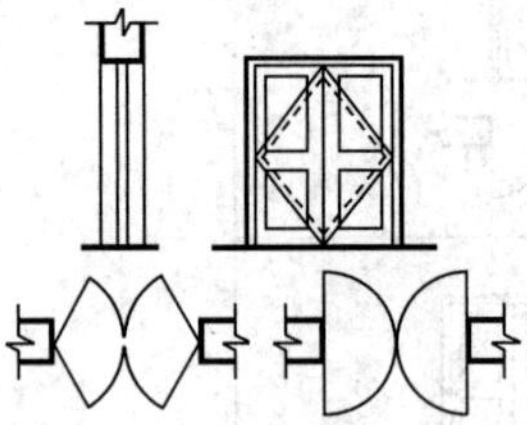	
91	单层固定窗	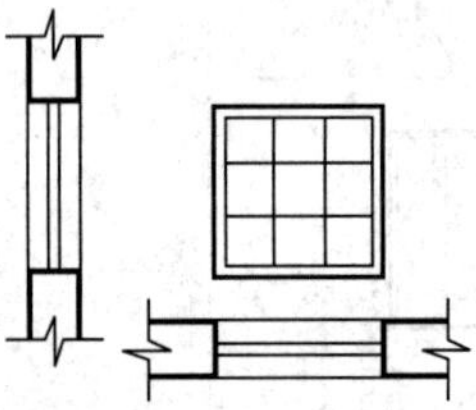	
92	单层外开上悬窗	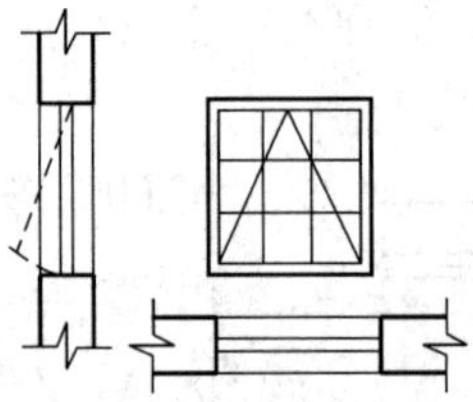	（1）立面图中的斜线，表示窗扇开关方式。单虚线表示单层内开（双虚线表示双层内开），单实线表示单层外开（双实线表示双层外开） （2）平、剖面图中的虚线，仅说明开关方式，在设计图中可不表示 （3）窗的名称代号用 C 表示
93	单层中悬窗	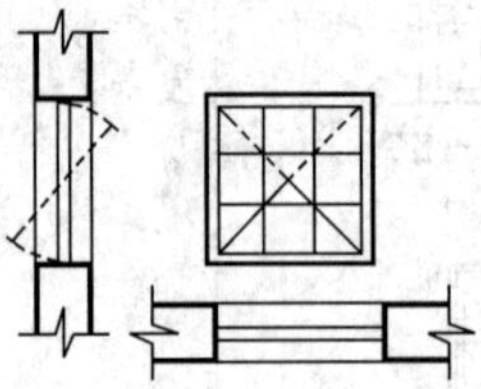	
94	单层内开下悬窗	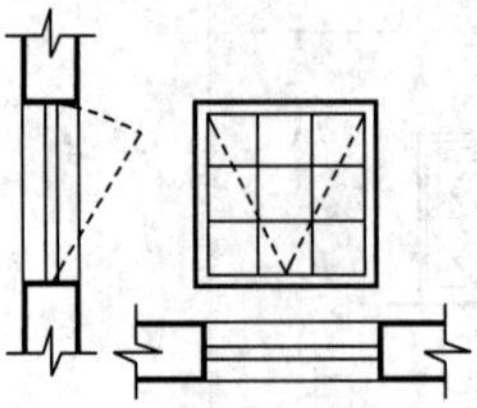	

续表

序号	名　称	图　例	说　明
95	单层外开平开窗	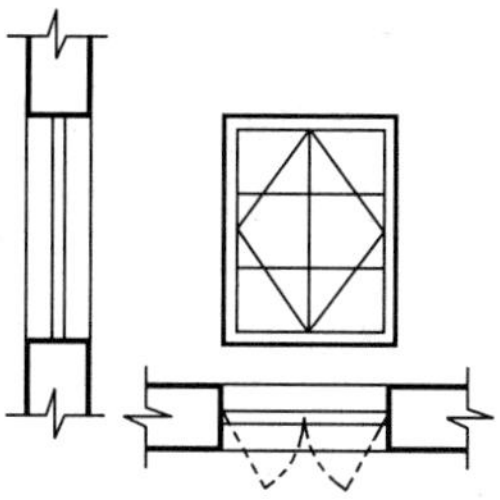	
96	单层垂直旋转窗	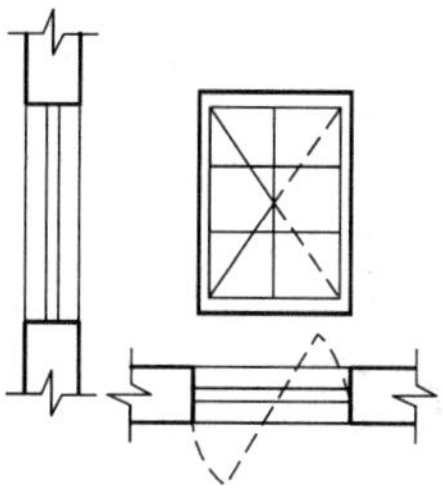	（1）立面图中的斜线，表示窗扇开关方式。单虚线表示单层内开（双虚线表示双层内开），单实线表示单层外开（双实线表示双层外开） （2）平、剖面图中的虚线，仅说明开关方式，在设计图中可不表示 （3）窗的名称代号用 C 表示
97	双层固定窗		
98	双层内外开平开窗	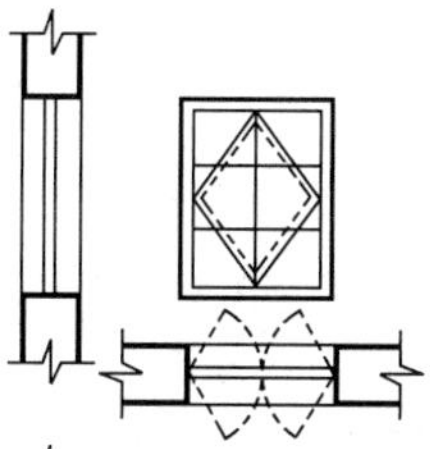	
99	高窗	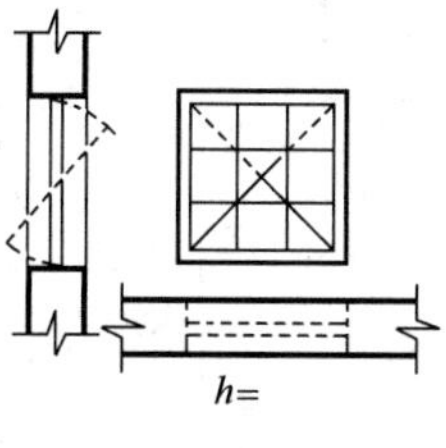 $h=$	
100	铁路	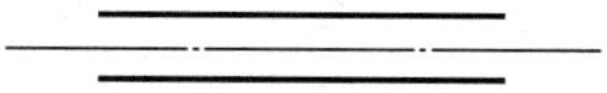	本图例表示标准轨距铁路或窄轨铁路，在设计图中应注明轨距

续表

序号	名　称	图　例	说　明
101	吊车轨道		
102	单轨吊车	$Gn = t$	（1）上图表示立面（或剖面），下图表示平面 （2）吊车（起重机）的图例，应按图面的比例绘制 （3）有无操纵室，必须按设计的实际情况绘制 （4）需要时可注明吊车的名称，行驶的轴线范围及工作制度
103	悬挂吊车	$Gn = t$ $S = m$	
104	梁式吊车	$Gn = t$ $S = m$	本图例的符号说明： Q-吊车起重量，以吨（t）计算 L_K-吊车的跨度或悬臂的长度，以米（m）计算
105	封闭式电梯		（1）门和平衡锤的位置应按设计的实际情况绘制 （2）电梯应注明类型，例如：载货电梯的载重量以千克（kg）计算，乘客电梯的载客量以人数（人）计算
106	网封式电梯		

附图二　我国主要城镇风玫瑰图

主要城镇的玫瑰图：
玫瑰图上所表示的风的吹向,是自
外吹向中心
中心圈内的数值为全年的静风频率
玫瑰图中每圆圈的间隔为频率5%
玫瑰图上图形线条为：
—— 表示为全年
—— 表示为冬季
----- 表示为夏季
夏季是6、7、8三个月风速平均值；
冬季是12、1、2三个月风速平均值,
全年是历年年风速的平均值。

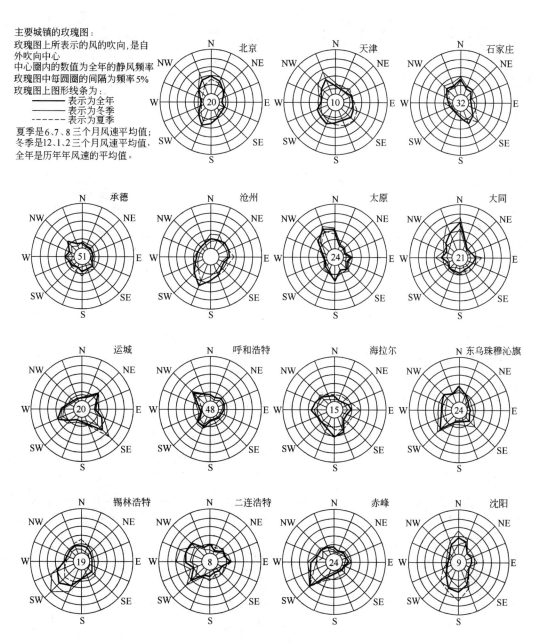

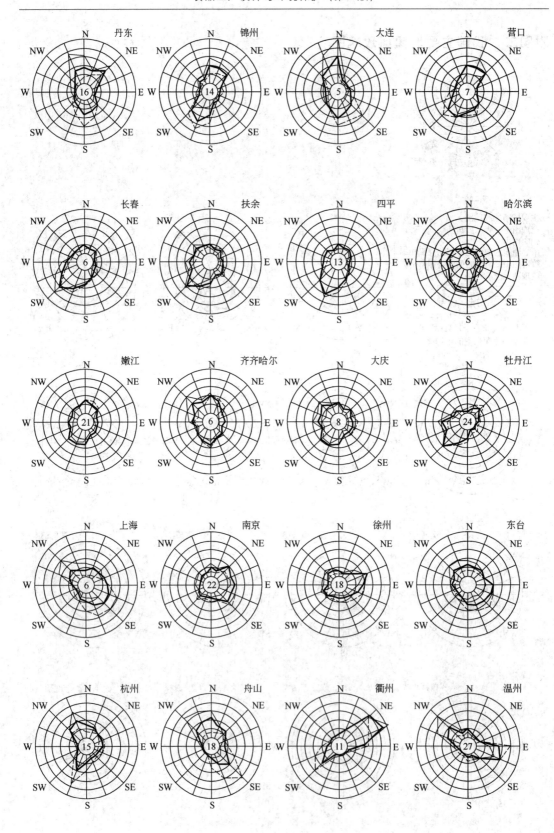

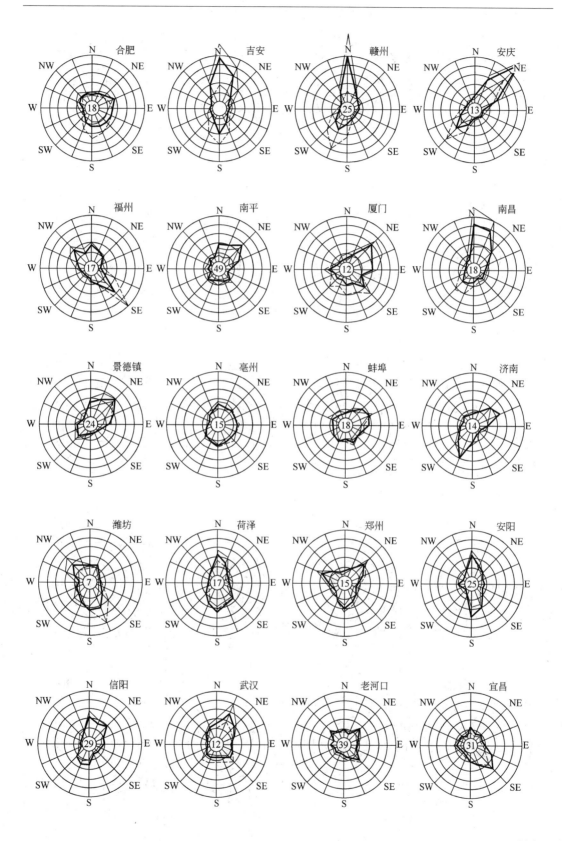

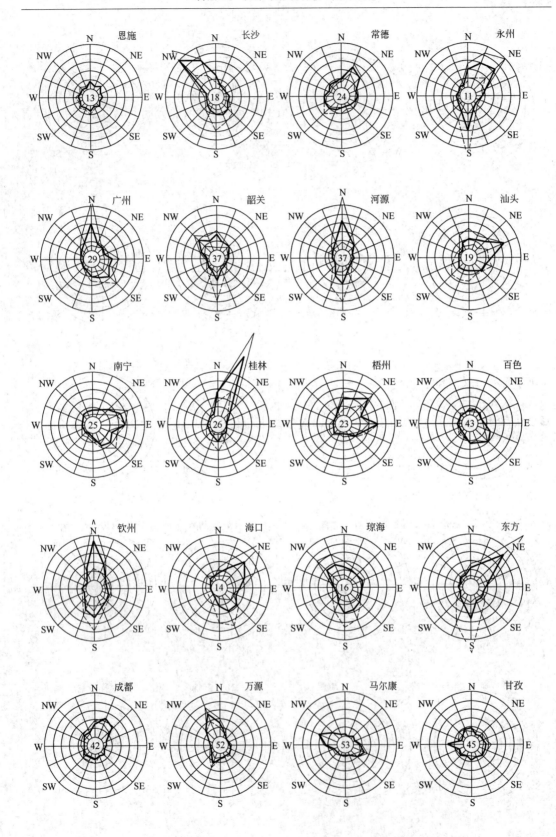

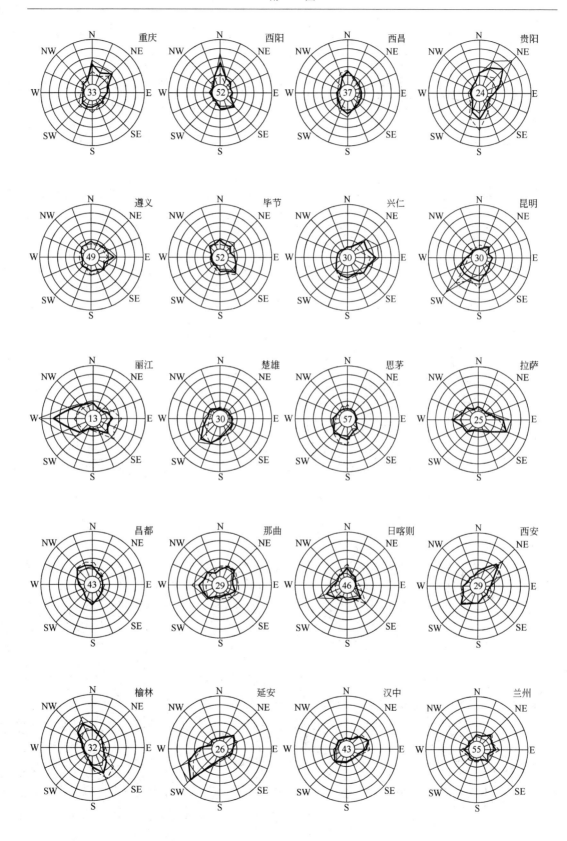

303

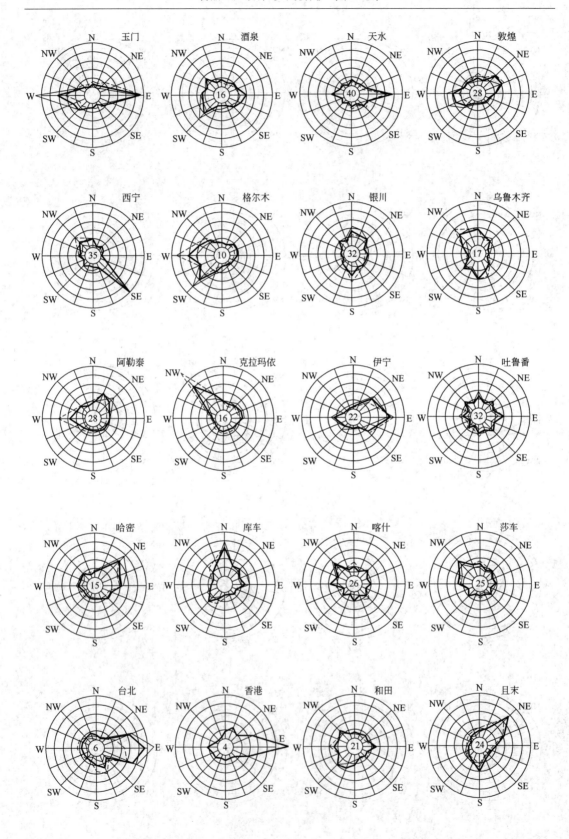

参 考 文 献

1. 无锡轻工业学院、轻工业部上海轻工业设计院. 食品工厂设计基础. 北京：轻工业出版社，1990
2. 于秋生、张国农. 食品工厂建筑概论. 北京：化学工业出版社，2011
3. 夏文水. 食品工艺学，北京：中国轻工业出版社，2007
4. 许学勤. 食品工厂机械与设备，北京：中国轻工业出版社，2008
5. 国家医药管理局上海医药设计院. 化工工艺设计手册. 北京：化学工业出版社，2009
6. 刘忠义. 食品工业废水处理. 北京：化学工业出版社，2001
7. David A Shapton，Principles and Practices for Processing of Food，Norah F Shapton，1991
8. 陈绍军，林昇清. 食品进出口贸易与质量控制. 北京：科学出版社，2002
9. 中国进出口商品检验总公司. 食品生产企业 HACCP 体系实施指南. 北京：中国农业科学技术出版社，2002
10. 吴思方. 发酵工厂工艺设计概论. 北京：中国轻工业出版社，2002
11. 吴添祖. 技术经济学概论. 北京：高教出版社，1998
12. 武春友. 工业技术经济学. 大连：大连理工大学出版社，1994
13. 《新税制指导》编写组. 新税制指导. 北京：经济管理出版社，1994
14. 中国食品发酵工业研究院，中国海诚工程科技股份有限公司，江南大学. 食品工程全书（第一卷）（第二卷）. 北京：中国轻工业出版社，2004
15. 章军、张国农、吕兵. 结合质量体系思想的实时监测的乳品企业 ERP 系统核心构成的研究. 中国乳品工业，2004 年第 3 期
16. 《建筑设计资料集》编委会. 建筑设计资料集（第二版）. 北京：中国建筑工业出版社，2003
17. 谷鸣. 乳品工程师实用技术手册. 北京：中国轻工业出版社，2009